高职高专"十二五"规划教材

化学合成原料药开发

张文雯　主编　　　丁敬敏　主审

U0267565

化学工业出版社

·北京·

本书以化学合成原料药开发的工作内容为主线，教材前 6 章按照化学合成原料药开发工作简述、化学合成原料药的开发策略、原料药开发的可行性论证、原料药合成路线及试验方案确定、化学原料药合成反应、化学原料药合成技术几方面内容进行编写，集中阐述了化学原料药开发项目实施过程中所需的法规原则、方法过程及理论实践知识。教材的最后一章按照原料药开发的不同策略设置了不同层次的项目实例，按工作过程设置项目任务，结合职业情境给出了项目实施的具体流程，为项目化教学提供参考。

　　本书为项目化课程实施教材，可供高职高专制药技术类专业使用，也可供相关专业的成人教育、中职教学、职业培训以及从事化学原料药及中间体开发的技术人员参考。

图书在版编目（CIP）数据

　　化学合成原料药开发/张文雯主编 . —北京：化学工业出版社，2011.8（2024.8重印）
　　高职高专"十二五"规划教材
　　ISBN 978-7-122-11637-6

　　Ⅰ. 化… Ⅱ. 张… Ⅲ. 化学合成-原料-药物-开发-高等职业教育-教材 Ⅳ. TQ460.4

　　中国版本图书馆 CIP 数据核字（2011）第 123546 号

责任编辑：于　卉　蔡洪伟　　　　　　文字编辑：刘志茹
责任校对：郑　捷　　　　　　　　　　装帧设计：关　飞

出版发行：化学工业出版社（北京市东城区青年湖南街 13 号　邮政编码 100011）
印　　装：北京虎彩文化传播有限公司
787mm×1092mm　1/16　印张 9½　字数 235 千字　　2024 年 8 月北京第 1 版第 7 次印刷

购书咨询：010-64518888　　　　　　售后服务：010-64518899
网　　址：http://www.cip.com.cn
凡购买本书，如有缺损质量问题，本社销售中心负责调换。

定　　价：35.00 元

前　言

本教材根据高职教育人才培养目标，结合项目化课程的需要，围绕化学合成原料药开发的工作过程及工作内容，采取校企合作的形式编写而成。力求为化学合成原料药开发工作提供思路、方法及理论依据。教材具有以下特点。

1. 教材突出了工作内容　教材以培养化学合成原料药开发高技能应用型人才为目的，在体例编排上以原料药开发的工作内容为主线，兼容了药物合成反应、化学实验技术、文献检索、药事法规等多学科知识，打破了常规的学科体系，强调内容的实用性。

2. 教材符合项目化教学要求　教材在"第七章项目实例"中以真实可行的项目模拟化学原料药小试开发的"仿"、"改"、"创"3 种开发策略。并按照学生的认知规律，将项目设计为入门项目、主导项目和自主项目 3 个层次，项目设置由易到难，由一步反应向多步反应逐步过渡，由基本操作训练向综合技能训练逐步提升，使学习过程循序渐进，并为在教学中过程性知识的学习提供方法。

3. 教材显现了对学生职业能力的培养　无论是理论分析还是实例选择，教材注重化学原料药开发试验员的职业核心能力的培养，并能不断地将安全、环保等职业关键能力的要求贯穿始终。

教材共分 7 章，由常州工程职业技术学院张文雯主编、常州工程职业技术学院丁敬敏教授主审。其中，第一章、第二章、第五章前三节及第七章由张文雯编写；第三章、第四章、第六章由常州工程职业技术学院陈绘如编写；第五章的第四～九节由常州工程职业技术学院秦海芳编写；常州康普药业有限公司周文天工程师为本书提供了工作实例及岗位工作过程要求。编写过程中得到了化学工业出版社及编者所在学院的大力支持，在此表示感谢。

由于编者水平有限，书中不妥之处在所难免，欢迎广大读者批评指正，以便今后不断充实修改。

编者

2011 年 4 月

目　　录

第一章 化学合成原料药开发工作简述

根据《中华人民共和国药品管理法》的定义，"药品，是用于预防、治疗、诊断人的疾病，有目的地调节人的生理机能并规定有适应证或者功能主治、用法和用量的物质，包括中药材、中药饮片、中成药、化学原料药及其制剂、抗生素、生化药品、放射性药品、血清、疫苗、血液制品和诊断药品等。"原料药是药品的重要组成部分，在疾病的诊断、治疗、症状缓解、处理或疾病的预防中有药理活性或其他直接作用，或者能影响机体的功能或结构。但病人无法直接服用。

化学合成原料药开发是指运用药物合成理论及相关化学知识，由基本化工原料经一系列有机化学反应合成新的或具有实质性改进的药品制造中的活性化合物的过程。化学合成原料药根据合成方法的不同，分为全合成和半合成。全合成是以化学结构简单的化工产品为起始原料，经过一系列化学反应和物理处理过程制得复杂化合物的过程。半合成是以全合成产物、天然产物或天然降解产物等较复杂的分子为起始原料，经化学结构改造和物理处理过程制得复杂化合物的过程。

新药开发具有高难度、高投入、长周期、高风险、高回报等特点。以美国为例，上市一种新药平均要花费 5 亿～8 亿美元，耗时 11～15 年时间，而一旦研制成功，专利药品可垄断市场，获取高额的经济效益。

新药研发大致分为四个阶段：新药发现、临床前研究、临床试验及上市审批。化学合成原料药的开发是新药发现的重要组成部分，是药物生产的基础，其主要目的是为药物研发过程中药理毒理、制剂、临床等研究提供合格的原料药，为质量研究提供信息，通过对工艺全过程的控制保证生产工艺的稳定、可行，为上市药品的生产提供符合要求的原料药。

第一节 原料药开发工作的基本流程

药品的特殊性决定其开发是一个复杂的过程，原料药开发要求工艺可行、稳定，能够工业化生产出质量合格的产品。一个完整的原料药开发过程包括确定目标化合物、设计合成路线、制备目标化合物、结构确证、工艺优化、中试研究和工业化生产 6 个过程。本书结合化学合成原料药开发试验员的岗位需求，将开发工作的基本流程具体为以下 7 个阶段。

一、调研目标化合物

目标化合物的调研就其广度可分为概况调研和分项调研。

1. 概况调研

概况调研是对目标化合物有一个基本的认识，主要调研内容是：名称、化学结构、基本性质、原料药用途、与同类药比较的优缺点、开发状态、治疗适应证、市场预测、国内外同类药的市场容量、国内外开发此药的动态等。

2. 分项调研

分项调研是对与目标化合物开发工作相关的各项内容进行较详细的调研，主要包括：专利保护情况、化药注册分类情况、工艺合成路线、分步合成方法、市场容量、生产成本等。

二、可行性论证

项目可行性论证是项目决策的主要依据，是在充分的市场调研及文献资料查阅的基础上完成的。根据项目的大小与类型的不同，可行性论证的深度与广度均有所不同，大体上包括以下内容。

1. 立项依据

立项依据的描述基于国内外产品现状、水平及发展趋势，分析项目在技术、市场等方面存在的问题，提出项目的研究目的、意义及达到的技术水平。

2. 项目的技术可行性

技术可行性包含了项目的基本技术、创新点、技术来源、合作单位（或个人）情况，以及知识产权的归属等情况，是项目可行性论证的重要组成部分。

3. 项目的成熟性及可靠性

项目的成熟性及可靠性是在小试、中试或生产的基础上，对技术可行性的进一步阐述，涵盖了项目目前研究进展、技术成熟程度、产品质量的稳定性、收率、成品率以及产品在实际使用条件下的可靠性、耐久性、安全性等内容。

4. 项目的市场竞争力预测

市场竞争力直接决定了产品的价值，化学合成原料药开发试验员，不仅要熟悉原料药的合成技术，还应了解产品的市场情况。如产品的主要治疗领域、市场需求量、经济寿命期、国内主要研制单位及主要生产厂家、与同类产品比较存在的优缺点、产品市场占有份额等内容。

5. 项目实施计划

项目实施计划通常包括开发计划、技术方案及生产方案三个部分，需详细描述生产、技术、设备、人力、物力方面的优势及需要解决的问题。

6. 资金预算及投入周期

这部分内容是从经济角度说明项目已投入和还需投入的资金、投入阶段以及经济效益产出情况。

三、确定合成路线

合成路线是原料药合成的技术核心。根据目标化合物的结构特性，结合国内外对该化合物或类似化合物的文献报道，可以获得一个化学原料药或中间体的多条合成路线。合成路线的确定，须综合考虑起始原料获得的难易程度、合成步骤的长短、收率的高低以及反应条件、反应的后处理、环保要求等因素。

在确定合成路线时，起始原料和试剂的质量是原料药合成的基础，直接关系到终产品和工艺的稳定，以及劳动保护和安全生产问题，因此，起始原料和试剂应满足一定的要求。

1. 起始原料的选择原则

合成路线中的起始原料和试剂应当具备明确的分子式、化学结构和化学名称，质量稳定、可控。对起始原料的理化性质有公开发表的文献作为参考。杂质和异构体有限度标准，必要时提供质量控制方法，并对起始原料在制备过程中可能引入的杂质有一定的了解。

2. 试剂和溶剂的选择原则

有机反应中的溶剂能使反应分子分布均匀，增加分子间碰撞和接触的机会，有利于传热和散热，是原料药及中间体的合成中常用的化学试剂之一。但溶剂通常较惰性，不参加化学反应，随产物一起残留在药物中，对人体和环境造成影响，因此，溶剂的选择必须是安全的。按照国家《化学药物残留溶剂研究技术指导原则》，为保障药物的质量和用药安全，以及保护环境，需要对药物中残留溶剂进行控制，控制的源头在于原料药合成。该指导原则对有机溶剂进行了分类。

第一类溶剂是指人体致癌物、疑为人体致癌物或环境危害物的有机溶剂。因其具有不可接受的毒性或对环境造成公害，在原料药、辅料以及制剂生产中应该避免使用。第二类溶剂是指有非遗传毒性致癌（动物实验）、或可能导致其他不可逆毒性（如神经毒性或致畸性）、或可能具有其他严重的但可逆毒性的有机溶剂。此类溶剂具有一定的毒性，但和第一类溶剂相比毒性较小，建议限制使用，以防止对病人潜在的不良影响。第三类溶剂是 GMP（药品生产质量管理规范）或其他质量要求限制使用，对人体低毒的溶剂。除上述三类溶剂外，还有一些溶剂尚无足够毒性资料，如需使用，须证明其合理性。表 1-1 收录了药物中常见溶剂残留及其限度。

表 1-1　药物中常见残留溶剂及其限度

溶剂名称	PDE 值 /(mg/d)	限度 /%	溶剂名称	PDE 值 /(mg/d)	限度 /%
第一类溶剂(应避免使用)			第三类溶剂(GMP 或其他质量要求限制使用)		
苯	0.02	0.0002	乙酸	50.0	0.5
四氯化碳	0.04	0.0004	丙酮	50.0	0.5
1,2-二氯乙烷	0.05	0.0005	甲氧基苯	50.0	0.5
1,1-二氯乙烯	0.08	0.0008	正丁醇	50.0	0.5
1,1,1-三氯乙烷	15.0	0.15	仲丁醇	50.0	0.5
第二类溶剂(应该限制使用)			乙酸丁酯	50.0	0.5
乙腈	4.1	0.041	叔丁基甲基醚	50.0	0.5
氯苯	3.6	0.036	异丙基苯	50.0	0.5
氯仿	0.6	0.006	二甲基亚砜	50.0	0.5
环己烷	38.8	0.388	乙醇	50.0	0.5
1,2-二氯乙烯	18.7	0.187	乙酸乙酯	50.0	0.5
二氯甲烷	6.0	0.06	乙醚	50.0	0.5
1,2-二甲氧基乙烷	1.0	0.01	甲酸乙酯	50.0	0.5
N,N-二甲氧基乙酰胺	10.9	0.109	甲酸	50.0	0.5
N,N-二甲氧基甲酰胺	8.8	0.088	正庚烷	50.0	0.5
1,4-二氧六环	3.8	0.038	乙酸异丁酯	50.0	0.5
2-乙氧基乙醇	1.6	0.016	乙酸异丙酯	50.0	0.5
乙二醇	6.2	0.062	乙酸甲酯	50.0	0.5
甲酰胺	2.2	0.022	3-甲基-1-丁醇	50.0	0.5
正己烷	2.9	0.029	丁酮	50.0	0.5
甲醇	30.0	0.3	甲基异丁基酮	50.0	0.5
2-甲氧基乙醇	0.5	0.005	异丁醇	50.0	0.5
甲基丁基酮	0.5	0.005	正戊烷	50.0	0.5
甲基环己烷	11.8	0.118	正戊醇	50.0	0.5
N-甲基吡咯烷酮	5.3	0.053	正丙醇	50.0	0.5
硝基甲烷	0.5	0.005	异丙醇	50.0	0.5
吡啶	2.0	0.02	乙酸丙酯	50.0	0.5
四氢噻吩	1.6	0.016	尚无足够毒性资料的溶剂		
四氢化萘	1.0	0.01	1,1-二乙氧基丙烷		
四氢呋喃	7.2	0.072	1,1-二甲氧基甲烷		
甲苯	8.9	0.089	2,2-二甲氧基丙烷		
1,1,2-三氯乙烯	0.8	0.008	异辛烷		
			异丙醚		
二甲苯(通常含有 60%间二甲苯,14% 对二甲苯,9%邻二甲苯和17%乙苯)	21.7	0.217	甲基异丙基酮		
			甲基四氢呋喃		
			石油醚		
			三氯乙酸		
			三氟乙酸		

注：PDE 值，即 permitteddaily exposure，允许日暴露量。指某一有机溶剂被摄入而不产生毒性的日平均最大剂量，单位为 mg/d。

四、确定小试方案

小试方案是实验的依据，根据已确定的合成路线，从合成反应基本原理入手，确定化学反应的合成工艺条件和分离纯化方法。具体包括：原料辅料名称及用量、催化剂的选择、反应仪器类型及规格、反应装置、工艺指标、试验步骤。

合成过程中应考虑的工艺指标主要有：原料比、溶剂、反应时间、反应温度、反应压力、酸碱度等，各工艺指标的确定因反应情况而异。

五、明确合成路线

通过化学反应，运用加热、冷却、回流、无水操作、过滤、萃取、蒸馏、重结晶、柱色谱等基本合成技术和物质分离纯化技术，赋予产品质量属性，制备出符合要求的化学原料药。

六、原料药及中间体结构确证

结构确证的主要任务是确认所制备原料药的结构是否正确，是保证后序制药工作能否顺利进行的决定性因素。确证结构的方法，主要采用波谱分析，同时结合经典的理化分析和元素分析。波谱分析法包括红外光谱法（IR）、紫外光谱法（UV）、核磁共振波谱法（NMR）和有机质谱法（MS）。

原料药及中间体在分析检测前，应采用原料药制备工艺中产品的精制方法对样品进行精制，并采用质量标准中的方法测其纯度和杂质，当纯度应大于 99.0％，杂质含量应小于 0.5％时，方可作为供试样品进行分析。

七、合成路线优化

根据小试情况及产品的检测分析结果，围绕产品的质量及收率，综合考虑原材料成本、工艺路线的反应条件、环保和安全、产品的纯化等各方面因素，对原料药合成路线及合成工艺进行优化。好的合成路线及合成工艺，往往需要经多次反复试验、评价和优化，以最终达到"优质、高产、低耗、环保"的要求。

第二节　原料药开发实验室要求

为满足原料药开发试验的要求，保证开发试验的安全进行，原料药开发试验对实验室的硬件设施及使用过程均有具体要求。

一、实验室建设中的设施和环境要求

原料药开发实验室在设计时，就应充分考虑其功能性和安全性，对建设过程提出具体要求。

1. 实验室设施要求

（1）水　实验室水源充足，水池设置合理；地面下有排水暗沟，具备排污设备设施和处理措施。

（2）电　电气设备的安装和使用管理，须符合安全用电管理规定，实验室所在的建筑（或实验室内部）必须安装符合使用要求的地线。大功率实验设备用电必须使用专线，严禁与照明线共用。用电容量的确定应留有一定余量。熔断装置所用的熔丝必须与线路允许的容量相匹配，严禁用其他导线替代。每一实验台上都要设置一定数量的电源插座，至少要有一个三相插座，单相插座则可以设 2～4 个，这些插座应有开关控制和保险设备。采光及照明良好。具备双路供电系统（或备用电源）。

（3）门窗　实验室门窗应向外开。

（4）防火　实验室内应有消防水龙头，以便发生火灾时用。走廊的消防备用软水管长度，必须足够控制各实验室。室内及贮存室都应备有足量灭火器、灭火毯，及专用灭火器材。贮存易燃物的实验室电开关设在室外。

（5）防爆　有条件的实验室应安装防爆灯、自动灭火器、电磁开关等。使用的电机应防爆密封。普通实验室也应考虑到易燃物操作场所问题。

（6）通风　实验室应具有数量足够的通风橱及排风设施，确保通风排毒安全有效。

（7）防腐　实验台面应防酸碱腐蚀，耐洗涤。

2. 实验室环境要求

实验室远离易燃、易爆物品和仓库。操作危险物、一级易燃物的实验室最好远离主要建筑物，如果没有条件，也考虑设在较低层，并且能将火隔绝于室内。各类实验设施保持清洁卫生。

二、仪器设备要求

1. 仪器设备配置

化学合成原料药开发实验室需配备与研究工作相适应的仪器设备，能满足合成过程中的传热、传质要求，具有良好的机械强度和耐腐蚀性能。仪器设备放置地点合理。

2. 仪器设备管理

实验室仪器设备需由专人管理。仪器设备有状态标识和编号，并具有购置、安装、验收、使用、保养、校正、维修的详细记录并存档。实验室内备有本实验室仪器、设备的使用、保养和校正的标准作业流程（SOP）。定期进行检查、维护、保养，根据仪器性能的要求定期进行验证，包括安装验证（IQ）、操作验证（OQ）和性能验证（PQ），数据和记录应存档。

三、试剂要求

实验室应有存放易燃、易爆及有毒化学试剂的专用仓库。实验室的试剂和溶液均贴有标签，标明品名、浓度、贮存条件、配制人、配制日期及有效期等。试验中不能使用变质或过期的试剂和溶液。

四、实验室 EHS 管理要求

化学原料药开发试验，会不断地接触危险的反应条件，使用有毒、有腐蚀的化学品及各类仪器和设备，若缺乏必要的安全防护知识，会造成生命和财产的巨大损失。因此实验室必须按环保（environment）、健康（health）及安全（safety）的要求，即通常所说的 EHS 要求，加强管理。

1. 环保要求

实验室须注重环境卫生，保持环境整洁。对试验过程中产生的"三废"应按要求进行处理。

（1）废气　产生有毒气体的试验应在通风橱内进行，并安装尾气吸收或处理装置。试验中应尽量避免产生大量有毒气体。

（2）废渣　试验产生的废渣应送交环保部门集中处理。

（3）废液　试验产生的废酸、废碱液，需经中和处理后方可排放。剧毒废液、有机溶剂、金属离子等应倒入回收桶中加盖密封，定期交给环保部门处理。

2. 健康保护

（1）着装　进入实验室，必须按规定穿戴工作服。需将长发及松散衣服妥善固定，禁止穿凉鞋或者脚部暴露的鞋子进行实验操作,以防滑、防静电和防止实验溶液溅伤。进行危险物质、挥发性有机溶剂、特定化学物质或其他毒性化学物质的操作实验或研究时,必须要穿戴防护器具(防护口罩、防护手套、防护眼镜)。

(2)饮食 严禁在实验室吃东西、喝饮料、抽烟、嚼口香糖、化妆、吃药。使用化学药品后需先洗净双手方能进食。禁止在实验室的冰箱或冰柜中储藏食品。

(3)伤害处理 遇到伤害时,普通伤口以生理盐水清洗,以胶布包扎;烧烫伤或化学药物灼伤时,先以大量冷水冲洗,散热止痛,随即送往医院进行处理。

3. 安全要求

(1)防火 实验室内尽量避免使用明火,严禁抽烟,保持通风良好。必须使用明火实验的场所,须经批准后,才能使用。

(2)防电 手上有水或潮湿时请勿接触电气设备。

(3)安全使用气瓶 气瓶应牢靠地存放在阴凉、干燥、远离热源的地方。易燃气体气瓶与明火距离不小于5m,氢气瓶尽量隔离。气瓶应专瓶专用,不能随意改装其他种类的气体,各种气压表一般不得混用。气瓶内气体不可用尽,以防倒灌。开启气门时应站在气压表的一侧,不准将头或身体对准气瓶总阀,以防万一阀门或气压表冲出伤人。

课后总结与思考

1. 简述化学合成原料药开发的基本工作过程。
2. 结合实例说明原料药在药物生产中的作用。
3. 简述化学合成原料药开发实验室建设的基本要求。
4. 简述实验室的EHS管理及其主要内容。

第二章 化学合成原料药的开发策略

化学合成原料药的开发策略是根据疾病流行趋势、临床和市场需求,以及研发机构和制药企业的具体情况而定的研制原料药新产品的方法。开发的方法可以是研制全新产品,也可以是在老产品的基础上进行改进,具体可分为仿制开发、改进开发和创新开发3类,本章就这3类开发策略作基本阐述。

第一节 化学合成原料药的仿制开发

仿制药是按照《药品注册管理办法》,仿制国内已批准上市的已有国家标准的药品(即注册分类6的药品),广义的仿制药还包括仿制国外已上市但国内尚未上市的药品(即注册分类3的药品)。化学合成原料药的仿制开发是我国原料药开发的主要策略。

一、国内化学原料药的生产特点

1. 中国是化学原料药生产大国

我国人口众多,有着庞大的药品消费市场。20世纪90年代以来,中国原料药工艺技术水平不断提高,生产经营规模不断扩大,原料药市场竞争力不断提高,不但快速实现了进口替代,而且大量出口到欧美等发达国家和地区。随着近年来全球制药工业结构调整的推进,跨国制药企业将化学原料药进行大规模的外包加工,化学原料药制造出现了从发达国家向发展中国家尤其是亚洲地区转移的明显趋势。化学原料药制造中心的转移,使中国成为全世界的一个重要加工中心,成为全球医药产业链上关键的一环。尤其是近年来我国对原料药产品质量要求及生产水平的提升,中国原料药在国际市场上的认可度越来越高,已成为世界原料药生产及出口大国,化学原料药产值约占整个医药工业的1/3。

我国化学原料药制造业存在若干优势。一是规模优势,中国已是世界上第二大原料药生产国和出口国,尤其是在技术成熟的品种(如抗生素及抗菌素、维生素、解热镇痛类等传统产品)领域,均以大规模生产及出口占领全球市场。其次是生产成本低,这主要得益于我国的劳动力成本和环保成本比较低廉。再者是资源丰富,原料来源广泛。

2. 中国不是化学原料药生产强国

中国不是化学原料药生产强国。究其原因,首先是自主创新产品少,中国医药市场的产品结构中,非专利药占67%左右,在已获批准生产的新药中,97%为仿制药物。其次是市场占有率低,中国的药品市场容量仅占世界药品市场的4%,中国的药品销售仅占跨国企业全球销售的1%~2%。再者是企业规模小,中国制药企业数量多,但其中销售额在10亿~20亿元的大型企业不到2%,从全球化角度看,与国际医药巨头的差距还很大,多数中小企业规模小,市场集中度低,构成中国医药产业发展的一大障碍。再从研发投入看,中国制药企业的研发费占销售额的比例不到5%,而跨国公司的研发投入大多在10%以上,甚至超过15%。

3. 中国的化学原料药生产以仿制为主

中国是仿制药大国,仿制药是我国化学原料药企业的传统领地。过去几十年,我国制药行业一直建立在仿制基础之上，制药企业形成了一套完整的以仿制为主的科研开发体系，能够生产 24 个大类 1500 多种原料药，依据过期专利药物治疗疾病谱，涵盖溃疡病用药、降压药、降脂药、抗菌药、抗肿瘤药等多种，仿制产品占到 97% 以上，市场巨大，用药人群数量长期保持稳定。

我国多数仿制药生产企业的实力较好，其基础设施、劳动力成本均具有相对优势。人力资源方面，中国目前有几十万科研人员从事化学制药科技的工作，上马仿制药生产可以减少很多前期准备工作，大大缩短产品开发时间。

中国药品生产企业现阶段的特点也决定了必须走以仿制为主要发展方向的道路。目前我国药品生产企业普遍存在资金投入量小、科研实力不强的特点。发达国家的强大药企每项原料药的独立开发费用约为 0.3 亿～1.6 亿美元，而国内企业的实力与他们比较还有较大的差距，因此，就现阶段而言，仿制是我国制药业的主流。但创新才是我国制药品生产兴旺发达的不竭动力，做好、做足仿制药市场，不断强化研发力量，为药品创新奠定基础。

二、仿制药的地位

药品受专利保护，不能随意仿制生产，但药品的专利权是有时间性的，在法定保护期内，专利权人享有独占权，一旦保护期满，任何人都可以无偿利用其发明创造。有相当数量即将到期的重要商标名药品疗效好、副作用小，仍具有很强的生命力，因而成为一项巨大的公共社会财富。

意大利仿制化工医药协会（CPA）公布的数据显示，全球化学原料药市场规模在 2008 年已经超过 900 亿美元，其中 2008 年全球仿制药销售额达到 780 亿美元，比上一年增长 4%。仿制药之所以为全球追捧，是因为创新药不仅开发成本高，市场化周期长，而且研发成功率仅为万分之一。面对这样的高门槛，能跨入者凤毛麟角。而包括仿制药在内的非专利药能够满足如今大多数疾病的需要，价格却仅为创新药的 10% 左右。

另外，世界范围内均面临着降低卫生费用的压力，这也使得仿制药备受青睐。目前世界各国都在持续降低医药费用，如法国药品被强制降价 40%，美国在许多治疗领域降低了药品价格，我国许多药品也已经被列入了最高限价目录。所有这些都使得全球制药工业在寻找新的更具成本优势的仿制药市场。

统计数据显示，2008 年全球有年销售额约 200 亿美元的药品专利过期，而 2011～2015 年间又有销售额达 770 亿美元的药品专利过期。随着这些重磅级专利产品在世界上独占期的结束，仿制药市场可望以 14% 左右的速度增长。而大批专利药的到期，也意味着仿制药领域竞争的加剧。

三、仿制药研究的基本原则

按照国家《已有国家标准化学药品研究技术指导原则》，药品及原料药在仿制过程中，应遵循有关原则。

1. 安全、有效和质量可控原则

无论新药还是仿制药，对其安全性、有效性和质量可控性的要求是一致的，研发的根本原则都应围绕安全、有效和质量可控进行充分的研究。如果研制的仿制药与被仿制药的药学基础相同，即原料药的合成路线、工艺条件以及所用原材料、试剂和溶剂的来源、规格等均一致；制剂的处方工艺相同，包括其中所用原料药、辅料的来源、规格等一致；并经验证仿制药与被仿制药质量一致、生物等效，则仿制药可以桥接被仿制药的安全性、有效性以及质量控制信息。对于原料药合成工艺与被仿制药不完全一致的情况，由于其中的一些差异可能导致药品安全性、有效性以及质量控制方面的不同，应通过深入系统的研究工作对产品质量以及安全性、有效性进行充分验证之后，才能采用被仿制药的安全性、有效性以及质量控制信息。

2. 等同性原则

被仿制药的安全性、有效性已经得到验证，其安全性、有效性与质量控制指标之间的联系也较为明晰。因此，被仿制药是研制仿制药的重要参考。在研究思路上，首先要求证仿制药与被仿制药在质量上的"一致性"或"等同性"，在此基础上再进行必要的安全性和有效性的研究和验证。

如果仿制药在原料药生产工艺、制剂的处方工艺等方面均与被仿制药一致、各项质量指标特别是有关产品安全性和有效性的质量指标均达到被仿制药的质量要求，可以认为仿制药与被仿制药"质量一致"。

如果仿制药的原料药生产工艺、制剂处方工艺等与被仿制药不完全一致，但存在的差异仅可能导致药品质量无实质的改变，则可以认为仿制药与被仿制药"质量等同"。

3. 仿品种而不是仿标准原则

仿制药的研究目标是要达到安全性、有效性上与被仿制药一致，即仿制药的疗效与被仿制药相当、安全性不低于上市药品。不同生产单位实现这一目标的药学基础可能不同，即可能会采用不同的原料药生产工艺、制剂的处方工艺，这可能导致产品质量控制方法的不同。因此，在仿制药的研究中，不能机械地套用已有的国家标准，需要遵循"仿品种而不是仿标准原则"。

四、仿制药研究应注意的问题

在化学原料药的仿制过程中，除了掌握基本原则外，还必须熟悉仿制的方法与规律，只有这样，才能确保仿制产品的正常流通。

1. 熟悉仿制药的法律环境

我国的医药市场正在高速发展，相关的法律也在不断完善。仿制首先要保证其合法性，其次要努力寻求对自身有利的法律环境，运用相关法律保护自己的仿制行为。

2. 努力获取无效专利信息

在过期专利药品的仿制前，必须充分检索专利文献，获得无效专利的信息，这些无效专利包括没有被批准的专利申请、虽已批准但因没有及时交足年费而提前终止的专利、过期专利、被宣告无效的专利等，进而合法利用这些无效专利进行仿制或创新。另外，没有获得中国专利权的外国专利在我国不受保护，也属可仿制的范畴。

3. 瞄准首仿药

国内制药企业在仿制过程中，往往出现一哄而上去拼抢在华专利到期的某一个品种，造成了严重的资源浪费和恶性竞争。如若把精力投向已在国外上市却未进入中国市场的"首仿药"市场，可有效避开竞争，获得高额回报。

4. 跟踪药品研发新领域

跟踪药品研发领域的新技术、新产品、新工艺，并能够不断思考其在研发实践中的应用。国外上市药中疗效好、副作用小、生命力强的药，往往是耗巨资，经长期的、细致的研发而获得的，国内目前投资周期和强度还难以做到，因此有必要对这类药品进行跟踪研究，以便在专利到期时抢占市场。

5. 注重仿创结合

要提高仿制药水平，简单的仿制不利于化学原料药企业乃至整个医药产业的发展，在仿制过程中，值得借鉴同样是仿制药生产大国印度的经验：以仿为主，仿中有创，仿创结合。

即使是仿制药品，也要在"新"字上做文章，不抄袭、不侵权，也不简单模仿，而是选择有一定市场的、专利纠纷较少的品牌药，并把仿制的重点放在新工艺、新技术的开发上，以规避竞争。

第二节 化学合成原料药的工艺改进开发

化学合成原料药的改进开发是对已上市的药品中疗效好、副作用小、生命力强的药，通过工艺改进（即工艺变更）的方法提高原料药的市场竞争力或避免知识产权纠纷。由此制得的药品在注册分类中属于化学药品4类或6类新药。从国内现有普遍工艺来看，改进工艺可获得利润的最大化，同时，这种方法也是世界众多制药企业研发新药的主要途径和有效途径。

一、工艺改进的原因

药物研发或生产单位出于各种原因，需要改进原料药的制备工艺。

1. 提高产品质量

原料药的纯杂程度，直接影响药品的质量。纯杂度一方面取决于原料药生产工艺，另一方面可能由于存放过程中受自然条件（温度、湿度、光照等）影响，产品纯度下降。药品从原料到成品经过一系列的生产步骤，无论是合成工艺还是后处理方法，每一个环节对药品的质量都能产生影响，每一步中间产品质量的控制，都对下一步生产起到关键性作用。对生产工艺进行不断的优化和调整，是保证产品质量的稳定或提高产品质量的有效手段。

2. 降低产品成本

工艺技术水平是原料药生产的核心竞争力，原料药领域的高竞争性决定了高成本者必须淡出，原料药生产企业为了提升产品的的竞争力，往往通过采用价廉的反应试剂或辅料、减少反应步骤、改变反应条件等方法改进生产工艺，以达到降低产品成本，提高收率的目的。以抗生素产业为例：欧美抗生素生产商为了抗衡中国和印度两大抗生素生产国的崛起，荷兰化工业巨头帝斯曼（DSM）公司此前关闭了在荷兰代尔夫特的青霉素工业盐和6-APA（6-氨基青霉烷酸）生产线，转而使用新酶法生产价值更高的7-ADCA（7-氨基脱乙酰氧基头孢烷酸）。这一生产技术的使用，不仅使产品成本大大降低，而且较之于目前亚洲制药厂仍在沿用污染严重、收率低的"化学裂解法"，更是代表了一种新的技术发展方向。

3. 减少环境污染

我国原料药生产的环保问题不仅受到政府的日益重视，也引起了全世界范围内的广泛关注，国家对化学原料药生产的环保要求日趋严格。2007年国家环保总局和国家质量监督检验检疫总局联合向外公布了《制药工业污染物排放标准》（征求意见稿）。该标准将大幅度提高制药企业的治理污染成本，我国制药企业2006年度治污成本平均占据成本份额的7%左右，根据2008年的排放标准，治污成本将占成本份额的25%，但这距离国外制药企业治污成本占成本份额50%的情况仍相距甚远。标准的实施要求企业在生产中必须避免使用有毒、污染环境的溶剂或试剂，避免采用危险的操作，减少污染环境的排放物，这些都需要变更生产工艺。

4. 适应工业生产

一个合格的工艺应当能够稳定、连续地生产出符合市场要求的产品，由于市场需求的差别，需要根据产品的不同生产规模对工艺条件、生产设备进行调整，以适应这种变化。

5. 保护知识产权

制药业是知识产权纠纷频发的行业，涉外官司不断。药品在专利保护期内，具有排他性、专有性和独占性。国内制药企业的产品绝大多数是仿制药，通过工艺改进获得目标产物是规避专利侵权的有效途径。

原料药制备工艺水平的高低，体现了一个企业或研究单位的技术实力和科研水平，也是其综合实力的象征。不断改进现有原料药生产工艺，提高产品的质量，减少污染，降低成本，已成为原料药生产企业研究的重点之一。但是，原料药制备工艺的改进可能涉及药品的质量、稳定性、安全性或有效性等多方面的问题，因此原料药在进行工艺改进时，应遵循国家有关规定，谨慎从事。

二、工艺改进的内容

化学合成原料药工艺改进的主要任务是在探索现有原料药合成路线反应原理，掌握反应过程内因（如反应物和反应试剂的性质）的基础上，研究影响该反应的外因（即反应条件），围绕提高产品的质量、减少污染、降低成本等目的有重点地改进原料药合成的反应条件。

化学合成原料药的工艺改进应遵循国家药品食品管理局［2008］242 号文件《已上市化学药品变更研究的技术指导原则》。变更包括以下内容：

变更试剂、起始原料的来源，变更试剂、中间体、起始原料的质量标准，变更反应条件，变更合成路线（含缩短合成路线，变更试剂和起始原料）等。生产工艺变更可能只涉及上述某一种情况的变更，也可能涉及上述多种情况的变更。此种情况下，需考虑各自进行相应的研究工作。对于变更合成路线的，原则上合成原料药的化学反应步数至少应为一步以上（不包括成盐或精制）。

具体分为Ⅰ类变更、Ⅱ类变更和Ⅲ类变更。

1. Ⅰ类变更

Ⅰ类变更主要包括：变更原料药合成工艺中所用试剂、起始原料的来源，而不变更其质量。提高试剂、起始原料、中间体的质量标准，提高原有质量控制项目的限度要求，改用专属性、灵敏度更高的分析方法等。

Ⅰ类变更属于微小变更，对产品安全性、有效性和质量可控性基本不产生影响。

2. Ⅱ类变更

Ⅱ类变更主要包括：变更起始原料、溶剂、试剂、中间体的质量标准。这种变更包括减少起始原料、溶剂、试剂、中间体的质量控制项目，或放宽限度，或采用新分析方法替代现有方法，但新方法在专属性、灵敏度等方面并未得到改进和提高。这类变更形式上减少了起始原料、溶剂、试剂、中间体的质控项目，但变更后原料药的质量不得降低，即变更应不会对所涉及中间体（或原料药）质量产生负面影响，变更前后所涉及中间体或原料药的杂质状况应是等同的，这是变更需满足的前提条件。

Ⅱ类变更属于中度变更，需要通过相应的研究工作证明变更对产品安全性、有效性和质量可控性不产生影响。除有充分的理由，一般不鼓励进行此种变更。

3. Ⅲ类变更

此类变更比较复杂，一般认为可能对原料药或药品质量产生较显著的影响，主要包括：变更反应条件，变更某一步或几步反应，甚至整个合成路线等，将原合成路线中的某中间体作为起始原料的工艺变更也属于此类变更的范畴。总体上，此类变更不应引起原料药质量的降低。

Ⅲ类变更属于较大变更，需要通过系列的研究工作证明变更对产品安全性、有效性和质量可控性没有产生负面影响。

原料药的工艺改进是一个动态的过程，随着工艺的不断改进，起始原料、试剂或溶剂的规格、反应条件等会发生改变，在工艺改进过程中，应特别注意这类改变对产品质量的影响。

三、工艺改进的原则

按照《已上市化学药品变更研究的技术指导原则》，改进原料药生产工艺的总体原则是：原料药生产工艺不应对药品安全性、有效性和质量可控性产生负面影响。

变更原料药生产工艺可能会引起杂质种类及含量的变化，也可能引起原料药物理性质的改变，进而对药品质量产生不良影响。因此，原料药生产工艺发生变更后，需全面分析工艺变更对药品结构、质量及稳定性等方面的影响。如原料药的杂质状况、原料药的物理性质等。

一般认为，越接近合成路线最后一步反应的变更，越可能影响原料药质量。由于最后一步反应前的生产工艺变更一般不会影响原料药的物理性质，生产工艺变更对原料药质量的影响程度通常以变更是否在最后一步反应前来判断。

多数合成工艺中均涉及将原料药粗品溶解到合适的溶剂中，再通过结晶或沉淀来分离纯化，通常这一步操作与原料药的物理性质密切相关，因此，需研究变更前后原料药的物理性质是否等同。

如果研究结果证明变更前后该步反应产物（或原料药）的杂质状况及原料药物理性质均等同，则说明变更前后原料药质量保持一致。如果研究结果显示变更前后原料药质量不完全一致，工艺变更对药品质量产生一定影响的，应视情况从安全性及有效性两个方面进行更加深入和全面的研究。

四、工艺改进的主要途径

化学合成原料药的工艺改进是在系统研究了原有合成工艺的基础上，根据目标化合物的结构特性，拟定改进工艺，其途径主要如下。

1. 改进合成路线

药物合成往往需要多步反应才能达到目的，在此过程中，即使各单步反应的收率均较高，随着步骤的增多，反应的总收率也不会很理想。若能缩短或减少合成步骤，反应的收率将明显提高。消炎止痛药原料布洛芬的合成就是一个很好的例子。

布洛芬最初是由英国 Boots 集团研发的，该合成路线需 6 个步骤（见图 2-1），起始原料异丁基苯经傅-克酰基化反应得对异丁基苯乙酮，再由氯乙酸乙酯经达参（Darzen）反应生成 α,β-环氧羧酸酯，环氧羧酸酯经过脱羧反应，水解，生成不稳定的游离酸，失去二氧化碳成烯醇，再经酮-烯醇互变异构生成醛。醛与羟胺反应生成肟后转化为腈，并通过水解生成所需的羧酸。

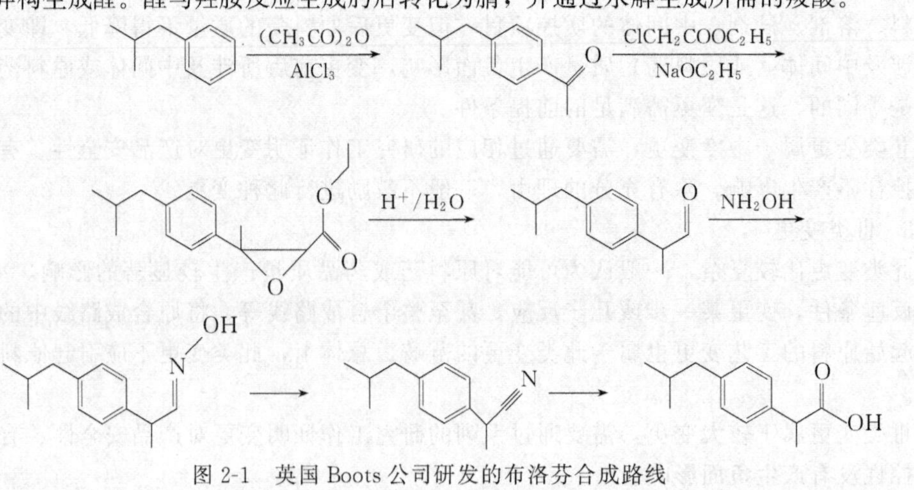

图 2-1 英国 Boots 公司研发的布洛芬合成路线

法国 BHC 公司对此合成路线进行了改进：仍以异丁基苯为起始原料，经过类似的酰基化反应后，以雷尼镍为催化剂还原生成醇，再以钯催化偶合进行羰基化反应得产物。该合成路线只需 3 个步骤（见图 2-2），不仅大大提高了反应总收率，也使合成工艺更加绿色环保。合成路线因此获得了 1997 年的美国总统绿色化学挑战奖。

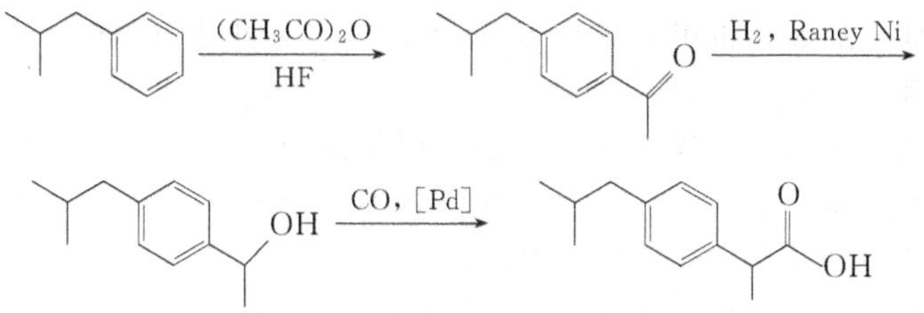

图 2-2 法国 BHC 公司研发的布洛芬合成路线

2. 优化工艺条件

工艺条件的优化主要是对化学反应条件的优化和分离纯化方法的优化，优化的最终目标始终是在优质、高产、低耗、环保的前提下，生产出符合制剂质量要求的原料药，并且保证工艺过程的稳定性和重现性。但影响工艺条件的因素非常复杂，各种合成工艺不能一概而论，在此只对常规工艺条件在改进时的基本思考方法作一简述。

（1）配料比 是指参与反应的各物料之间物质的量的比例。通常物料量以摩尔为单位，则称为物料的摩尔比。有机反应很少是按理论值定量完成的。这是由于有些反应是可逆的、动态平衡的，有些反应同时有平行或串联的副反应存在。因此，需要采取各种措施来提高产物的收率。合适的配料比，是提高产物收率的有效方法之一。

（2）反应温度 化学反应需要光和热的传输和转换，反应温度的选择和控制是合成工艺改进研究的一个重要内容。温度对反应的影响表现在两方面，一方面影响反应的平衡移动，另一方面影响反应速率。吸热反应，高温有利于反应的进行；放热反应，低温有利于反应的进行，但即使是放热反应，也需要先加热到一定温度后才开始反应。

对大多数反应而言，反应速率随温度的升高而逐渐加快，这种影响情况根据大量实验数据总结得到了一个经验规则，即反应温度每升高 10℃，反应速率大约提高 1～2 倍。该规则称为范特霍夫（Van't Hoff）规则。温度升高不仅加快主反应速率，同时也加快副反应速率，对可逆反应，温度升高，正逆反应的速率均增加。对不同反应的方程具体影响，通常遵循阿伦尼乌斯（Arrhenius）方程。

$$k = A e^{-E/(RT)}$$

式中　k——反应速率常数；

　　　A——频率因子；

　　　E——反应活化能；

　　　R——气体常数；

　　　T——反应温度。

工艺改进过程中正是利用温度对不同活化能的反应速率的不同影响，正确选择控制反应温度，以加快主反应速率，增大目标产物收率，提高反应过程的效率。

粗略的温度考察可用类推法，即根据文献报道的类似反应的反应温度初步确定反应温度，然后根据反应物的空间位阻、电性情况等各影响因素，进行设计和试验。如果是全新反应，可从室温开始，用薄层色谱法追踪发生的变化，若无反应发生，可逐步升温或延长时间；若反应过快或激烈，可以降温或控温使之缓和进行。

理想的反应温度是室温，但室温反应毕竟是极少数，而冷却和加热才是常见的反应条件。常用的冷却介质有冰/水（0℃）、冰/盐（−10～−5℃）、干冰/丙酮（−60～−50℃）和液氮（−196～−190℃）。从工业生产规模考虑，在0℃或0℃以下反应，需要冷冻设备。加热可使用电炉或电热套，也可通过水浴（0～100℃）、油浴（100～250℃）将反应温度恒定在某一温度范围。

（3）反应压力　压力对反应的影响多数情况与反应物的聚集状态有关。对于液相或液-固相反应，压力的影响不大，一般是在常压下进行。而对于气相、气-固相或气-液相反应，压力直接影响了反应的平衡移动、速率及收率。

压力对于收率的影响，依赖于反应物与产物体积或分子数的变化，如果一个反应的结果使分子数增加，即体积增加，那么，加压对产物生成不利；反之，如果一个反应的结果使体积缩小，则加压对产物的生成有利；如果反应前后分子数没有变化，则压力对化学平衡无影响。

压力既影响化学平衡，又可影响其他因素，如催化氢化反应中加压能增加氢气在反应溶液中的溶解度和催化剂表面上氢的浓度，从而促进反应的进行。对需要较高反应温度的液相反应，当反应温度超过反应物或溶剂的沸点时，也可以在加压下进行，以提高反应温度，缩短反应时间。例如磺胺嘧啶的合成中，Vilsmeier试剂与磺胺脒的缩合反应是在甲醇中进行的，常压下反应，需要12h才能完成；而在294MPa压力下进行，2h即可反应完全。

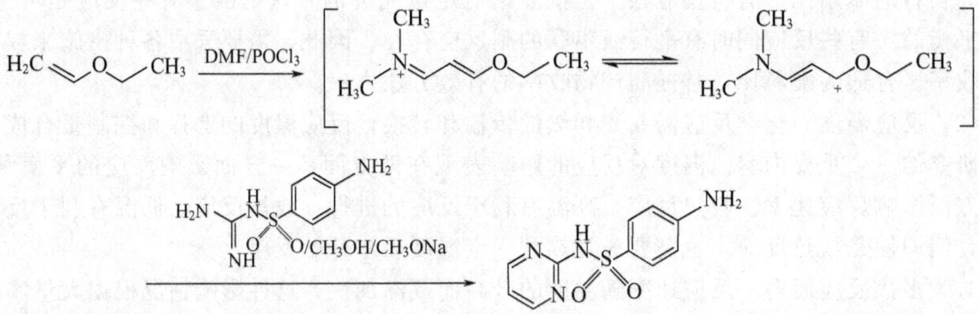

在一定压力范围内，适当加压有利于反应的进行，但压力过高，动力消耗大，对设备要求高，且效果有限。

（4）反应时间与终点控制　反应物在一定条件下通过化学反应转变成产物，与化学反应时间有关。对于许多化学反应，反应完成后必须及时停止反应，并将产物立即从反应系统中分离出来。否则反应继续进行，可能使反应产物分解破坏，副产物增多或发生其他复杂变化，使收率降低，产品质量下降。另一方面，若反应未达到终点，过早地停止反应，也会导致类似的不良效果。同时还必须注意，反应时间与生产周期和劳动生产率有关。因此，对于每一个反应都必须掌握好它的进程，控制好反应终点，保证产品质量。

反应终点的控制，主要是控制主反应的完成。测定反应系统中是否尚有未反应的原料（或试剂），或其残存量是否达到规定的限度。在工艺研究中常用薄层色谱、气相色谱和高效液相色谱等方法来监测反应，也可用简易快速的化学或物理方法，如测定显色、沉淀、酸碱度、相对密度、折射率等手段进行反应终点的监测。

例如，由水杨酸制备阿司匹林的乙酰化反应，由氯乙酸钠制造氰乙酸钠的氰化反应，两个反应都是利用快速的化学测定法来确定反应终点的。前者测定反应系统中原料水杨酸的含量达到0.02%以下方可停止反应，后者是测定反应液中氰离子（CN^-）的含量在0.04%以下方为反应终点。又如重氮化反应，可利用淀粉-碘化钾试液（或试纸）来检查反应液中是否有过剩的亚硝酸存在以控制反应终点。也可根据化学反应现象、反应变化情况，以及反应产物的物理性质（如相对密度、溶解度、结晶形态和色泽等）来判定反应终点。在氯霉素合成中，成盐反应终点是根据 α-溴代对硝基苯乙酮与成盐物在不同溶剂中的溶解度来判定的。在其缩合反应中，由于反应原料乙酰化物和缩合产物的结晶形态不同，可通过观察反应液中结晶的形态来确定反应终点。

3. 改进反应催化剂

催化剂是指能改变化学反应速率，而本身结构和质量在反应前后不发生永久性改变的物质。在原料药合成中有 $80\% \sim 85\%$ 的化学反应需要使用催化剂，大多数反应使用的催化剂是用于提高反应速率的，这类催化剂称为正催化剂，也有少数反应的催化剂用于减缓反应速率，这类催化剂称为负催化剂。

（1）均相催化反应和非均相催化反应　有催化剂参与的反应称为催化反应。根据反应物与催化剂的聚集状态分为均相催化反应和非均相催化反应。催化剂和反应物同处于一相，没有相界存在而进行的反应，称为均相催化反应，能起均相催化作用的催化剂为均相催化剂。均相催化剂包括液体酸、碱催化剂，可溶性过渡金属化合物（盐类和配合物）等。均相催化剂以分子或离子独立起作用，活性中心均一，具有高活性和高选择性。反应物和催化剂不在同一相中的催化反应为非均相催化反应，所用催化剂为非均相催化剂，这类催化剂主要是固体催化剂，催化效率比均相催化剂低，但生成物与催化剂易分离，后处理工艺简单，催化剂能回收循环使用。

（2）催化剂的评价　催化剂的性能主要从四个方面评价，即活性、选择性、稳定性和寿命。催化剂的活性即是催化剂加速反应的能力，是催化作用大小的重要指标之一，通常用转化率和空时收率作为衡量指标。在一定条件下，催化反应的转化率或空时收率高，催化剂的活性好。空时收率是单位体积或质量的催化剂在单位时间内合成目标产物的质量，单位为 $kg/(m^3 \cdot h)$ 或 $kg/(kg \cdot h)$，计算式为：

$$空时收率 = \frac{目标产物的质量}{催化剂体积（或质量）\times 时间}$$

选择性反映了催化剂加快主反应速率的能力，是主反应在主、副反应的总量中所占的比率。催化剂的选择性越好，该催化剂加速主反应、抑制副反应的能力越强。

稳定性是催化剂在使用过程中，保持活性和选择性的能力，主要包括化学稳定性、热稳定性以及在压力、搅拌、摩擦等外力作用下的力学稳定性。

寿命是从催化剂开始使用，直到经再生后也难以恢复活性为止的时间，寿命越长，催化剂的性能越好。

（3）影响催化剂的因素。

① 温度对催化剂活性影响较大，温度太低时，催化剂的活性小，反应速率很慢；随着温度升高，反应速率逐渐增大；但达到最大速率后，又开始降低。绝大多数催化剂都有活性温度范围，温度过高，易使催化剂烧结而破坏活性，最适宜的温度要通过实验确定。

② 助催化剂是影响催化活性的另一因素。在制备催化剂时，往往加入某种少量物质（一般少于催化剂量的 10%），这种物质能显著地提高催化剂的活性、稳定性或选择性。例如苯甲醛在铂催化下氢化生成苯甲醇的反应中，加入微量氯化铁可显著加速反应。

③ 在固体催化剂的制备过程中，常把催化剂负载于某种惰性物质上，这种惰性物质称为载体。常用的载体有石棉、活性炭、硅藻土、氧化铝、硅胶等。例如对硝基乙苯用空气氧

化制备对硝基苯乙酮，所用催化剂为硬脂酸钴，载体为碳酸钙。载体的作用是分散催化剂，增大有效面积，以此提高催化剂的活性，增加催化剂的机械强度，防止其活性组分在高温下发生熔结现象，延长使用寿命。

④ 催化毒物是对催化剂的活性有抑制作用的物质。这些物质有的来源于反应物中的杂物，如硫、磷、砷、硫化氢、砷化氢、磷化氢、一氧化碳、二氧化碳、水等，有的是反应中的生成物或分解物。有些催化剂对于毒物非常敏感，微量的催化毒物即可使催化剂的活性减小甚至消失。在使用时应注意避免。

催化剂能加快反应的进行，但无法改变化学平衡的移动，对原本无法进行的反应，催化剂同样无能为力。

第三节　化学合成原料药的创新开发

原料药创新开发是指经化学反应合成得到化学结构新颖的或有新的治疗用途的原料药。由此得到的原料药在化学药品注册分类中属于1类新药，拥有自主知识产权。

一、化学合成原料药创新开发的意义

化学合成原料药的创新开发是新药开发的基础，是创新药物研究的重要组成部分，在技术竞争中占有主导地位。

1. 新药研究与开发是现代制药企业发展的源动力

"创新是一个民族的灵魂，是国家兴旺发达的不竭动力"。医药领域的知识创新，是制药企业核心竞争力的集中表现。新药研究与开发给制药企业带来了拥有自主知识产权的专利产品，现代制药工业的核心价值是专利保护的商品名药，往往成为制药企业发展里程碑，给企业带来巨大的利润。纵观全球世界级制药公司的发展与壮大，均依靠创新药。如目前世界上最畅销的药品阿托伐他汀，商品名为立普妥，每年全球销售金额达130亿美元，占辉瑞这个第一制药巨人并购惠氏前的年销量的$1/5 \sim 1/4$。

2. 新药研究与开发是大型制药企业的主要形象和特征

现代世界大型制药企业，都是建立在新药研究与开发基础之上的，即以研究为基础的制药公司，必须要有自主创新的产品，才能跻身于国际市场。如诺和诺德（Novo-Nordisk）制药公司，经过80余年的发展，凭借自己研发的降糖药胰岛素（是该公司的支柱产品），成为世界糖尿病治疗领域的先导，抢占了降糖药国际市场份额的50%以上，将降糖药与诺和诺德联系在了一起。同样，人们也总是将默克与降胆固醇药辛伐他汀，将拜尔与环丙沙星联系在了一起。

3. 新药研究与开发是中国跻身世界制药强国的关键

我国制药业长期以来以仿制药为主，但创新是决定企业能否持续发展的关键，走发展面向全球的创新药的道路应该是中国制药工业发展的主要方向。新药研究与开发是现代制药企业创新战略最重要的体现和最核心的内容，对企业的经营战略具有重要影响，我国以生产特色原料药为主的外向型制药企业，其未来的产业升级就是走创新之路，此举不仅可以带给企业远高于特色原料药的毛利率，而且还可以实现业务规模的成倍扩张，环保、安全等问题也将随之改善。

二、原料药创新开发需注意的问题

创新药物开发的过程一般包括：目标化合物的筛选与确定、制备工艺的设计与研究、结构确证、目标化合物的质量研究及制备物杂质分析与限度等。与仿制开发及工艺改进开发相比，创新开发更需要注意以下内容。

1. 目标化合物的筛选与确定

目标化合物的筛选与确定是通过各种途径和方法发现先导化合物，并对其结构进行优化，最终确立制备研究的目标化合物。

先导化合物是指通过各种途径和方法得到的具有某种生物活性或药理活性的化合物。未必是可实用的优良药物，可能由于药效不强、特异性不高或毒性较大等缺点，不能直接药用。但作为新的结构类型，对其进一步的结构修饰和改造，在新药开发中是关键的环节，也是药物设计的必备条件。

先导化合物的来源一方面是对天然活性物质的挖掘。如在对染料中间体的筛选过程中，发现了苯胺以及乙酰苯胺具有解热镇痛作用，经结构改造得到了非那西丁和乙酰氨基酚。另一方面是对现有药物改进，许多药物在临床使用过程中，因种种缺陷而受到限制或被淘汰，如半衰期短，导致服用不便等。因此为增加药效，改善吸收，延长作用时间及减少副作用等，将一些已应用于临床的药物作为先导化物进行研究也是新药研发的主要来源之一。再有就是依据生命科学研究，以大量的重大科研成果为基础，对先导化合物进行设计。

目标化合物的确定是一项非常慎重的工作，国外创新药的研发十分重视目标化合物的确定。在筛选获得的先导化合物的基础上进行结构优化，产生大量活性优于先导物的系列衍生物，再进行筛选研究，反复进行多轮筛选后从成千个活性化合物中筛选出少数目标化合物，是一个筛选、优化、再筛选的循环工作。

2. 目标化合物制备工艺的设计和研究

目标化合物制备工艺的设计和研究是创新药物研发的关键环节，其目的是寻找并确定获得目标化合物的适宜方法，通过稳定、可行的制备工艺制得目标化合物。研究的主要内容包括工艺路线的设计和选择、起始原料和试剂的基本要求与选择、工艺数据的积累与工艺优化、中间体的要求、残留溶剂的分析、"三废"的处理等。其基本要求第一章已有叙述，本章就化学原料药创新开发中需要注意的内容作一介绍。

（1）起始原料的要求　起始原料的质量是原料药制备研究工作的基础，直接关系到终产品的质量和工艺的稳定，并可为目标化合物的杂质研究提供必要的信息。起始原料除应质量稳定、可控外，对原料中可能引入的杂质、异构体，必须严格控制。由于不同来源的起始原料质量和所含杂质不同，对终产品质量的影响也不同，因此对不同来源的起始原料必须有针对性地进行研究，并实施质量控制。

① 所用起始原料若为一般化工产品，这类产品对于有毒杂质和有机溶剂等影响安全性的问题考虑较少。在这种情况下，为便于药品的技术评价，应当注重所用起始原料的合成工艺，并对合成工艺进行分析，根据工艺中所用的原料、试剂、可能引入的杂质以及可能的副产物，重点关注有毒的有机溶剂和催化剂残留以及其他可能带来安全性问题的聚合物、生物污染物等特殊杂质，建立起始原料的内控标准。

② 所用的起始原料为化工产品，但该原料已有了药用标准。这种情况要结合该产品的合成工艺、具体合成路线中可能引入的杂质和中间体的种类，并综合考虑各种杂质的毒性以及样品的实际稳定性情况，有针对性地制定检查项目、检查方法和限度，以保证药品的安全有效和质量可控。

③ 所用的起始原料为国内已批准生产的原料药。如葡萄糖酸依诺沙星的制备工艺中，由于依诺沙星和葡萄糖本身为符合药品标准的原料药，其制剂的安全性已经临床验证，质量和安全性是有保障的。这种情况下，只需提供所用原料药的合法来源、批准证明性文件、质

量标准和出厂检验报告等资料。

起始原料的内控标准主要包括：对名称、化学结构、理化性质要有清楚的描述；要有具体的来源，包括生产厂家和简单的制备工艺；对所含杂质情况（包含有毒溶剂）进行定量或定性的描述；对需要进行特殊反应的起始原料或试剂，应有特别的质量要求，如对于必须在干燥条件下进行的反应，需要对起始原料或试剂中的水分含量进行严格的要求和控制；若起始原料为手性化合物，需要对对映异构体或非对映异构体的限度制订一定的要求。

对于不符合内控标准的起始原料或试剂，应对其精制方法进行研究，以利于对工艺和终产品质量进行控制。

（2）中间体的研究与质量控制　中间体的研究和质量控制是制备研究不可缺少的部分，对稳定原料药制备工艺具有重要意义，为原料药的质量研究提供重要信息，也可以为结构确证研究提供重要依据。一般来说，由于关键中间体对终产品的质量和安全性有一定的影响，因此对其质量进行控制十分重要。对于新结构的中间体，由于没有文献报道，其结构研究对于认知该化合物的特性、判断工艺的可行性和终产品的结构确证具有重要作用。对于一般中间体的要求相对简单，对其质量可以进行定量控制。有时，因终产品结构确证研究的需要，也需要对已知结构中间体进行研究。

① 新结构的中间体，需对其结构进行详细确证，并对理化常数、质量控制（定性、定量）进行研究。结构研究包括：红外、紫外、核磁共振（碳谱、氢谱，必要时进行二维相关谱）和质谱等研究；理化常数研究；质量研究。

② 已知结构的关键中间体，要求对其理化常数、质量（定性、定量）进行研究，并与文献资料进行比较，根据结构确证研究的需要，提供相应的结构研究资料。

对于不符合标准的中间体，应对其再精制的方法进行研究。

（3）工艺数据的积累与工艺优化　制备工艺的研究是一个不断探索和完善的动态过程，需要对制备工艺反复进行试验和优化，以获得可行、稳定、收率较高、成本合理并适合工业化生产的工艺。在这个重复完善的过程中，积累充足的实验数据对判断工艺的可行性具有重要意义，同时也为质量研究提供有关信息。因此，在研发过程中，要注意收集有关的工艺研究数据，尽可能提供充分的制备数据的报告，并对此进行科学的分析，作出合理的结论。

工艺数据报告包括对工艺有重要影响的参数、投料量、产品收率及质量检验结果（包括外观、熔点、沸点、比旋光度、晶型、结晶水、有关物质、异构体、含量等），并说明样品的批号、生产日期及制备地点。

随着工艺的不断优化，起始原料、试剂或溶剂的规格、反应条件等会发生改变，注意这些改变对产品质量（如晶型、杂质等）的影响。对重要的变化，如起始原料、试剂的种类或规格、重要的反应条件、产品的精制方法等发生改变前后对产品质量的影响，以及可能引入新的杂质情况进行说明，并对变化前后产品的质量进行比较。

（4）"三废"处理　在制备研究的过程中，需对可能产生的"三废"进行考虑，尽可能避免使用有毒、严重污染环境的溶剂或试剂，并应结合生产工艺制订合理的"三废"处理方案。"三废"的处理应符合国家对环境保护的要求。

3. 目标化合物的结构确证研究

结构确证研究的主要任务是确认所制备目标化合物的结构是否正确，是保证药学其他方面研究、药理毒理和临床研究能否顺利进行的决定性因素。结构确证研究的一般过程是根据目标化合物的结构特征制订研究方案，制备符合结构确证研究要求的样品，进行有关的研究，对研究结果进行综合分析，确证测试样品的结构。

原料药的创新开发是一项艰苦而复杂的工作，机遇与挑战并存。

课后总结与思考

1. 简述仿制药研究的基本原则。

2. 结合我国目前化学原料药开发的水平，简述仿制药研究需注意的问题。

3. 安息香是合成抗癫痫药苯妥英钠的原料，在传统合成工艺中，以苯甲醛为原料，在氰化钠的催化下缩合而成，由于氰化钠的毒性，目前的合成工艺中，以维生素 B_1 替代氰化钠，试叙在该工艺改进中应遵循哪些原则？

4. 化学合成原料药工艺改进的一般途径有哪些？

5. 在原料药创新开发中，为保证原料药的质量，对起始原料、溶剂及中间体有哪些要求？

第三章　原料药开发的可行性论证

化学原料药合成项目开发之前，需要系统地分析和研究该开发的可行性，即对开发项目进行可行性论证。可行性论证为开发项目能否立项提供了依据。可行性论证是建立在充分的市场调研和技术调研基础上的。本章就原料药开发可行性论证过程中所涉及的市场调研、法规资料查阅、文献资料查阅、可行性研究报告撰写这 4 部分内容作重点介绍。

第一节　市　场　调　研

市场调研是指运用科学的方法，有目的地搜集市场信息，记录、整理和分析与市场有关的情况资料，了解市场现状及发展变化趋势，为市场预测提供科学依据。通俗地说市场调研就是了解情况，认识市场的现状、历史和未来。

在市场经济体制下，原料药开发与市场供求是密不可分的。开发是创造一项受人欢迎的新技术或新产品，再好的产品如果得不到市场承认，也只能束之高阁。只有充分考虑市场，技术才能真正变为生产力，使开发工作走进良性循环。

市场调研的内容主要包括市场供给状况调研、市场需求状况调研和市场前景预测三方面。对市场供给和市场需求的调研，可以充分掌握市场供求的基本情况，为市场前景预测提供依据。

一、市场供给状况

市场供给是指商品生产者向市场提供的能满足消费者需要的商品。市场供给状况调研可从国内生产能力、国内价格和国外市场三方面进行。

1. 国内生产能力调研

国内生产能力调研包括：国内现有生产能力总量、在建项目的生产能力和药品供给地区间的分布、数量与比例。

2. 国内价格调研

国内价格调研包括：药品的定价管理办法，是由国家控制价格，还是由市场定价；销售价格，价格变动趋势，最高价格和最低价格出现的时间、原因等。

3. 国外市场调研

国外市场调研包括：主要生产国家和地区；国外主要生产厂家的生产技术、生产能力；国际市场销售价格及其变动趋势；主要进口国的生产能力及变化趋势。

二、市场需求状况

市场需求是指对商品有支付能力的需求和购买欲望。市场需求分为现实需求和潜在需求两种形态。药品现实需求指消费者已经意识到，具有购买能力，并已经准备购买某种药品的需求。药品潜在需求指处于潜在状态下的需求，即消费者尚未意识到的需求，或已经意识到，但由于种种原因暂时不能购买的需求。市场需求状况调研可从用途调研、销量调研和替代产品调研三方面进行。

1. 用途调研

用途调研包括：药品的适应证；与同类药比较的优缺点，可否替代同类药；更新换代的周期。

2. 销量调研

销量调研包括：产量变化情况；一段时期以来的出口量及出口去向，出口国家或地区，产品的价格及占国内生产量的比例；国内外保有量，及本产品市场需求满足程度。

3. 替代品调研

替代品调研包括：替代品的性能、质量及与本产品相比的优缺点；替代品的国内生产能力、产量，可作替代用途的比例；替代品的进口量及进口价格。

三、市场前景

市场前景是指在市场调研的基础上，运用科学的方法和手段，预测未来一定时期内市场的需求变化及其发展趋势。客观地预测目标化合物市场前景是制订开发方案、确定项目建设规模的依据。市场前景预测包括国内市场前景预测、进出口前景预测及价格预测三方面。

1. 国内市场前景预测

国内市场前景预测主要内容有：有效经济寿命预测；代用品预测；使用中可能产生的新用途。新用途的出现，意味着扩大了目标化合物的市场需求容量。综合以上三方面的分析，可预测目标产品的国内需求量及与现有生产能力的差距。

2. 进出口前景预测

目标化合物进出口前景预测包括：①将开发产品与进口产品从质量、价格等方面进行比较，预测替代进口的可能性；②如果开发产品在质量和技术等方面，具备在国际市场上竞争的能力，则应考虑该目标化合物出口的可行性；③分析国家对该目标化合物的出口有何限制条件或鼓励措施，该产品进口国的贸易政策，预测产品出口流向。综合以上三方面的分析，可预测目标产品今后的进口量或出口量。

3. 价格预测

价格预测，既要考虑药品产量、质量、同类产品目前价格水平，又要分析国际、国内市场价格变化趋势，国家的物价政策变化，全社会供需变化，还要考虑降低产品生产成本的措施和可能性。综合以上因素，可预测目标产品的销售价格。

第二节　查阅法规资料

法规是法律、法令、条例、规则、章程等法定文件的总称。原料药开发过程中，需要查阅法规资料，了解目标化合物的国家标准、知识产权保护状态及化学药品注册分类情况等。用于原料药开发的法规资料主要有《中华人民共和国药品注册管理法》（简称《药品注册管理法》）《中华人民共和国药品》（简称《中国药典》）。

一、药品注册管理法

药品注册指国家食品药品监督管理局根据药品注册申请人的申请，依照法定程序，对拟上市销售药品的安全性、有效性、质量可控性等进行审查，并决定是否同意其申请的审批过程。《药品注册管理法》是国家食品药品监督管理局为保证药品的安全、有效和质量可控，规范药品注册行为，根据《中华人民共和国药品管理法》（简称《药品管理法》）、《中华人民共和国行政许可法》（简称《行政许可法》）、《中华人民共和国药品管理法实施条例》（简称《药品管理法实施条例》）制定的法规。该法规明确规定了化学药品的注册分类及申报要求。化学药品注册分为 6 类，见表 3-1。

表 3-1 化学药品注册分类

类别	内　　容
第一类	未在国内外上市销售的药品,包括:①通过合成或者半合成的方法制得的原料药及其制剂;②天然物质中提取或者通过发酵提取的新的有效单体及其制剂;③用拆分或者合成等方法制得的已知药物中的光学异构体及其制剂;④由已上市销售的多组分药物制备为较少组分的药物;⑤新的复方制剂;⑥已在国内上市销售的制剂,增加国内外均未批准的新适应证
第二类	改变给药途径且尚未在国内外上市销售的制剂
第三类	已在国外上市销售但尚未在国内上市销售的药品,包括:①已在国外上市销售的制剂及其原料药,和/或改变该制剂的剂型,但不改变给药途径的制剂;②已在国外上市销售的复方制剂,和/或改变该制剂的剂型,但不改变给药途径的制剂;③改变给药途径并已在国外上市销售的制剂;④国内上市销售的制剂,增加已在国外批准的新适应证
第四类	改变已上市销售盐类药物的酸根、碱基(或者金属元素),但不改变其药理作用的原料药及其制剂
第五类	改变国内已上市销售药品的剂型,但不改变给药途径的制剂
第六类	已有国家药品标准的原料药或者制剂

原料药开发工作进行前,应首先研读法规文件,确定目标药物在化学药品注册分类中属于第几类。

二、中国药典

《中华人民共和国药典》(简称《中国药典》)是国家为保证药品质量、保护人民用药安全有效而制定的法典,是执行《中华人民共和国药品管理法》、监督检验药品质量的技术法规,是我国药品生产、经营、使用和监督管理所必须遵循的法定依据。

药品质量的内涵包括真伪、纯度和品质优良度三方面。三者的集中表现是药品使用中的有效性和安全性。《中国药典》制定的药品标准包括法定名称、来源、性状、鉴别、纯度检查、含量(效价或活性)测定、类别、剂量、规格、贮藏、制剂等内容。制定药品标准对加强药品质量的监督管理、保障用药安全有效、维护人民健康起着十分重要的作用。

我国第一部药典是 1930 年出版的《中华药典》。1949 年中华人民共和国成立后,编订了《中华人民共和国药典》1953、1963、1977、1985、1990、1995、2000、2005、2010 年版共九个版次。现在每 5 年出版一次,目前使用的是《中国药典》(2010 年版)。

2010 年版《中国药典》共收载品种 4598 种,分为中药、化学药及生物制品三部。各部内容主要包括凡例、标准正文和附录三部分,其中附录由制剂通则、通用检测方法、指导原则及索引等内容构成。药典二部收载化学药品、抗生素、生化药品、放射性药品以及药用辅料等。该版药典对药品的安全性、有效性和质量可控性方面尤为重视,在凡例、品种的标准要求、附录的制剂通则和检验方法等方面均作了较大改进和发展。

第三节　查阅文献资料

在从事化学合成原料药开发中,首先要了解原料药的研究状况,前人做过哪些工作,取得了什么成绩,存在哪些问题,然后才能以前人取得的最新成果为起点,制定研究方案,进而避免做重复的工作。了解这些情况,主要应通过查阅文献资料。

一、专利

专利是知识产权的一种,它是专利申请人向政府递交的说明新发明创造的书面文件。此文件经政府审查、批准后,成为具有法律效力的文件,由政府印刷发行。一般来说,专利文献可以反映一个国家在某些技术领域内的水平。每件专利一般都涉及新的发明创造或技术改进,对研究国内外科技水平和发展趋势,制订科研、生产计划等都有一定的借鉴意义。

互联网上各种专利数据库已逐渐成为获取专利信息的重要途径，公众可以通过政府网站检索世界主要国家的专利信息，浏览专利说明书全文。

1. 中国国家知识产权局网站（http：//www.sipo.gov.cn）

该网站设有中英文两种检索系统。中文检索系统收录了 1985 年以来在中国公开（告）的全部发明专利、实用新型专利、外观设计专利的中文著录项目、摘要和法律状况信息及全文说明书图像；英文检索系统收录了 1985 年以来公开（告）的全部中国发明和实用新型专利的英文著录项目，以及发明摘要。

2. 欧洲专利局专利信息网站（http：//ep.espacenet.com）

欧洲专利局专利信息网（esp@cenet）是由欧洲专利局（The European Patent Organization，EPO）与欧洲专利组织以及欧洲委员会成员国于 1998 年开始向互联网用户免费提供的专利信息查询服务网站。该网站支持英语、法语、德语，但检索后所得的专利全文则是专利的原始语言。esp@cenet 提供服务的数据库覆盖范围广，数据库质量可靠，更新速度快。

目前 esp@cenet 可供网上免费查询的专利数据库有以下 4 个。

（1）Worldwide Patents 世界专利数据库　这是欧洲专利局收集的专利信息的总和，截止到 2006 年 1 月该数据库收录了 79 多个国家、地区和国际专利组织公布的专利申请书，数量达 4500 万条之多。

（2）The World Intellectual Property Org.（WIPO）专利数据库　该数据库收录最近 2 年内由世界知识产权局（WIPO）公开的 PCT 专利申请，可提供专利全文图像，数据每周更新一次。

（3）The European Patent Office（EPO）专利数据库　该数据库收录最近两年内由欧洲专利局（EPO）公布的专利申请的著录信息、文摘和全文说明书。

（4）Japanese Patents（JP）专利数据库　该数据库收录 1976 年以来公布的日本公开专利的英文著录数据和文摘。

3. 美国专利与商标局（http：//www.uspto.gov）

美国专利与商标局网站为用户提供了丰富的专利信息资源，包括专利申请、专利发布、专利审查流程、知识产权法以及各种专利参考资料等，这些信息对于要了解和学习美国专利的相关知识很有帮助。该网站提供的美国授权专利数据库可供用户从 31 种检索入口检索 1975 年以来的各种美国授权专利文献，从两种检索入口检索 1790 年以来的各种美国授权专利，以及浏览 1790 年以来的各种美国授权专利全文（图像文件）。

4. 日本专利局（http：//www.jpo.gov.jp）

日本专利局将自 1885 年以来公布的所有日本发明专利、实用新型专利和外观设计专利的电子文献及检索系统，通过其网站上的工业产权数字图书馆（IPDL）免费提供给全世界的读者。日本专利局网站中的工业产权数字图书馆被设计成英文版和日文版两种系统。日文系统还收录了美国、欧洲、英国、德国、法国、瑞士和 PCT 的专利全文。

二、期刊

期刊也称杂志，是一种连续出版物，它有固定的刊名和统一的出版形式。期刊文献数量大、品种多、内容丰富、出版周期短、出版速度快、能及时反映科学技术的新成果、新水平、新动向，是化学原料药合成工作者重要的信息来源之一。

互联网的发展，使科技工作者能够从网上很方便地阅读到许多高质量的期刊文献。通常高校图书馆或科研单位图书馆从国内外著名的化学会、出版公司，购买他们的电子期刊数据库使用权，然后提供给读者使用。数据库有文献检索功能，有浏览下载、打印全文、电子邮件传送的功能，这大大节约了读者寻找原文的时间。下面对化学合成原料药开发过程中经常使用的国内数据库作简单介绍。

1. 万方数据库（http：//www. wanfangdata. com. cn）

万方数据库是由万方数据公司开发的，涵盖期刊、会议纪要、论文、学术成果、学术会议论文的大型网络数据库。该数据库提供了国内近百个文摘型数据库的检索，以及 1998 年以来 2000 多种国内科技核心期刊的全文。

2. 中国学术期刊网（http：//www. edu. cnki. net）

中国学术期刊网也称同方数据库，由清华中国学术期刊电子出版社出版。该数据库提供了 1979 以来，国内 8200 多种核心期刊与专业特色期刊的全文，收全率达 98％。另外，数据库还提供了 1999 年至今的 38 万多篇硕士论文和 6 万多篇博士论文。

3. 国家科技图书文献中心（http：//www. nstl. gov. cn）

这是经国务院批准在 2000 年 6 月建立的虚拟科技文献信息服务中心，收录了 1989 年至今国内出版的 8000 余种专业期刊和 1995 年以来国外 3400 多种重要学术期刊，免费提供二次文献检索服务。在用户登记注册，付费后，数据库可以通过电子邮箱、邮寄等方式提供全文服务。

4. 美国化学会（http：//pubs. acs. org）

美国化学会成立于 1876 年，由于其出版的化学刊物在世界范围内引用的次数最多，期刊影响因子在化学领域最高，成为享誉全球的科技出版机构。它的数据库可以提供美国化学会成立以来所有期刊的全文，读者可以方便地调阅出数据库任一期的全文文献。

三、美国化学文摘

美国化学文摘（Chemical Abstracts，简称 CA）从纸本版、光盘版到 1995 年推出的网络版，已成为当今世界上最大、最权威的化学化工方面的文献检索工具。它摘录了全世界 150 多个国家近 15000 种有关化学化工刊物中的论文、政府出版物、会议录、图书及综述等材料以及 30 余个国家的专利说明书。

CA 网络版在充分吸收原纸本版 CA 精华的基础上，利用现代机检技术，进一步提高了文献的可检性和速检性。CA 网络版的英文名称叫"SciFinder"。它有两种版本，即"SciFinder"和"SciFinder Scholar"。前者是主版本，后者是大学用版本。SciFinder 的强大检索和服务功能，可以帮助用户了解最新科研动态，确认最佳研究方向。

SciFinder Scholar 不是通过 Web 方式访问，而是通过用户的程序连接 CAS 在美国的服务器而提供服务的。目前用户端程序使用的版本是 SciFinder Scholar2006-2. exe。该程序可由订购单位的管理员通过账号和密码登录 http：//my. cas. org，把安装程序下载到本地服务器，提供本单位的用户下载安装。现将其检索途径分别简介如下。

1. 研究主题检索

单击"Research Topic（研究主题）"，在"Explore by Research Topic（研究主题检索）"框中输入描述研究主题的单词或短语，单击"OK"，开始检索。

SciFinder 提供若干候选主题，选择合适的主题，单击"Get References（获取参考文献）"可以检索全部参考文献。

单击显微镜图标，可以查看完整的书目详情及相关参考文献的摘要。单击"Get Related（获取相关信息）"可查看该参考文献的更多信息。

2. 精确化学结构检索

精确化学结构检索，需使用结构绘图窗口绘制、导入或者粘贴需要查找的化学结构，单击"Get Substances（获取化学物质）"，用户可查询有关该化学物质的信息，然后选择确切的匹配项或相关结构，点击"OK"。

用户可以通过CAS注册号上方显示的任何按钮，查看相关物质的更多信息。如：单击"A→B"按钮，选择"Product（产品）"，单击"OK"，可获取该物质作为反应产物的化学反应式等信息，单击"Get Substances"，有关这些反应式的文献资料亦会被显示出来。

3. 子结构检索

SciFinder的子结构检索是一个具有可选择性的检索功能，用户可以利用此功能检索的化学物质包括：内含欲检索的子结构的多元的化学物质，例如：聚合物分子，在分子的指定位置有取代基或包含欲检索子结构的化合物分子，欲检索子结构的环系为检索结果化学物质环系一部分。SciFinder对子结构检索的结构式图像具有默认设定，用户可以使用结构绘图绘制工具去变更结构图像的默认设定。例如，用锁定环取代工具"Lock Out Rings"去锁定环以便与其他环隔离或禁止稠合；如果用"Lock Out Rings"工具去锁定链，可以禁止链变成环；如果用"Lock Out Rings"工具去锁定原子，可以禁止其被取代。

用户在绘制结构式后，单击"Get Substances"，则会开始子结构检索。如果要查询检索得到的化学物质的详细资料，可以点击放大镜图标，也可以使用"Get References"去查询有关化学物质的文献资料。如果要分析检索结果的准确性，单击"Analyze"，可对检索结果中的立体结构情况、环构情况、取代原子情况、可变基团情况等逐一进行分析和评价。当检索出的结果数目太多时，还可以用"Refine"功能去优化并简约这些结果。

4. 相似结构检索

除了以上的两种结构检索外，SciFinder还为用户设计了相似结构检索。该功能可以检索那些与目标分子结构相似，但元素组成、取代基或其位置有所不同，或虽结构相似但具有不同大小的环结构，甚至结构相似但只有少部分与检索目标分子结构相吻合的化合物分子。该功能也可检索那些包含检索结构的多元物质，例如聚合物、配合物等。

当绘制完结构式后，单击"Get Substances"，在对话框中选择"Similarity Search"，即可进行相似结构检索。

5. 化学反应式检索

在SciFinder中，不但可以用化学结构式来检索化学反应，并设定该化学物质在反应中的角色（反应物、试剂、产物等），也可以用反应位置工具和绘图工具做精确的化学反应检索。

在绘制分子结构后，点击反应角色工具和要设定的结构，反应角色（Reaction Roles）对话框将会出现，设定该物质在反应式中的角色，单击"Get Reactions（获取反应）"，就会出现化学反应检索窗口。

在反应式化学反应检索窗口中，用户可以进一步选择是只在特定位置变化的结构还是更为复杂的结构中的子结构的检索。单击"Filters"，可以限定检索范围。比如，限定反应的步骤，限定反应的类型，甚至对文献的出版年份都可以限定。检索的结构会出现在SciFinder窗口中，用户可以从主菜单的浏览中，选择是显示所有反应式，还是每条文摘只显示一个反应式。

用户可以从检索结果中看到反应式、详细反应条件、CAS的编辑写下的重点注释和文摘连接。点击"Get References"，可显示全部或已选取的化学反应的相关文献。再点击显微镜图标，就可以阅读文摘或连接文献图像的全文。

6. 化学名称和CAS登记号检索

用户单击"Substances Identifier（物质标识符）"，输入一个或者多个通用化学名称、物质别名或 CAS 登记号，即可进入化学名称或标识号进行检索；单击"Get References（获取参考文献）"，可查看相关参考文献；单击任何参考文献旁的电脑图标，SciFinder 将通过 ChemPort 链接期刊和专利原文。

7. 作者名检索

用户单击"Author Name（作者姓名）"检索作者名，输入作者姓名时，请注意一定要输入姓氏，名字或中间名是可选项。SciFinder 将提供作者姓名的所有形式，包括缩写。单击"Get References"可以检索与这些名字有关的所有参考信息，可以单击显微镜图标查看参考信息的更多详情。

8. 专利检索

用户单击"Document Identifier"图标进行专利号检索。在"Explore by Document Identifier"框中输入专利号，单击"OK"，可以检索到与专利号有关的信息。单击显微镜图标，查看详情，单击电脑图标，可以查看该专利的电子版。

9. 公司名称和研究机构检索

用户单击"Company Name/Organization"进行公司或组织的检索。要查找该组织是否针对相关主题进行研究，可使用"Refine"工具，然后单击"Research Topic"，输入您的主题，即可检索。

通过"Analyze"工具，进一步确定该组织中是否已有人拥有相关主题的专利，选择"Document Type"，单击"OK"，SciFinder 将提供与相关组织关联的所有文档类型。查看专利参考信息的详情，选"Patent"，然后单击"Get References"，可以使用任何 SciFinder 选项，查看不同类型的参考文献。

10. 期刊目录检索

用户在期刊列表中选择需要的期刊，然后单击"View"，可以找到要浏览的期刊详情，再单击"Select Issue"，可以选择卷册、期刊号，可以单击显微镜查看书目详情和文章摘要，单击电脑图标，查看文章电子版。

四、工具书

工具书是指将大量分散在原始文献中的知识（包括各种理论、数据、事实、图表等）收集起来，经过分析、鉴别、提炼和浓缩，用简明扼要的形式编写，供人们查阅使用的一种特殊类型的图书。在化学合成原料药开发工作中，一般利用工具书查阅化合物的物理化学数据、制备方法、谱图及相关的有机化学反应。

1. 物理化学数据手册

若要查阅常见物质的主要数据时，通常可选择综合性的化学手册，如《CRC Handbook of Chemistry and Physics》（CRC 化学和物理手册）、《Lange's Handbook of Chemistry》（兰氏化学手册）、《Chemical Properties Handbook》（化学物性质手册）。这类手册在高等院校、科研院所等多有收藏。

2. 制备方法工具书

用于查阅有机化合物制备方法的工具书主要有《Organic Synthesis》（有机合成）和《Compendium of Organic Synthesis Methods》（有机合成方法纲要）。

《Organic Synthesis》是一套大型的有机合成丛书，主要介绍各种有机化合物的制备方法。介绍具有一定代表性的不同类型化合物的合成途径及详细步骤，每种方法在发表前都要经过两个不同实验室的有机合成专家进行核对验证，是化学合成原料药开发工作者重要的参考书之一。

《Compendium of Organic Synthesis Methods》以反应式来描述官能团化合物的制备方法，并附有参考文献，列出了 1750 个有关单官能团和双官能团化合物制备实例，涉及烯烃、醛、酮、羧酸衍生物、卤烃、胺类等多种官能团有机化合物。

3. 光谱、波谱图谱集

在化合物结构分析中，波谱分析愈来愈显示其重要性。常用于查阅的光谱、波谱的手册有《Sadtler Reference Spectra Collection》（Sadtler 标准光谱集）以及美国 Aldrich 化学试剂公司编纂出版的光谱手册。

4. 有机化学反应工具书

《Organic Reactions》（有机反应）可用于查阅有机化学反应，该书主要介绍有机化学中有理论价值和实际意义的反应式，并对有机反应机理、应用范围、反应条件、典型反应步骤等作了详尽的讨论。

第四节 撰写原料药开发可行性研究报告

可行性研究，是在所选项目或课题开始之前，对其实施的可能性、技术先进性和经济合理性，从技术和经济两方面展开详尽的调查研究及分析比较，并对项目建成后可能取得的经济效益进行预测，从而提出项目是否值得投资开发及如何开发，为决策部门提供科学的、权威性的意见。根据分析研究结果写出的报告，就叫可行性研究报告。

可行性研究对于项目投资决策和项目建设都极为重要。建设一个项目，涉及诸多因素，需花费大量投资。如果事前不进行周密的调查研究和分析论证，仓促上马，建成后不但有可能达不到预期的经济效益和社会效益，还往往事与愿违，造成无法挽回的损失。写好可行性研究报告，是做好可行性研究工作的一项重要内容。

根据可行性研究项目涉及问题的不同，可行性研究的侧重点也不尽相同，但其基本内容大同小异。概括地说包括四个方面：一是通过对市场需求的研究，明确投资的目的、必要性和可行性，这是决定是否投资的前提；二是对生产工艺进行研究，以保证技术的先进、可行；三是对项目涉及的各种技术、经济、保障措施等因素进行综合平衡，以保证生产建设的正常进行；四是经济效益评价，这是各种因素综合作用的结果，也是可行性研究所寻求的最终目的。

一、报告内容及撰写注意事项

1. 前提条件

（1）要有研究对象 也就是预想的方案。可行性研究的任务是对设计方案进行全面的论证，所以明确研究对象是必不可少的先决条件。

（2）要有科学的论证方法 可行性研究的对象不同，涉及的领域比较宽广，论证方法也是多种多样。可以对比分析、实地调查、观察试验、综合运用。只有论证充分、全面细致，结论才会准确、恰当。

（3）要具备较强的专业知识和丰富的实践经验 可行性研究的专业性很强，涉及某一具体项目时，研究者必须能迅速找到设计方案的立足点和着手点，在分析各种因素的基础上，得出相应的结论。

2. 遵循实事求是原则

为了能得出客观、正确的结论，进行可行性论证时一定要从实际出发，以实事求是的态度研究问题，分析问题。反映情况要本着一分为二的原则，要把对项目有影响的各种因素和条件全部考虑在内。既不能为了提出肯定性意见，只讲有利条件，不讲不利条件，也不能为了提出否定性意见，只讲不利条件，不讲有利条件，要全面权衡项目的利弊得失。

3. 遵循系统性原则

系统性原则是分析与综合的有机结合。即把项目分解为若干个部分，有步骤地对各个部分进行分析论证，同时注意研究内容的全面性、完整性和准确性。既有精细的研究，又有综合的论证评定，最终得出结论。另外，可行性研究是投资前的活动，是对可能遇到的问题和结果的估计，因此，必须强调深入细致的调查研究。

4. 论证严密、准确可靠

可行性报告是一种论证性文体，其写作过程也就是一个论证的过程。报告内容，都是为了论证对象的可行与否。文中所用论据，要准确、翔实，要能有力地说明论点。在以论据说明论点时，可根据实际需要，运用列举归纳论证、逐层推进论证、对比分析论证等多种论证方法，以使论证有力，推论合理，使报告具有很强的说服力。

二、报告提纲

×××原料药开发可行性研究报告提纲

1. 总论

叙述报告中各章节的主要问题和研究结论，并对项目的可行与否提出最终建议。

2. 项目背景

叙述该项目的研究现状及发展趋势，目前存在的问题；说明该项目的研究目的、意义及达到的科学技术水平。

3. 项目的市场调查与竞争能力预测

叙述该项目产品的主要用途、目前市场领域的需求量、未来市场预测、经济寿命期、目前所处寿命阶段；叙述该项目产品国内主要研制单位及主要生产厂家、研制开发情况、生产能力及预期投产时间；叙述该项目产品的国内外市场竞争能力，替代相应产品（进口或出口）的可能性，预测市场占有份额，及近期内主要产品的市场占有率情况。

4. 项目的技术可行性及成熟性分析

（1）项目的技术创新性论述　详细叙述项目的基本原理、工艺路线及关键技术内容；论述项目创新点，包括技术创新、产品结构创新、生产工艺创新、产品性能及使用效果的显著变化等，并说明创新程度和创新难度；介绍项目的技术来源、合作单位（或个人）情况，说明项目知识产权的归属情况。

（2）项目的成熟性及可靠性论述　说明项目目前技术成熟程度；论述本项目在小试、中试或生产条件下的估计难度与可行性，包括项目质量的稳定性、收率等；论述本项目产品在实际生产条件下的可靠性、耐久性和安全性。

5. 项目实施计划

（1）开发计划　详细描述项目各项研发工作及准备工作，明确完成各项工作预计所需时间及达到的阶段目标。

（2）技术方案　论述本项目需要进一步完善或新研发的技术内容，并说明每项研发工作中将采取的具体技术方法、工艺流程和预计实现的技术参数，提出可以解决上述技术问题的备选方案。

（3）生产方案　论述本项目投入生产时，需要的生产设备（机械设备及厂房等）、原料来源（质量及原料是否充沛）、"三废"处理等。

6. 资金预算及投入周期

包括研发业务费、试验材料费、仪器设备费、产品检测费、协作费等。

7. 经济、社会效益分析

包括产品研发成本分析、产品阶段成果盈利预测、产品工业化生产成本分析、产品工业化生产投资回收期预测等。

8. 可行性研究结论与建议

根据以上论述，评价项目的可行性，给出结论性意见，对可行性研究中尚未解决的主要问题提出解决的办法和建议。

9. 附件

包括项目建议书、市场调查报告、附图（厂址地形或位置图、总平面布置方案图、工艺流程图、主要车间布置方案简图）、环境影响报告等。

课后总结与思考

1. 结合实际阐述市场调查的必要性。

2. 撰写可行性研究报告的目的是什么？可行性研究报告包括哪些内容？

3. 什么是法规资料？查阅法规资料的目的是什么？

4. 结合自己专业或从事的研究项目，在国家知识产权局或本地有专利文献的机构阅读一篇中国发明专利说明书和一篇美国专利说明书，摘录题目、专利号、摘要等内容。

5. 了解本单位图书馆或资料室有关期刊、手册的馆藏情况和借阅手续，以及电子版各种资源库的检索查阅方法。检索抗抑郁药米氮平的合成方法。

6. 完成抗高血压药盐酸普萘洛尔的可行性研究报告。

第四章 原料药合成路线及试验方案确定

原料药合成的技术核心是确定合成路线及试验方案。这就好比要进行一场战役,必须首先制定作战方案。合成路线确定后,根据反应原理,设计工艺可行、成本合理、收率相对较高的试验方案。在试验方案的实施过程中,不断地优化改进,最终获得"优质、高产、低耗、环保"的合成工艺。

本章重点介绍合成路线的选择原则、试验方案的确定方法及工艺路线的优化方法,并通过案例介绍了工艺路线的评价方法。帮助读者掌握原料药合成路线的选择技巧、评价方法,学会根据合成路线确定并优化试验方案。

第一节 合成路线的选择原则

原料药的合成路线往往有多种,须综合分析、认真比较,在可行性、经济性和安全环保性的原则下,根据具体情况、具体场合和具体条件做出合理的选择。

一、可行性原则

可行性原则是指所选合成路线是否切实可行,符合原料药合成要求。贯彻这一原则,可从以下几方面着手。

1. 各步反应须可行

合成路线中每步反应都应确保是可行的,若所选合成路线某步反应不可行,则很难获得终产物。

2. 关键反应应尽早出现

每一条合成路线中均有一步或几步关键反应。所谓关键反应是指那些转化率低,反应难度大或主副反应产物难分离纯化的反应。如果一条合成路线中到最后几步才出现关键反应,一旦合成失败就会造成人力物力的极大浪费。因此,关键反应越早出现,越有利于成功制取目标化合物。例如,以氯苯为原料经三步反应合成苦味酸,有两条合成路线(见图 4-1 和图 4-2)。

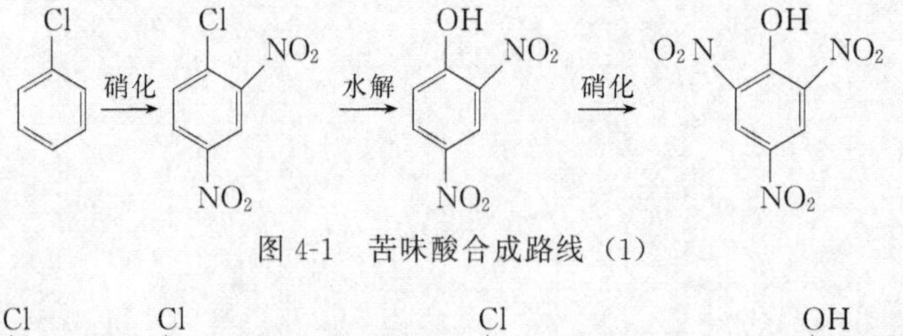

图 4-1 苦味酸合成路线 (1)

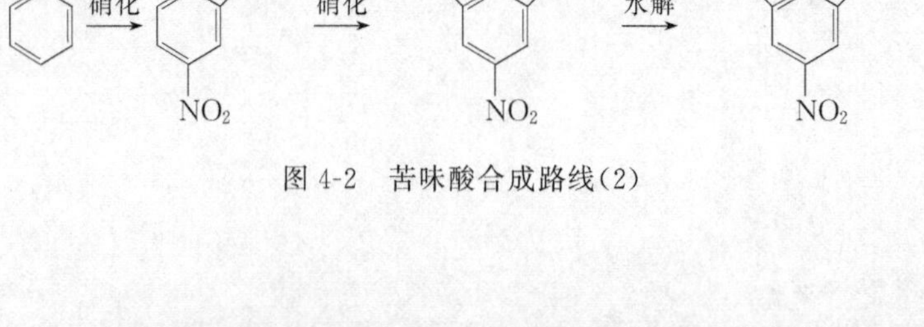

图 4-2 苦味酸合成路线(2)

在这两条合成路线中，收率低的水解反应为关键反应。路线1将水解反应放在前面，硝化反应放在后面，由于氯苯不易水解，硝化后却很容易水解，氯基改换为羟基后也有利于进一步硝化，因此，合成路线1可优先选择。

3. 中间体稳定易纯化

一个理想的合成路线，其中间产物应稳定易纯化，尤其是在反应后处理时间长、操作条件不易控制的情况下。在整个合成路线中，如果出现多次不稳定的中间体，获得终产品的希望就很小。所谓不稳定的中间体是指那些对热、光、水分、空气敏感的化合物。例如有机金属化合物。虽然这是一类非常有用的合成试剂，它们能发生许多选择性很高的反应，使一些常规方法难以进行的反应变得容易，但由于有机金属化合物在通常条件下是很活泼的，导致其在工业生产中的应用并不广泛。

4. 合成路线宜采用多线策略

多线策略是指在决定了主要中间体以后，最好能有几条分支达到同一目标分子。若在反应进行时，个别步骤出现问题，还可以有其他路线选择替代，这样不仅增加了成功的概率，也不会造成前功尽弃。例如克霉唑的合成（见图4-3），路线1的反应原料邻氯苯甲酸是苯酐法生产糖精的副产品，并且格氏反应收率高，但要用乙醚，安全性不高。路线2以邻氯甲苯为原料，经氯化和傅氏反应后再缩合得产品。该法成本低，安全性高但总收率较低。因此可根据不同情况和要求，选取不同的合成路线。

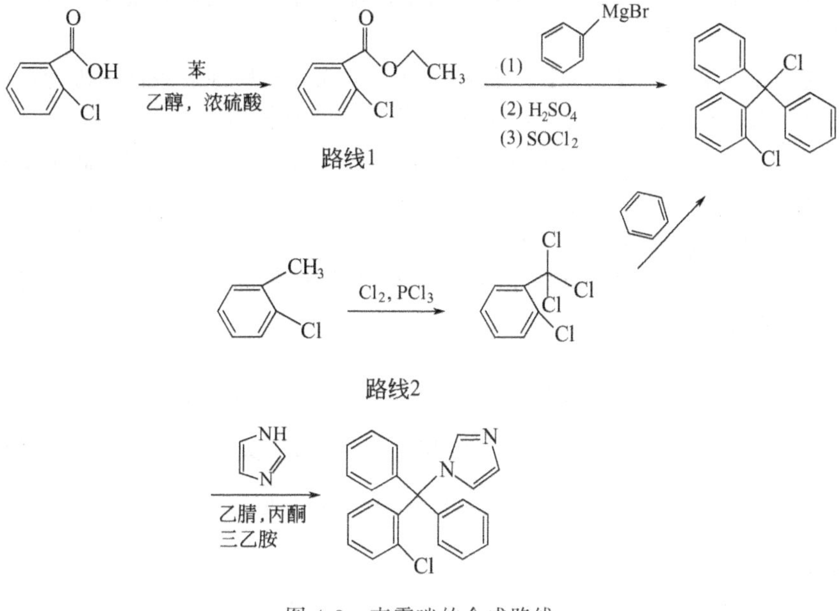

图 4-3 克霉唑的合成路线

二、经济性原则

经济性原则是指能以最小的经济投入达到最好的合成效果。经济效益是判断原料药成功与否的硬指标，要达到较佳的经济效益，在合成路线的选择中，须注意以下几点。

1. 合成反应步数少，总收率高

反应步数是指从起始原料或试剂到达目标原料药所需的反应步数之和。合成路线中反应步数和反应总收率的计算是衡量该合成路线是否经济最直接的方法。一般情况下，合成路线步数越多，总收率就越低，成本也就越高。例如，一个按线型方式进行的合成，如图4-4（1）所示，若每步反应的收率为90%，可得总收率为35%；若按图4-4（2）进行，收率上升至 53％；按图 4-4（3）进行，则收率可达 66％。另外，反应步数的增加，必然带来反应周期的延长和操作步骤的复杂。因此，应尽可能选用步数少、总收率高的合成路线。

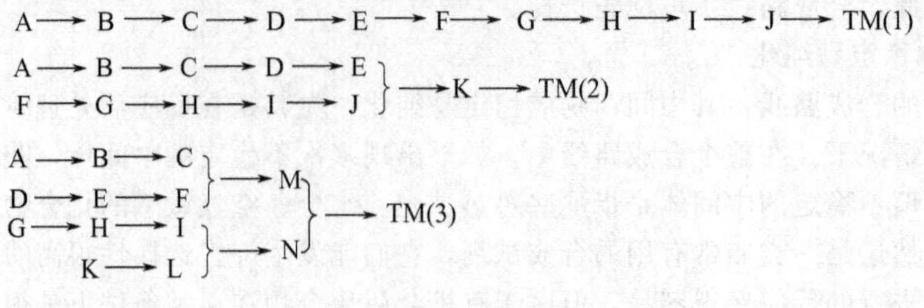

$$A \longrightarrow B \longrightarrow C \longrightarrow D \longrightarrow E \longrightarrow F \longrightarrow G \longrightarrow H \longrightarrow I \longrightarrow J \longrightarrow TM(1)$$

$$\left.\begin{array}{l} A \longrightarrow B \longrightarrow C \longrightarrow D \longrightarrow E \\ F \longrightarrow G \longrightarrow H \longrightarrow I \longrightarrow J \end{array}\right\} \longrightarrow K \longrightarrow TM(2)$$

$$\left.\begin{array}{l} \left.\begin{array}{l} A \longrightarrow B \longrightarrow C \\ D \longrightarrow E \longrightarrow F \end{array}\right\} \longrightarrow M \\ \left.\begin{array}{l} G \longrightarrow H \longrightarrow I \\ K \longrightarrow L \end{array}\right\} \longrightarrow N \end{array}\right\} \longrightarrow TM(3)$$

图 4-4　线型方式合成示意图

2. 原料价廉易得，利用率高

利用率是指化学结构中骨架和官能团的利用程度，它与原材料的化学结构、性质以及所进行的反应有关。合成路线中主原料的价格和利用率的高低直接影响到生产成本，因此必须对不同合成路线所需的原料和试剂作全面了解，包括性质、价格、来源、质量规格、贮存和运输等。例如，合成一脂肪族直链化合物时，最好能利用起始原料已有的碳架；合成一带有苯环的芳香族化合物，起始原料通常选择苯或其衍生物，一般不用开链化合物来闭环合成。

了解工厂生产信息，特别是许多原料药中间体方面的情况，对原料的选择也有很大帮助。国内外各种化工原料和试剂手册为挑选合适的原料和试剂提供了重要线索。

3. 反应条件温和，设备简单

许多合成反应需要在高温、高压、低温、高真空或严重腐蚀的条件下进行，这就给设备提出了较高的要求。在选择合成路线时应该考虑到设备及材质的来源、加工、投资等问题。应尽量选用不需高温、高压、高真空或复杂防护设备的合成路线。例如，高碳脂肪醇可用棉籽油酸为原料直接加氢制备，但需要高压，若先酯化再加氢，可大大降低反应压力（见图 4-5），即降低了对设备的要求。当然对于那些能显著提高收率，或能实现机械化、自动化、连续化，显著提高劳动生产力，有利于劳动防护及环境保护的反应，即使设备要求高些，技术复杂些，也应根据条件予以肯定。

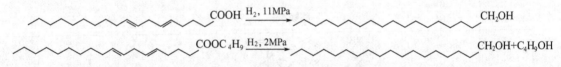

图 4-5　高碳脂肪醇的合成路线

三、安全环保性原则

安全环保性原则是指原料药生产过程中，所选合成路线能将对人类生命、财产、环境可能产生的损害控制在最低水平。

选择合成路线时，应充分考虑各合成路线在生产中产生的危害，产生废气、废液和废渣的多少以及处理方法，优先考虑"三废"排放量少、处理容易的合成路线，鼓励开发绿色合成方法。

另外许多原料药合成经常遇到易燃、易爆和有毒化合物。为确保操作人员的人身安全和健康，在选择合成路线时，应优先着眼于不使用或尽量少用易燃、易爆和有毒性的原料，同时还要考虑中间体的毒性问题。若必须采用有毒物质时，应有相应的安全措施，防止发生事故。

第二节　试验方案的确定

确定合成路线后，必须在深刻理解有关合成反应基本原理的基础上，设计合理可行的试验方案，这样在试验时才能有的放矢，得到满意的产品。设计试验方案需要重点考虑反应原料配比、反应溶剂、反应条件、反应仪器及装置。

一、反应原料配比

试验方案中反应原料配比的确定主要是依据反应式中各反应物的物质的量之比，但由于反应的复杂性，在实际操作中一般不会完全按照反应式的理论比进行。确定反应原料配比时，需注意考虑以下几方面。

1. 原料用量的影响

很多反应的目标产物会随着原料用量的增加而增加，但反应原料配料比应控制在收率较高，同时又是单耗较低的某一范围内。例如，乙酰苯胺氯磺化反应产物对乙酰氨基苯磺酰氯（ASC）的收率取决于反应原料氯磺酸与硫酸的浓度比（见表 4-1），氯磺酸与硫酸的浓度比越大，对于 ASC 生成越有利，但考虑到氯磺酸的有效利用率和经济核算，生产上采用了较为经济合理的配料比 1.0 :（4.8～5.0）。

表 4-1　投料比对 ASC 收率的影响

乙酰苯胺：氯磺酸	ASC 收率/%	乙酰苯胺：氯磺酸	ASC 收率/%
1.0 : 4.8	84.0	1.0 : 7.0	87.0
1.0 : 5.0	86.0	1.0 : 8.0	87.4
1.0 : 6.0	86.6		

2. 可逆反应的影响

对于可逆反应，一般采取增加某一反应物的用量（即增加其配料比），以提高目标原料药的收率。例如，原料药乙酰苯胺的合成，理论上反应原料苯胺与冰醋酸的摩尔比为 1 : 1，而在实际操作过程中苯胺与冰醋酸的投料摩尔比却为 1 : 2.6，以增加价廉原料冰醋酸的用量促使反应向正方向移动，提高收率。

3. 原料稳定性的影响

当原料中稳定性较差的物质存在时，往往增加这种物质的用量，以保证有足够量的反应物参与主反应。例如催眠药苯巴比妥合成的最后一步缩合反应，苯基乙基丙二酸二乙酯与尿素在碱性条件下缩合反应，由于尿素在碱性条件下加热易分解，反应中需使用过量的尿素。

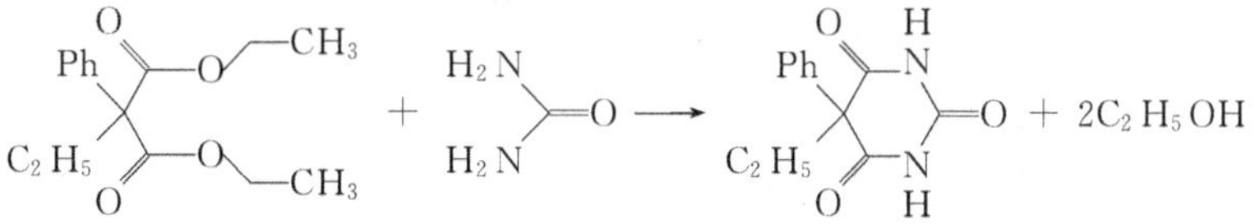

4. 副反应的影响

有机合成常常由于副反应的存在而降低主产品的收率，当参与主、副反应的反应物不相同时，应利用这一差异，增加某一反应物的用量，以增加主反应的竞争能力。此外，为防止连续性副反应的发生，有些反应在选择原料配时，适当降低某一原料的用量，使反应进行到一定程度后停止。如在氯化铝催化下，将乙烯通入苯中制乙苯的反应，由于乙苯中乙基的供电性能，使苯环更为活泼，极易引进第二个乙基，如不控制乙烯通入量，就易产生二乙苯或多乙基苯，所以生产中控制乙烯与苯的摩尔比在 0.4 : 1.0 左右，以保证目标产物乙苯的收率，并可以将过量反应原料苯循环套用。

$$\text{苯} \xrightarrow{\text{H}_2\text{C}=\text{CH}_2/\text{AlCl}_3} \text{乙苯} \xrightarrow{\text{H}_2\text{C}=\text{CH}_2/\text{AlCl}_3} (\text{C}_2\text{H}_5)_2 \xrightarrow{\text{H}_2\text{C}=\text{CH}_2/\text{AlCl}_3} (\text{C}_2\text{H}_5)_3$$

5. 反应过程的影响

有机合成过程的复杂性不仅影响反应物的用量，还会影响到催化剂或其他辅助试剂的用量。如傅-克酰化反应，在无水氯化铝催化作用下，先形成羰基碳正离子，然后生成分子内鎓盐，再水解生成相应的产物。反应中无水氯化铝的用量要略多于 1：1 的摩尔比，有时甚至用 1：2，这是因为反应中生成的鎓盐需消耗无水氯化铝。

$$\text{R}-\overset{\text{O}}{\underset{}{\text{C}}}-\text{X} \xrightarrow{\text{AlCl}_3} \left[\text{R}-\text{C}^+ \cdot \text{Al}^-\text{Cl}_3\text{X} \right] \xrightarrow{R'} \left[\overset{H\quad O}{\underset{H}{\overset{+}{\bigcirc}}}\overset{}{\underset{}{\text{R}}} \right] \longrightarrow R'-\overset{\text{O}}{\underset{}{\text{C}}}-\text{R}$$

二、反应溶剂

由于反应溶剂不仅为原料药合成提供了反应的场所，溶剂的不同也会给反应带来不同的效果。

1. 溶剂的分类

根据溶剂的极性和能否放出质子，溶剂可分为极性质子溶剂、极性非质子溶剂、非极性质子溶剂和非极性非质子溶剂。

（1）极性质子溶剂　该类溶剂极性强，具有能电离的质子。水、醇是最常用的极性质子溶剂。它们最显著的特点是能同负离子或强电负性元素形成氢键，从而对负离子产生很强的溶剂化作用。因此，极性质子溶剂有利于共价键的异裂，能加速大多数离子型反应。

（2）极性非质子溶剂　该类溶剂又称惰性质子溶剂，具有较强的极性。分子中的 H 一般同碳原子相连，由于 C—H 键结合牢固，故难以给出质子。常见的极性非质子溶剂有 N,N-二甲基甲酰胺（DMF）、二甲基亚砜（DMSO）、四甲基砜、碳酸乙二醇酯（CEG）、六甲基磷酰三胺（HMPA）以及丙酮、乙腈、硝基烷等。由于这类溶剂一般含有负电性的氧原子（如—C=O、—S=O、—P=O），而且氧原子周围无空间障碍，因此，能对正离子产生很强的溶剂化作用，而对负离子发生溶剂化作用较难。

（3）非极性质子溶剂　该类溶剂极性很弱，常见的是一些醇类，如叔丁醇、异戊醇等，它们的羟基质子可以被活泼金属置换。

（4）非极性非质子溶剂　这类溶剂极性很弱，在溶液中不能给出质子，如一些烃类化合物和醚类化合物等。

2. 溶剂对反应的影响

合成反应按其反应机理可分为两大类，一类是自由基反应，另一类是离子型反应。在自由基反应中，溶剂对反应无显著影响，而在离子型反应中，溶剂对反应影响很大。

（1）溶剂对反应速率的影响　溶剂可以促进离子型反应，提高反应速率。如碘甲烷与三丙胺生成季铵盐的反应，其反应速率随着溶剂极性的增加而显著改变，如在正己烷溶剂中的相对反应速率为 1，在乙醚溶剂中的相对反应速率为 120，在苯、氯仿和硝基甲烷中的相对反应速率分别为 37、13000 和 111000。在某些极端的情况下，仅仅通过改变溶剂就能使反应速率加速 10^9 倍之多。

$$(\text{C}_3\text{H}_7)_3\text{N} + \text{CH}_3\text{I} \rightleftharpoons [(\text{C}_3\text{H}_7)_3\overset{\delta^+}{\text{N}}-\text{CH}_3\overset{\delta^-}{\text{I}}] \longrightarrow (\text{C}_3\text{H}_7)_3\text{N}^+\text{CH}_3 + \text{I}^-$$

（2）溶剂对反应方向的影响　溶剂不同，反应产物可能也不同，例如甲苯与溴反应时，取代反应发生在苯环上还是在甲基侧链上，可用极性不同的溶剂来控制，二硫化碳为溶剂，甲基侧链溴代，反应收率为 85.2%；硝基苯为溶剂，溴代发生在苯环上，邻、对位溴代收率为 98%。

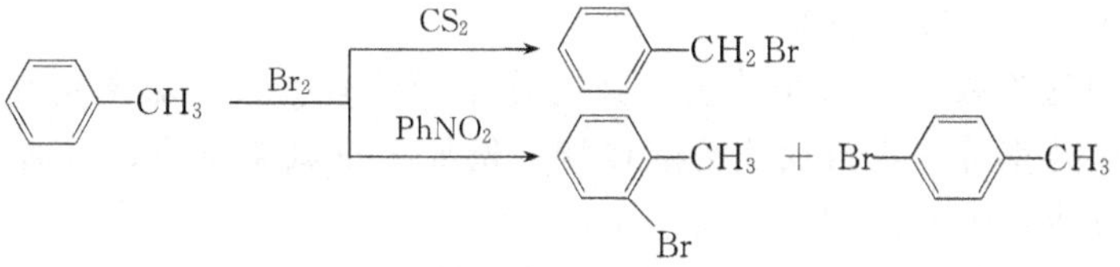

又如苯酚与乙酰氯进行傅-克酰化反应，在二硫化碳溶剂中，产物主要是邻位取代物。若在硝基苯溶剂中，产物主要是对位取代物。

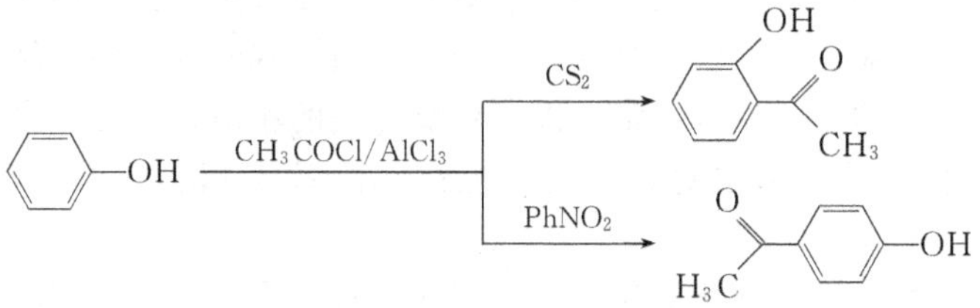

（3）溶剂对产品构型的影响　溶剂极性不同，顺反异构体产物的比例也不同，通过控制反应溶剂和温度可以使某种构型的产物成为主产物。反应在非极性溶剂中进行，有利于反式异构体的生成；在极性溶剂中进行，则有利于顺式异构体的生成。例如丙醛与 Wittig 试剂的反应，以 DMF 为溶剂时，顺式产物占 96%；苯为溶剂时，产物均为反式体。

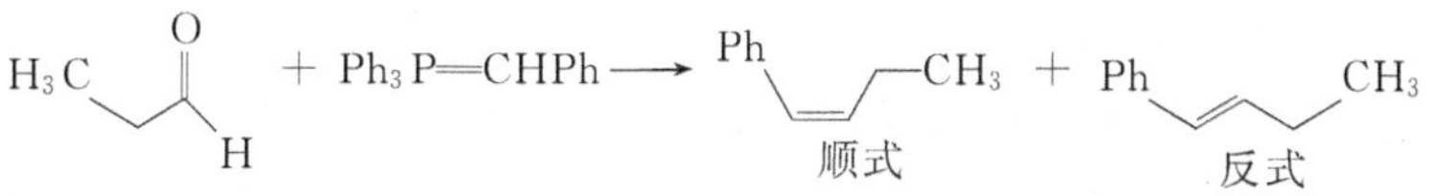

3. 溶剂的选择

溶剂影响合成反应的机理非常复杂，目前尚不能从理论上准确地找出某一反应的最适合溶剂，而需要根据试验结果来选择溶剂。选择反应溶剂时，除应符合国家《化学药物残留溶剂研究技术指导原则》外，还需兼顾以下内容：溶剂对合成体系中反应物有较好的溶解性，或者使反应物在溶剂中能良好分散；溶剂的毒性小，含溶剂废水容易处理；溶剂对反应物和产物不发生化学反应，不影响体系中催化剂的活性；溶剂容易从反应物中回收，损失少，不影响产品提纯及精制；溶剂本身在反应条件及回收过程中稳定；溶剂的价格便宜，供应方便。

三、反应条件

1. 反应温度

反应温度对合成反应结果影响较大，有些反应温度变化甚至能使主副产物发生改变，例如以萘为原料合成萘磺酸，当反应温度控制在 60℃ 以下时，α-萘磺酸的产量占 96%，β-萘磺酸的产量仅占 4%，而当反应温度升高到 165℃，α-萘磺酸的产量下降到 15%，而 β-萘磺酸的产量却上升到 85%，因此反应温度的确定是试验方案中一个重要内容。

类推法是确定反应温度的常用方法，在实际工艺条件的确定时，还需根据反应原理，通过实验摸索，最终确定反应温度。

2. 反应时间

反应时间同样直接影响了产品的收率及质量，控制反应时间，主要是控制主反应的完成，一般有如下几种方法。

（1）原料测定法　采用测定反应系统中是否尚有未反应的原料（或试剂）存在或其残存

量是否达到规定限度的方法。例如，由水杨酸制备阿司匹林的乙酰化反应，以及由氯乙酸钠制备氰乙酸钠的氰化反应，两个反应都是利用快速的化学测定法来确定反应终点。前者测定反应系统中原料水杨酸的含量达到 0.02% 以下方可停止反应，后者是测定反应液中氰离子（CN^-）的含量在 0.04% 以下方为反应终点。

（2）化学或物理监测法　采用简易快速的化学或物理方法，如测定显色、沉淀、酸碱度、相对密度、折射率等，进行反应终点监测。例如，重氮化反应，可通过淀粉-碘化钾试液（或试纸）对反应液中亚硝酸的检验，控制反应终点。

（3）观察法　根据化学反应现象、反应变化情况，以及反应物的物理性质（如相对密度、溶解度、结晶形态和色泽等）来判定反应终点。例如，在氯霉素合成中，成盐反应终点是根据对硝基溴代苯乙酮与成盐物在不同溶剂中的溶解度来判定的，而在其缩合反应中，由于反应原料乙酰化物和缩合产物的结晶形态不同，可通过观察反应液中结晶的形态来确定反应终点。再如通入氯气的氯化反应，常常以观察反应液的相对密度变化来控制其反应终点。

（4）色谱监测法　采用薄层色谱、气相色谱和高效液相色谱等监测反应，控制反应时间。

（5）吸氢量监测法　若是催化氢化反应，可通过吸氢量的变化来控制反应终点。当氢气吸收到理论量时，氢气压力不再下降或下降速率很慢，即表示反应已到达终点或临近终点。

3. 反应催化剂

药物合成反应存在反应速率慢及副产物多的普遍规律。催化剂的加入能加快合成反应速率，提高反应选择性。在原料药合成反应中，寻找高活性和高选择性的催化剂，对产品收率及质量的提高也是至关重要的。

原料药合成常用到的催化剂包括酸、碱、贵金属和氧化物等。常用的酸催化剂有 H_2SO_4、HCl、H_3PO_4 等质子酸和无水 $AlCl_3$ 和无水 $FeCl_3$ 等路易斯酸。近来，固体超强酸，如 SO_4^{2-}/TiO_4、SO_4^{2-}/SiO_2、离子交换树脂等正在替代污染严重的浓硫酸、浓盐酸成为新型的酸催化剂。常用的碱催化剂有 $NaOH/ROH$、Na_2CO_3/ROH 等。

在使用催化剂时，应该考虑催化剂的加入量、反应以后催化剂在反应体系中的分离问题等。一般来说，均相催化反应的催化效果比较好，但催化剂的分离存在一定的困难；多相催化反应的催化效果略有降低，但催化剂的分离比较方便，而且可以重复使用。常用多相催化剂见表 4-2。

此外，相转移催化、酶催化在原料药合成中的应用也越来越广泛。

相转移催化是指在互不相溶的两相溶剂中的利用相转移催化剂使反应物从一相（水相）转移到另一相（有机相），再与有机相中另一物质反应得到产物。相转移催化剂的种类很多，原料药合成常用的相转移催化剂主要有鎓盐类、冠醚类和穴醚类。鎓盐类相转移催化剂一般用于烃基化反应、亲核取代反应、消去反应、缩合反应、加成反应等；而冠醚类和穴醚类催化剂则一般多用于氧化还原反应。

酶作为一种高效生物催化剂，具有高度的特异立体选择性及区域选择性。它在常温、常压和 pH 中性附近条件下具有十分高效的催化活力，已广泛应用于维生素（维生素 B_2、维生素 B_{12}）、抗生素（6-氨基青霉烷酸、氨苄青霉素、羟氨青霉素等）、甾体药物（氢化可的松、脱氢泼尼松、睾丸激素等）、核苷酸类药物（5′-核苷酸，3′-核苷酸等）、肽类药物（胰岛素、环孢菌素 A、甜味二肽等）的生产。酶催化技术将成为今后新药开发和改造传统原料药合成工艺的重要手段，特别在手性原料药及中间体的生产中更有着广泛的应用前景。

表 4-2 合成反应常用催化剂

反应类型	产品	催化剂
加氢反应	油脂硬化	Ni/Cu
	苯制环己烷	Raney Ni 贵金属
	醛和酮制醇	Ni、Cu、Pt
	酯制醇	$CuCr_2O_4$
	腈制胺	Co 或 Ni(负载于 Al_2O_3)
脱氢	乙苯制苯乙烯	Fe_3O_4
	丁烷制丁二烯	Cr_2O_3/Al_2O_3
	乙烯制环氧乙烷	Ag/载体
	甲醇制甲醛	Ag 晶体
氧化	苯或丁烷制顺丁烯二酸酐	V_2O_5 载体
	邻二甲苯或萘制邻苯二甲酸酐	V_2O_5/TiO_2
		$V_2O_5\text{-}K_2S_2O_7/SiO_2$
	丙烯制丙烯醛	Bi/Mo 氧化物
氨氧化	丙烯制丙烯腈	钼酸铋
	乙烯制氯乙烯	$CuCl_2/Al_2O_3$
羰基化	甲醇制醋酸	Rh 配合物(均相)
烷基化	甲苯和丙烯制异丙基苯	H_3PO_4/SiO_2
	甲苯和乙烯制乙苯	Al_2O_3/SiO_2 或 H_3PO_4/SiO_2
烯烃反应	乙烯聚合制聚乙烯	Cr_2O_3/MoO_3 或 Cr_2O_3/SiO_2

4. 加料顺序与方法

对于一些热效应较大的合成反应，其投料顺序与最终的收率往往有着密不可分的关系，同样的原料经常会因加料顺序的不同而使收率有较大的差异。例如，以甲苯为原料利用氧化法合成苯甲酸，投料时应先加入甲苯，再加入氧化剂高锰酸钾，如果采用相反的投料顺序，往往会因反应体系中氧化剂浓度过大，反应温度过高（该反应为放热反应）而发生开环氧化，使副产物数量增加，主产物苯甲酸收率下降。因此，这类反应要根据反应原理，充分考虑加料顺序对合成收率的影响。

很多液相反应物料通过滴加入反应器，滴加有两个功能：一是对于放热反应，可减慢反应速率，使温度易于控制；二是控制反应的选择性。设计原料药合成试验方案时需研究滴加是否对该合成反应选择性产生影响，如果滴加有利于提高选择性，则滴加速度可慢一些，如果不利于提高选择性，则改为物料一次性加入。

四、反应仪器及装置

在原料药合成中，需要选用合适的反应仪器及装置来完成试验。同类型的合成反应有相似或相同的反应装置，不同类型的合成反应往往有不同特点的反应装置，下面介绍原料药合成中常用的反应装置。

1. 回流冷凝反应装置

回流冷凝反应装置主要由烧瓶与回流冷凝管构成。冷凝管选择的依据是：反应混合物沸点高于140℃时选用空气冷凝管；沸点低于140℃时选用球形冷凝管；反应混合物中有毒性较大的原料或溶剂时，选用蛇形冷凝管。回流加热前应先加入沸石，如果有搅拌的情况下，可不用加沸石。

常见的回流冷凝装置见图4-6，其中图4-6(a) 是最简单的回流冷凝装置。如果反应物怕受潮，可以在冷凝管上端安装干燥管以防止空气进入，见图4-6(b)。干燥管中一般选用无水氯化钙作干燥剂，干燥剂不能装得太紧，以免因其堵塞不通气而使整个装置成为封闭体系造成事故。如果反应放出有害气体，可在回流管上装配气体吸收装置，见图 4-6(c)。吸收液可以根据放出气体的性质，选用酸液或碱液。在安装仪器时，应使整个装置与大气相通，以免发生倒吸现象。如果反应既有有害气体放出又要避免水汽进入，可以用 4-6(d) 装置。

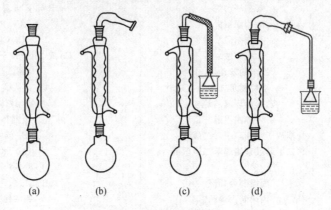

(a) (b) (c) (d)

图 4-6 回流冷凝装置

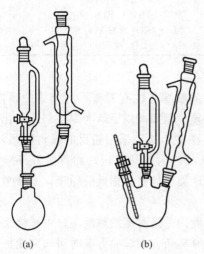

(a)   (b)

图 4-7 滴加回流冷凝反应装置

某些合成反应比较剧烈，放热量大，一次加料会使反应难以控制，有些反应为了控制反应的选择性，也需要缓慢加料，此时可采用带滴液漏斗的滴加回流冷凝反应装置，见图 4-7。

图 4-8 是一组带电动搅拌的回流冷凝反应装置。如果只是要求搅拌、回流，可以选用图 4-8（a）所示的装置。如果除要求搅拌、回流外，还需要滴加试剂，可以选用图 4-8（b）所示的装置。如果不仅要满足上述要求，而且还要经常测试反应温度，可以选用图 4-8（c）所示的装置。

在进行一些可逆平衡反应时，为了使正向反应进行彻底，可将产物中的水不断从反应混合体系中除去，此时可以用图 4-9 所示的回流分水冷凝反应装置。在该装置中有一个分水器，回流下来的蒸汽冷凝液进入分水器，分层以后，有机层自动流回到反应烧瓶，生成的水一般从分水器下端放出去，这样就可以使

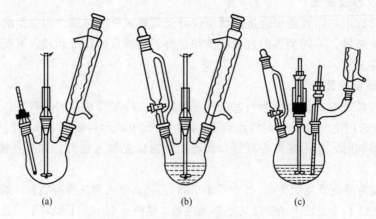

(a)   (b)   (c)

图 4-8 电动搅拌回流冷凝反应装置

某些生成水的可逆反应尽可能反应彻底，以提高合成收率。

2. 滴加蒸出反应装置

某些有机反应需要一边滴加反应物，一边将产物之一蒸出反应体系，防止产物发生再次反应或产物破坏可逆反应平衡，此时可采用图 4-10 所示的滴加蒸出反应装置。在图 4-10（a）装置中有一个刺形分馏柱，上升的蒸气经分馏以后，低沸点组分从上口流出，高沸点组分流回反应烧瓶继续反应。图 4-10（b）是滴加蒸馏反应装置。利用图 4-10 中的装置，反应产物可单独或形成共沸混合物不断从反应体系中蒸馏出去，并通过恒压滴液漏斗将一种试剂逐渐加入反应烧瓶中，以控制反应速率或使这种试剂消耗完全。

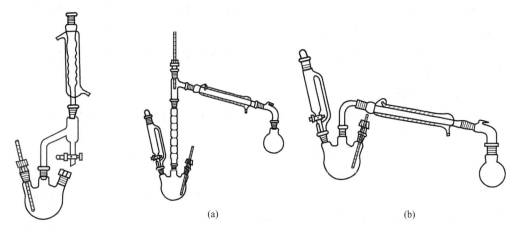

(a)　　　　　　　　　　　　　(b)

图 4-9　回流分水冷凝反应装置　　　　　　　图 4-10　滴加蒸出反应装置

3. 反应装置的安装

反应装置安装的正确与否，是关系到试验方案成败的重要因素之一。装置安装时应遵循以下要求。

（1）玻璃仪器的选用　选用的玻璃仪器和配件都要洗净、烘干，否则会影响产品的质量或产量；根据反应液的量选择反应瓶，如在选用圆底烧瓶时，反应物总量应占反应瓶容量的 $1/3 \sim 2/3$。

（2）装置的安装　反应装置的安装应满足从上到下，从左到右的原则。首先选定主要仪器的位置，然后按照一定的顺序逐个装配。在试验操作前应仔细检查仪器装配得是否严密，以保证反应物不受损失，避免挥发性易燃液体的蒸气逸出，造成着火、爆炸或中毒等事故。如无特别说明，一般应先开启搅拌，待搅拌转动平稳后再开启冷却水，然后再加热。回流结束时，先撤去热源、热浴，再停止搅拌，待不再有冷凝液滴下时关闭冷却水。

（3）装置的拆卸　反应结束后，应及时拆除仪器，并洗净晾干，防止仪器粘连损坏。装置拆卸时，仪器按相反顺序，即从右往左，从下往上逐个拆除。

第三节　工艺路线的优化

工艺路线是指具有工业生产价值的合成途径，也称为技术路线。优化工艺路线是原料药研发与生产中的一项重要内容。单因素试验优化法和正交试验优化法是目前优化原料药合成工艺路线的常用方法。

一、单因素试验优化法

单因素试验优化法是指用尽可能少的试验次数尽快地找到某一因素的最优值，它主要用于只有一个因素影响结果的试验。根据其数学原理的不同，又可分为对分法、黄金分割法、分数法和分批试验法等，这些不同的方法可根据工艺优化具体情况进行选择。

1. 对分法

如果每做一次试验，就可以根据试验结果决定下一次试验的方向，这时可用对分法，对分法是优选法中最简单的一种。其具体作法是：每次试验点都取在试验范围的中点，即中点取点法。根据试验结果，如下次试验在高处（取值大些），就把此试验点（中点）以下的一半范围划去；如下次试验在低处（取值小些），就把此试验点（中点）以上的一半范围划去，重复上面的试验，直到找到一个满意的试验点。

对分法是单因素优选法中运用最方便的一种，一次试验就能把试验范围缩小一半，但它只适用于预先已了解所考察因素对指标的影响规律，能从一个试验的结果直接分析出该因素的值是取大了还是取小了，即每做一次试验，根据结果就可确定下次试验的方向，这限制了对分法的应用。

2. 黄金分割法

在设计优化方案时，最常遇到的是只知道在试验范围内有一个最优点，再大些或再小些试验效果都差，而且距最优点越远试验效果就越差，这种情况称为单峰函数。对于一般的单峰函数，对分法不适用，必须采用黄金分割法或分数法。黄金分割法优化试验步骤如下。

(1) 确定试验范围　在一般情况下，可通过预实验或其他信息，确定试验范围 $[a,b]$。

(2) 选试验点　这一点与前述对分法的不同处在于它是按 0.618、0.382 的特殊位置定点的，一次可得出两个试验点 x_1、x_2 的试验结果。

(3) "留好去坏"　根据"留好去坏"的原则对试验结果进行比较，留下好点，从坏点处将试验范围去掉，从而缩小试验范围。

(4) 找出最佳点　在新试验范围内按 0.618、0.382 的特殊位置再次安排试验点，重复上述过程，直至得到满意结果，找出最佳点。

下面通过实例来说明该优化法的具体用法。

【例 4-1】 合成乙苯主要采用乙烯与苯发生烷基化反应的方法，为了因地制宜，对于没有石油乙烯的地区，开发了乙醇与苯在分子筛催化下一步合成乙苯的新工艺。

$$C_6H_6 + C_2H_5OH \longrightarrow C_6H_5C_2H_5 + H_2O$$

对该合成路线筛选了多种催化剂，其中效果较好的一种催化剂的最佳反应温度，就是通过试验用黄金分割法找出的，其具体方法如下。

① 确定试验范围　通过试验初步确定反应温度范围为 340～420℃。在保持其他反应条件不变的情况下，苯的转化率 X 见表 4-3。

表 4-3　不同温度下苯的转化率

反应温度/℃	苯的转化率/%
340	10.98
420	15.13

② 选择试验点　第一个试验点位置是：（420－340）×0.618＋340＝389.4（℃）选用390℃；第二个试验点的位置是：（420－340）×0.382＋340＝370（℃）。

③ 留好去坏，缩小试验范围　分别在 370℃ 和 390℃ 下进行试验，得出 390℃ 下苯的转化率 X_1 为 16.5%，370℃ 下苯的转化率 X_2 为 15.4%。比较两个试验点的结果，因 390℃ 的 X_1 大于 370℃ 的 X_2，故从 370℃ 处将试验范围 340～370℃ 一段去掉，缩小试验范围至

$370 \sim 420$℃。

④ 在 $370 \sim 420$℃范围内再优选　第三个实验点位置是：$(420-370) \times 0.618 + 370 = 400$（℃），试验测得 400℃下 X_3 为 17.07%。因 400℃下的转化率 X_3 大于 390℃下的转化率 X_1，再删去 $370 \sim 390$℃一段。

⑤ 在 $390 \sim 420$℃范围内再优选　第四个实验点的位置是：$(420-390) \times 0.618 + 390 = 410$（℃），在 410℃下测得 $X_4 = 16.00\%$，已经小于 400℃的结果，故试验的最佳温度确定为 400℃。事实上，在此温度下进行试验，苯确实获得了高转化率。

黄金分割法每次可去掉实验范围的 0.382，除第一次要取两个试验点外，以后每次只取一个试验点，用起来较方便，可用较少的实验次数迅速找到最佳点。

3. 分数法

分数法又称费波那契搜索（Fibonacci Search），基本思想和黄金分割法是一致的，也是适合单峰函数的方法。其主要不同点是：黄金分割法每次都按同一比例常数 0.618 来缩短区间，而分数法每次都是按不同的比例来缩短区间的，即按费波那契数列 $\{Fn\}$ 产生的分数序列 $\{Gn\}$ 为比例来缩短区间的，并要求预先给出试验总数。费波那契数列 $\{Fn\}$ 为：

$$\begin{cases} F_0 = F_1 = 1 \\ F_{n+1} = F_n + F_{n-1} \ (n \geqslant 2) \end{cases}$$

这个整数序列写出来就是：

$$1, 1, 2, 3, 5, 8, 13, 21, 34, \cdots\cdots$$

这个数列的前后两项的比为一分数数列 $\{Gn\} = \left\{ \dfrac{F_n}{F_{n+1}} \right\}$：

$$1, \frac{1}{2}, \frac{2}{3}, \frac{3}{5}, \frac{5}{8}, \frac{8}{13}, \frac{13}{21}, \frac{21}{34}, \cdots\cdots$$

当 $n \to \infty$ 时，$\left\{ \dfrac{F_n}{F_{n+1}} \right\} \to 0.618$，因此数列 $\{Gn\}$ 中任一个分数都可作为 0.618 的近似数。

使用分数法优化的一般步骤如下。

① 根据试验范围确定试验总次数。如果试验范围有 K 个等级，则从数列 $\{Gn\}$ 中找到不小于 K 的最小分母相应的 Gn，则试验次数等于 n。

② 第一次试验点取在 Gn 的分子上。

③ 以后按 0.618 法找对称点，继续试验。

下面通过实例来说明该优化法的使用方法。

【例 4-2】 某金属酸洗液的配方试验，要优选的是硫酸的加入量，由过去的经验已知优选范围是 $0 \sim 20$mL。

如果采用黄金分割法，第 1 次硫酸的加入量应为 $(20-0) \times 0.618 + 0 = 12.978$mL，但是进行试验的量杯只能准确到 1mL，而且实际上硫酸的加入量需改变 1mL 以上才会引起较明显的变化，这时硫酸的加入量精确到小数点后 3 位无必要，在这样的情况下，就可以采用分数法来解决问题，其具体步骤如下。

① 首先按试验要求将试验范围分成 21 等份，则 $K = 21$。对照数列可发现，21 恰好是上述分数列第 6 项的分母，这就表明试验总次数最多只要 6 次。

② 把这个分数的分子 13 取作第 1 个试验点，即第 1 次加入硫酸 13mL。

③ 第 2 次试验仍用 0.618 法中的对折方法，取得对称点为 $(13-0) \times 0.618 + 0 = 8$，

即第 2 次试验加入 8mL 硫酸，将第 2 次试验的结果与第 1 次试验结果进行比较后，剪去一段，再对折决定下一个试验点。这样经过 6 次试验就可找出最佳点来。

4. 分批试验法

前面所介绍的对分法、黄金分割法、分数法有一个共同的特点，就是必须根据前一次试验的结果才能安排后面的试验。这样安排试验的方法其优点是总的试验次数很少，但缺点是试验只能一个个做，试验的时间累加起来可能较长，无法在较短的时间内完成全部试验，并得出结论。

与此相反，也可以把所有可能的试验同时都安排下去，根据试验结果找出最好点，这种方法称为分批试验法。例如，把试验范围平分为若干份，在每个分点上同时做试验。很显然，它的好处是试验总时间短，但却是以多做试验为代价的。当某项试验要求在最短的时间内得出结论，而每个试验的代价不大，又有足够数量的设备时，这种方法是可行的。

二、正交试验优化法

一般来说，解决多因素问题比单因素问题复杂一些。因为在众多因素中，有的对试验结果影响大，有的影响小，有的是单独起作用，有的则是与别的因素联合起作用（通常称为交互作用）。所以，多因素试验的任务，就不仅要搞清楚每个因素对结果的影响情况，而且要分清诸因素中谁主谁次，要弄清它们之间的关系，在这个基础上，才能选出对产品的产量、质量指标有利的生产条件。正交试验优化法是以概率论数理统计专业技术知识和实践经验为基础，充分利用标准化的正交表来安排优化方案，并对试验结果进行计算分析，最终达到减少试验次数，缩短试验周期，迅速找到优化方案的一种科学计算方法，它是一种解决多因素试验问题非常有成效的数学方法。

1. 正交试验设计中的有关概念

（1）常用术语　在正交表的选择与应用过程中，需用到指标、因素、水平等术语，下面逐一介绍。

① 指标。是指试验中需要考察效果的特性值。指标与试验目的是相对应的，例如试验目的是提高产量，则产量就是试验要考察的指标；如果试验目的是降低成本，则成本就成了试验要考察的指标。总之，试验目的多种多样，而对应的指标也各不相同。

指标一般分为定量指标（如强度、硬度、产量、出品率、成本）和定性指标（如颜色、口感、光泽），正交试验需要通过量化指标以提高可比性，通常把定性指标通过评分定级等方法转化为定量指标。按考核指标的个数，试验可分为单指标试验和多指标试验。例如，白地霉核酸的生产工艺试验，目的是提高核酸的收率。考察的指标有两个，即核酸泥纯度和纯核酸回收率。这样，最终的试验结果就应当由这两项指标的综合评价结果来决定。

② 因素（也称因子）。是考察试验中对指标可能有影响的原因或要素，它是试验当中的重点考察内容，通常用大写英文字母 A、B、C 等来表示，一个字母表示一个因素。因素又分为可控因素和不可控因素。可控因素指在现有科学技术条件下，能人为控制调节的因素；不可控因素指在现有科学技术条件下，暂时还无法控制和调节的因素。正交试验中，首先要选择可控因素并列入试验当中，而对不可控因素，要尽量保持一致，即在每个方案中，要对试验指标可能有影响的不可控因素，尽量保持相同状态。这样，在进行试验结果数据的处理过程中就可以忽略不可控因素对试验造成的影响。

③ 水平（也称位级）。是试验中选定的因素所处的状态或条件。例如，加热温度为70℃、80℃、90℃这 3 个状态，就是 3 个位级，可分别用 "1"、"2"、"3" 来表示。

在正交实验中，确定好因素的位级是十分重要的，在选取位级时考虑的原则一般是：因素应多定，若已有一定经验，掌握了部分文献或资料，就可在小范围内选取位级，若对某实验一无所知，就应在大范围内定位级，以免遗漏试验中的好条件。

（2）基本工具 正交法的基本工具是正交表。它是一种依据数理统计原理而制定的具有某种数字性质的标准化表格，用 $L_n(t^c)$ 表示。L 为正交表的代号，n 为试验总次数，即正交表中的行；t 为位级数也称水平数，c 为安排的因素个数，即正交表中的列数。以

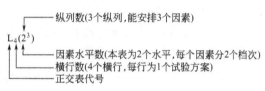

图 4-11 正交表 $L_4(2^3)$ 图解

$L_4(2^3)$ 正交表（见表 4-4）为例，其图解见图 4-11。常用正交表见附录 1。

从表 4-4 来看，该正交表是一个 3 列 4 行的矩阵，每 1 个因素占用 1 列，该表最多能考察 3 个因素，每个因素分为 2 水平，共有 4 个横行，也就是有 4 个试验方案，每 1 行是 1 个方案。假若用 A 因素占第 1 列，B 因素占第 2 列，C 因素占第 3 列，则 1 号方案为 A1B1C1，2 号方案为 A1B2C2，3 号方案为 A2B1C2，4 号方案为 A2B2C1。

表 4-4 三因素二水平正交表 $[L_4(2^3)]$

试验号 \ 列号	1	2	3
1	1	1	1
2	1	2	2
3	2	1	2
4	2	2	1

再以 $L_9(3^4)$ 正交表（见表 4-5）为例，$L_9(3^4)$ 表为 4 列 9 行的矩阵，即该表最多可安排 4 个因素，共有 9 个试验方案，每个因素分为 3 水平，即每个纵列只有 1、2、3 这 3 个数码。

表 4-5 四因素三水平正交表 $[L_9(3^4)]$

试验号 \ 列号	1	2	3	4
1	1	1	1	1
2	1	2	2	2
3	1	3	3	3
4	2	1	2	3
5	2	2	3	1
6	2	3	1	2
7	3	1	3	2
8	3	2	1	3
9	3	3	2	1

通过认真分析这两个正交表，可以发现，每 1 个纵列中，各种数码出现次数相同。在 $L_4(2^3)$ 表中，每列"1"出现 2 次，"2"出现 2 次。在 $L_9(3^4)$ 表中，"1"、"2"、"3"各出现 3 次。正交表中，任意 2 列，每 1 行组成 1 个数字对，有多少行就有多少个这样的数字对，这些数字对是完全有序的，各种数字对出现的次数必须相同，正交表必须满足以上两个特性，有一条不满足，就不是正交表。如 $L_9(3^4)$ 正交表，任意 2 列各行组成的数字对分别为：（1，1）、（1，2）、（1，3）、（2，1）、（2，2）、（2，3）、（3，1）、（3，2）、（3，3），共 9 种，每种出现一次，且完全有序。

正交表通常分为两类，一类是各个因素的位级数都相等的正交表，称为同位级正交表，如 L_4（2^3）、L_9（3^4）。另一类是某些因素的位级相等，而另一些因素的位级数和它们不等的正交表，称为混合位级正交表，如 L_8（4×2^4）（见表 4-6），表示共做 8 次实验，此表的 5 列中，安排了 5 个因子，有 1 列为 4 位级（即 1 个因子有 4 个位级），4 列为 2 位级（即其余 4 个因子均为 2 个位级），位级数不同。

表 4-6　混合位级正交表 $[L_8(4\times2^4)]$

列号 试验号	1	2	3	4	5
1	1	1	1	1	1
2	1	2	2	2	2
3	2	1	1	2	2
4	2	2	2	1	1
5	3	1	2	1	2
6	3	2	1	2	1
7	4	1	2	2	1
8	4	2	1	1	2

2. 正交优化试验方案设计步骤

设计好正交优化试验方案是发挥正交试验优越性的首要环节，只有掌握好它的设计步骤，才能使优化方案正确、科学，达到预期的效果。正交优化试验方案设计步骤如下。

（1）确定试验指标　试验设计前必须明确试验目的，即本次试验要解决什么问题。试验目的确定后，对试验结果如何衡量，即需要确定出试验指标，试验指标一般为定量指标。为了便于试验结果的分析，定性指标也可按相关的标准打分或用模糊数学处理进行数量化，将定性指标定量化。

（2）列出因素位级表　根据专业知识及以往的研究经验，从影响试验指标的诸多因素中，通过因果分析筛选出需要考察的试验因素。一般确定试验因素时，应以对试验指标影响大的因素、尚未考察过的因素、尚未完全掌握其规律的因素为先。试验因素选定后，根据所掌握的信息资料和相关知识，确定每个因素的水平，一般以 2～4 个水平为宜。对主要考察的试验因素，可以多取水平，但不宜过多（≤6），否则实验次数骤增。因素的水平间距，应根据专业知识和已有的资料，尽可能把水平值取在理想区域。

（3）选择正交表　正交表的选择是试验设计的首要问题。正交表选得太小，实验因素可能安排不下；正交表选得过大，实验次数增多，不经济。正交表的选择原则如下。

① 先按位级选表。如果所有因素都有相同的位级数，应选同位级正交表。如果有若干个因素需要重点考察，则这些因素应多设位级，非重点因素少设位级，此时就应选用混合位级正交表。

② 根据试验特点要求选表。试验特点要求一般指时间、经费、设备、技术力量和对结果的精确要求等，同样位级数的试验可以选用不同的正交表，如 L_9（3^4）和 L_{27}（3^{13}）都适用于 3 位级数的试验，这时主要根据因素的数量来决定，因素的数量应当小于或等于正交表的列数。

（4）设计表头　设计表头是指将试验因素和交互作用合理地安排到所选正交表的各列中去。若试验因素间无交互作用，各因素可以任意安排；若要考察因素间有交互作用，各因素应按相对应的正交表的交互作用列表来进行安排，以防止设计"混杂"。

（5）编制试验方案　根据正交表获取各试验方案的具体条件。

【例 4-3】　某原料药生产企业开发降血脂药安妥明中间体对氯苯氧基异丁酸，以氢氧化钠为催化剂，由氯仿、丙酮和对氯苯酚反应合成对氯苯氧基异丁酸，通过正交设计，寻找该中间体最佳工艺条件。

① 明确试验目的，确定试验考核指标。

试验目的：寻找对氯苯氧基异丁酸合成的最佳工艺条件。

考核指标：产品收率。

② 选择试验因素，确定试验位级，列出因素位级表。

经技术人员分析，影响产品收率的因素有 3 个，即氯仿与对氯苯酚的物质的量比（因素 A）、氢氧化钠用量（因素 B）、反应时间（因素 C）。

根据反应的化学原理和以往的生产经验，确定如下 3 个考察因素和各因素的试验范围。

氯仿与对氯苯酚的物质的量比（A）：（1∶1）～（2∶1）。

氢氧化钠用量（B）：20～32g。

反应时间（C）：90～150min。

据此可制定出因素位级表，见表 4-7。

表 4-7　合成工艺因素位级表

位级	因素		
	氯仿与对氯苯酚的物质的量比(A)	氢氧化钠用量(B)/g	反应时间(C)/min
1	1∶1	20	90
2	1.5∶1	26	120
3	2∶1	32	150

③ 选择合适的正交表。选用什么样的正交表是根据制定的因素位级表来决定的。需要注意的是：因素位级表中的位级数与正交表中的位级数要完全一致；因素位级表中的因素个数要小于或等于正交表中的列数。本例是 3 个因素，每个因素 3 个位级的试验，故可选 L_9（3^4）正交表来安排试验方案。

④ 设计表头。本例的 3 个因素放在 1、2、3 列，该合成反应正交试验方案见表 4-8。

表 4-8　合成工艺正交试验方案

试验号	水平组合	实验条件		
		氯仿与对氯苯酚的物质的量比(A)	氢氧化钠用量(B)/g	反应时间(C)/min
1	A1B1C1	1∶1	20	90
2	A1B2C2	1∶1	26	120
3	A1B3C3	1∶1	32	150
4	A2B1C2	1.5∶1	20	120
5	A2B2C3	1.5∶1	26	150
6	A2B3C1	1.5∶1	32	90
7	A3B1C3	2∶1	20	150
8	A3B2C1	2∶1	26	90
9	A3B3C2	2∶1	32	120

【例 4-4】　维生素 C 是人体必不可少的营养成分，对于多种疾病有治疗作用，是一种常用的药品。为了提高产量，降低成本，决定用正交表设计发酵氧化法合成维生素 C 的新工艺配方。发酵氧化法是用假单胞菌氧化山梨糖，得到维生素 C 的前体 2-酮-L-古洛糖酸的一种工艺。

① 明确试验目的，确定试验考核指标。

试验目的：寻找假单胞菌氧化山梨糖合成 2-酮-L-古洛糖酸的最佳配方。

考核指标：2-酮-L-古洛糖酸的收率。

② 选择试验因素，确定试验位级，列出因素位级表。

本试验需要考察的因素有尿素、山梨糖、玉米浆、K_2HPO_4、$CaCO_3$、$MgSO_4$、葡萄糖。其中尿素是重点考察因素，希望能用工业级尿素取代化学纯 CP 级尿素，所以安排了 CP 级尿素和工业级尿素各 3 个位级，共 6 个位级。山梨糖作为主要原料，想通过试验增加浓度以提高产品收率，确定考察 7%、9%、11% 3 个位级。而 $CaCO_3$、$MgSO_4$、葡萄糖这 3 个因素，希望在新配方中能去掉 1 个或 2 个，因此在位级中，都设置了 1 个 0 位级。对于玉米浆和 K_2HPO_4 想通过正交试验进一步掌握它的准确用量，各选择了 3 个位级进行考察。根据这些想法制定了因素位级表（见表 4-9）。

表 4-9　维生素 C 发酵新工艺因素位级表

位级	因素						
	尿素/%	山梨糖/%	玉米浆/%	K_2HPO_4/%	$CaCO_3$/%	$MgSO_4$/%	葡萄糖/%
1	CP 级 0.7	7		0.15	0.4	0	0.25
2	CP 级 1.1	9	1.5	0.05	0.2	0.01	0
3	CP 级 1.5	11	2	0.10	0	0.02	0.5
4	工业级 0.7						
5	工业级 1.1						
6	工业级 1.5						

③ 选择合适的正交表。由于安排了位级不相等的因素位级表，所以要选用混合位级正交表。本例选用 L_{18}（$6^1 \times 3^6$）正交表。

④ 设计表头。该正交表最多能排 1 个 6 位级的因素和 6 个 3 位级的因素，发酵氧化新工艺正交试验方案见表 4-10。

表 4-10　维生素 C 发酵新工艺正交试验方案

试验号	列　号						
	尿素/%（A）	山梨糖/%（B）	玉米浆/%（C）	K_2HPO_4/%（D）	$CaCO_3$/%（E）	$MgSO_4$/%（F）	葡萄糖/%（G）
1	CP 级 0.7	7	2	0.05	0.2	0	0
2	CP 级 0.7	9	1	0.15	0.4	0.01	0.25
3	CP 级 0.7	11	1.5	0.1	0	0.02	0.5
4	CP 级 1.1	7	1.5	0.15	0.2	0.02	0.25
5	CP 级 1.1	9	2	0.1	0.4	0	0.5
6	CP 级 1.1	11	1	0.05	0	0.01	0
7	CP 级 1.5	7	1	0.1	0.4	0.02	0
8	CP 级 1.5	9	1.5	0.05	0	0	0.25
9	CP 级 1.5	11	2	0.15	0.2	0.01	0.5
10	工业级 0.7	7	1	0.15	0	0	0.5
11	工业级 0.7	9	1.5	0.1	0.2	0.01	0
12	工业级 0.7	11	2	0.05	0.4	0.02	0.25
13	工业级 1.1	7	2	0.1	0	0.01	0.25
14	工业级 1.1	9	1	0.05	0.2	0.02	0.5
15	工业级 1.1	11	1.5	0.15	0.4	0	0
16	工业级 1.5	7	1.5	0.05	0.4	0.01	0.5
17	工业级 1.5	9	2	0.15	0	0.02	0
18	工业级 1.5	11	1	0.1	0.2	0	0.25

根据此正交表中所规定的方案，严格按照方案规定的条件组合进行试验，记录好每个试验的结果。对于试验的顺序没有严格的要求，可以不按照试验序号进行。

3. 正交试验优化法的数据处理

用正交表安排试验，通过少量试验可以找到较好条件，这只是正交试验优越性的一个方面。通过正交实验所得数据的分析，还可以确定关键因素、重要因素、一般因素和次要因素，确定各因素的可能最优位级，从而探寻出更优试验条件。

对试验结果的分析，常用直接观察法、一般计算分析法和位级趋势考察法。无论同位级正交试验，还是混合位级正交试验，其分析原理、步骤、数据处理方法和评价原则都是基本相同的。

（1）直接观察法　直接观察法指对试验结果不进行计算而直接根据观察试验结果来确定较好试验条件的方法。由直接观察法得到的最好方案称为较优方案。

以例4-3合成试验分析为例，由9组试验得到的转化率见表4-11。本例共进行9组试验，相应得到了9个试验结果。由于收率越高越好，所以直接观察法所得的较优方案为第9组的位级组合 A3B3C2，即当工艺条件为氯仿与对氯苯酚的物质的量比2：1、氢氧化钠用量32g，反应时间120min时，收率较高，这就是直接观察法的分析方法。

表4-11　例4-3合成工艺正交试验数据

试验号	因　　素			收率/%
	氯仿与对氯苯酚的物质的量比（A）	氢氧化钠用量/g（B）	反应时间/min（C）	
1	1：1	20	90	36.7
2	1：1	26	120	41.4
3	1：1	32	150	51.6
4	1.5：1	20	120	60.1
5	1.5：1	26	150	52.1
6	1.5：1	32	90	54.9
7	2：1	20	150	52.6
8	2：1	26	90	37.7
9	2：1	32	120	61.4

一般情况下，直接观察法选出的方案可以直接用于指导科研、生产，但不是最优方案。

（2）一般计算分析法　指运用简单的数学运算对试验结果进行分析的方法。因为这种方法简单实用，不仅可以对每个因素的重要性做出定量化评估，而且还可以帮助寻找到可能存在的最优方案，所以是常用的分析方法。以例4-3正交试验为例，计算分析如下。

① 计算各因素每个位级的转化率之和（分别记为 K_1、K_2、K_3）及平均值。见表4-12。

② 计算每列平均值的极差 R，即最大平均值与最小平均值之差，见表4-12。

③ 分析因素主次和各因素对产品收率影响的规律。在许多因素中，可根据极差的相对大小来划分关键因素、重要因素、一般因素和次要因素。通常极差最大的因素就是关键因素，其次是重要因素，极差最小的是次要因素，其余就是一般因素。从表4-12中数据可以看出三个因素的主次关系为：关键因素 A→一般因素 C→次要因素 B。

极差的大小反映了每个因素作用的大小。极差大，说明该因素是活泼的，它的变化对结果影响大；极差小，说明该因素的变化对结果影响小。关键因素和重要因素的微小变化会导致试验结果有较大差异，在试验中要注意对它们进行考察，准确掌握它们的位级量。

表 4-12　例 4-3 合成工艺正交试验数据处理

试验号	因素			收率/%
	氯仿与对氯苯酚的物质的量比(A)	氢氧化钠用量/g(B)	反应时间/min(C)	
1	1:1	20	90	36.7
2	1:1	26	120	41.4
3	1:1	32	150	51.6
4	1.5:1	20	120	60.1
5	1.5:1	26	150	52.1
6	1.5:1	32	90	54.9
7	2:1	20	150	52.6
8	2:1	26	90	37.7
9	2:1	32	120	61.4
1 位级结果之和 K_1	36.7+41.4+51.6=129.7	36.7+60.1+52.6=149.4	36.7+54.9+37.7=129.3	
2 位级结果之和 K_2	60.1+52.1+54.9=167.1	41.4+52.1+37.7=131.2	41.4+60.1+61.4=162.9	
3 位级结果之和 K_3	52.6+37.7+61.4=151.7	51.6+54.9+61.4=167.9	51.6+52.1+52.6=156.3	
1 位级平均值 K_1	129.7/3=43.2	149.4/3=49.8	129.3/3=43.1	
2 位级平均值 K_2	167.1/3=55.7	131.2/3=43.7	162.9/3=54.3	
3 位级平均值 K_3	151.7/3=50.6	167.9/3=56.0	156.3/3=52.0	
极差 R	55.7-43.2=12.5	56.0-43.7=12.3	54.3-43.1=11.2	

需要说明的是用极差划分因素重要性的依据是相对的,因为极差受到位级量的影响很大。一个因素所取位级量的范围不同,会出现不同的极差值。比如反应时间由于取了 90min、120min 和 150min3 个位级,它的极差是 11.2。如果选取 30min、120min、210min3 个位级,则极差就可能大得多。因此,恰当的位级量对于一个试验来说是十分重要的,它既需要试验者掌握丰富的情报资料,又需要有一定的实践经验。

④ 寻找最优试验方案。可能的最优方案是指在已考察的各因素的位级中,优秀位级组合成的试验方案。而优秀位级是指导致结果之和最好的位级。

如例 4-3 在直接观察法中已经知道第 9 组试验结果最好,称之为较优方案。它的位级组合是 A3B3C2。但是否有比它更好的组合方案呢?从计算的各位级的平均值(见表 4-12)可以发现,氯仿与对氯苯酚的物质的量比 A 最好的位级是 A2(平均值 55.7);氢氧化钠用量 B 最好的位级是 B3(平均值 56.0);反应时间 C 最好的位级是 C2(平均值 54.3)。如果将这 3 个位级组合起来,将有可能产生比第 9 组试验更好的结果,因为它们是最优位级组合,而且在前面的 9 组试验中没有做过。根据这个设想,氯仿与对氯苯酚的物质的量比为 1.5:1、氢氧化钠用量 32g,反应时间 120min 的合成条件下再做一次试验,其结果转化率为 62.8%,所以确定 A2B3C2 为最优方案。

(3) 位级趋势考察法　寻找可能更优方案,通过分析位级与结果之间的内在联系,探寻在试验中并没有选取而可能存在的更好位级,从而找到可能存在的更优秀的试验方案(简称更优方案)。

考察位级趋势需要画趋势图,其方法是用因素的位级作横坐标,相应的位级之和作纵坐标,在图中画出相应的点,再用直线将它们依次连接,就形成了位级趋势图。需要注意的是对定量的位级要按位级量递增或递减顺序画图。仍以例 4-3 正交试验为例,根据表 4-12 的结果画出 3 个因素的趋势图,如图 4-12 所示。

从趋势图上可以看出,随着氢氧化钠用量的上升,产品收率先下降后上升,因此,如果将氢氧化钠用量提高到 38g 以上,有可能会出现更好的结果;氯仿与对氯苯酚的物质的量比 1.5:1 已达到曲线的顶峰,说明 1.5:1 是比较理想的位级;反应时间 120min 也已达到曲线的顶峰,说明 120min 也是比较理想的位级,无须变动。

根据位级趋势的观察,对例 4-3 合成试验可能的更优方案为:氯仿与对氯苯酚的物质的

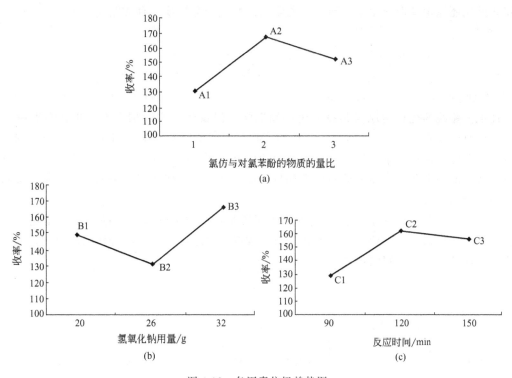

图 4-12　各因素位级趋势图

量比 1.5：1、氢氧化钠用量 38g、反应时间 120min。该方案是否为更优方案，需要通过试验来验证。

　　需要说明的是，只有 3 位级以上的因素才能考察位级趋势，2 位级不能进行考察。因此，为了发挥正交试验设计的优势，应尽可能选用 3 位级以上的正交表来进行正交试验。

　　经周密设计和正确操作的正交试验，能很好地优化试验条件，但正交试验结论只适用于该轮试验所取因素和位级的试验范围，不能盲目外推。

第四节　工艺路线的评价

　　工艺路线是原料药生产技术的基础和依据，它的技术先进性和经济合理性是衡量生产技术高低的尺度。评价原料药合成工艺路线应从以下几方面予以考虑：合成工艺路线简短；所需的原辅材料品种少且易得；中间体容易提纯，质量符合要求，最好是多步反应连续操作；反应在易于控制的条件下进行，安全，无毒；设备条件要求不苛刻；"三废"少且易于治理；操作简便，经分离纯化易达到药用标准；收率最佳，成本最低，经济效益最好。

　　下面以原料药盐酸普鲁卡因的合成工艺路线为例，说明工艺路线的评价方法与内容。

　　盐酸普鲁卡因又名奴佛卡因，化学名对氨基苯甲酸-β-二乙氨基乙酯盐酸盐，为局部麻醉药，主要用于浸润、传导麻醉及封闭疗法等，其结构式如下：

$$H_2N \underset{}{-\!\!\!\bigcirc\!\!\!-} COOCH_2CH_2N(C_2H_5)_2 \cdot HCl$$

　　设计工艺路线一般是将价格高的原料安排在最后使用，因为反应会使收率减少，增加成本。盐酸普鲁卡因合成中，二乙氨基乙醇的价格是原料中最高的，因此国内药厂曾采用的工艺路线是先还原硝基形成氨基，再与二乙氨基乙醇进行酯交换。合成路线如下：

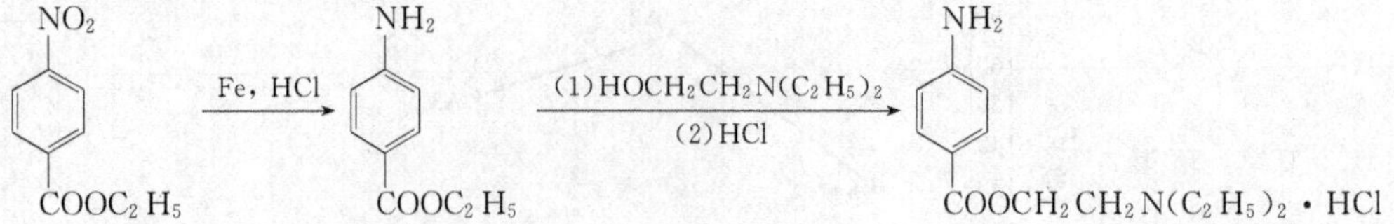

此工艺路线的优点是原料易得、生产周期短。但从生产实际情况看，也存在着一些缺点，如还原反应收率不高（约 75%），还原产物对氨基苯甲酸乙酯不溶于水，与还原剂铁泥难分离，后处理操作复杂。酯交换反应要用钠作催化剂，既贵又不安全。反应结束后，过量的氨基盐不能完全蒸出，而使原料的消耗量增加。目标产物普鲁卡因中的对氨基苯甲酸乙酯杂质很难分离除去。

这些缺点的存在给这条工艺路线带来的问题是：原料消耗多，产品质量不稳定，收率低，成本高。后来国内企业对工艺路线进行了改进，将还原反应与酯交换反应对调，基本上解决了上述缺点。合成路线如下：

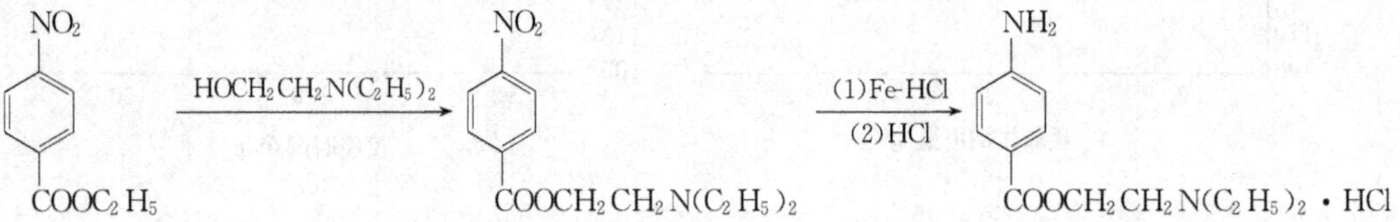

生产实际说明，酯交换产物硝基卡因与未反应的对硝基苯甲酸乙酯很容易分离（用 6% 的盐酸调 pH 达到 1 时，生成物溶解，原料不溶），而且酯交换反应可避免用钠，既安全又经济。酯交换反应的转化率虽然不高，但原料都可回收套用，所以消耗量较低，最后一步还原收率较高（93% 左右），还原产物普鲁卡因盐酸盐易溶于水，与铁泥容易分离，精制时可用水重结晶，既安全又经济，普鲁卡因盐酸盐成品质量也很好。

将酯交换反应与还原反应的顺序对调后，后处理比较方便，原来精制对氨基苯甲酸乙酯及普鲁卡因所需的有机溶剂，以及后处理的设备都可省去，产品质量稳定，两步总收率达 76% 以上，因此该工艺路线曾被国内多家药厂使用。

科技总是不断向前发展的，从总体来看，用酯交换反应来形成酰氧键的方法毕竟增加了反应步骤，如能通过酯化反应来形成酰氧键，便可减少反应步骤。南京制药厂曾将酯化-酯交换工艺路线改进为直接酯化。这种一步酯化法的新工艺是利用沸点较高的二甲苯带走酯化反应中生成的水，使酯化反应的平衡不断被打破，从而达到提高收率的目的，这就比原先的工艺又前进了一步。当前国内药厂生产盐酸普鲁卡因较好的工艺路线为：

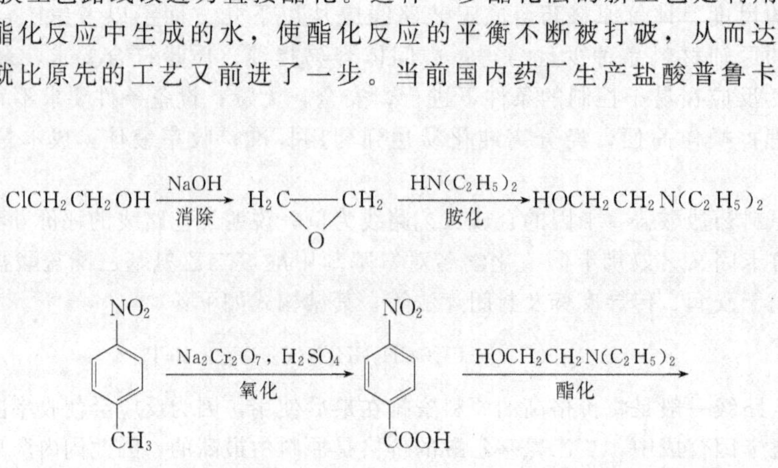

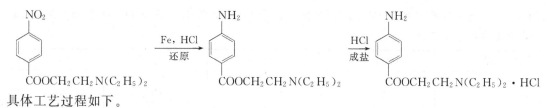

具体工艺过程如下。

1. 消除，胺化

配料比：氯乙醇∶氢氧化钠∶二乙胺∶乙醇=1.00∶0.53∶1.32∶0.70。

实验步骤：将氯乙醇和碱液混合物加热，产生的环氧乙烷通入二乙氨基乙醇溶液中，吸收完毕，分馏收集 80~120℃/8.0×10⁴Pa 馏分，即得精制 2-二乙氨基乙醇。测定其沸点和折射率。

2. 氧化

配料比：对硝基甲苯∶重铬酸钠∶硫酸∶水=1.00∶2.50∶5.80∶2.50。

实验步骤：将水和硫酸加热，加入已熔化的对硝基甲苯，滴加重铬酸钠水溶液，反应完毕后过滤，干燥得对硝基苯甲酸。测定其熔点。

3. 酯化

配料比：对硝基苯甲酸∶二乙氨基乙醇∶二甲苯=1.00∶0.72∶4.00。

实验步骤：将对硝基苯甲酸、二甲苯、二乙氨基乙醇加热回流，反应结束后，减压蒸去二甲苯，将反应液抽入 6% 盐酸溶液，冷却，过滤，滤液加水稀释到含硝基卡因 11%~12%。

4. 还原

配料比：硝基卡因盐酸盐溶液（11%~12%）∶铁粉=1.00∶0.12。

实验步骤：搅拌下将铁粉缓慢加入硝基卡因盐酸溶液中，反应结束，过滤，水洗，滤液洗液合并，调节 pH 析出晶体，过滤得普鲁卡因。测定其熔点。

5. 成盐，精制

配料比：普鲁卡因∶盐酸（30%）∶精盐∶保险粉=1.00∶0.78∶0.32∶0.09。

实验步骤：将普鲁卡因用盐酸调节 pH 为 5~5.5，加热，加入精盐、保险粉，趁热过滤，滤液搅拌冷却结晶，过滤，水重结晶两次，乙醇洗涤，于 70~85℃ 下干燥，得到普鲁卡因盐酸盐。测定其熔点，红外光谱和氢核磁共振谱对其结构进行定性分析，液相色谱对其含量进行定量分析，测定纯度。

上述的分析评价，是以国内药厂工艺条件和实践经验为基础的。今后也有可能由于某一环节上的改进，使原来认为不理想的工艺路线变为较好的工艺路线，因此，要用发展的观点来分析评价原料药合成工艺路线，对具体情况做具体分析。

课后总结与思考

1. 简述原料药合成路线的选择原则。

2. 试根据合成路线的选择原则，选择抗癫痫药苯妥英钠合成路线，并拟定合成步骤中安息香的合成试验方案。

3. 现有一个正交试验任务，确定的因素位级表中有 1 个 4 位级因素和 3 个 2 位级因素，请问该选用什么正交表（不考虑交互作用）。

4. 邻苯二甲酸酐与异戊醇在 $Sn(OH)_4$ 和硫酸组成作用下生成邻苯二甲酸二异戊酯。现欲研究其反应工艺，根据经验可不考虑交互作用。用 $L_9(3^4)$ 正交表考察催化剂用量%

（因子 A）、反应温度（因子 B）、反应时间（因子 C）、醇酸比（因子 D）的影响。9 次试验安排及收率结果如下表：

催化剂用量/%（A）	反应温度/℃（B）	反应时间/h（C）	醇酸比（D）	收率/%
2	180	1	1∶2	83.7
2	200	2	1∶1.5	81.9
2	220	3	1∶1	79.5
1.5	180	2	1∶1	89.6
1.5	200	3	1∶2	91.4
1.5	220	1	1∶1.5	88.2
1	180	3	1∶1.5	91.6
1	200	1	1∶1	89.0
1	220	2	1∶2	92.5

请计算各因素同位级收率之和（或平均值），并回答下列问题：

（1）根据这轮实验结果，较优试验方案是什么？

（2）在试验范围内，各因素对反应影响的大小顺序是什么？

（3）运用一般计算分析的方法，你认为此试验中最优方案是什么？

（4）考察位级趋势的分析方法，你认为下一轮试验可以如何进行？是否有可能存在更优方案。

（5）评价解热镇痛药扑热息痛的合成工艺路线。

第五章 化学原料药合成反应

化学原料药开发是通过一系列合成反应实现的，本章着重介绍原料药合成中典型的反应类型。只有掌握各类典型反应的方法、特征、影响因素等内容，才能控制反应，获得更高的收率。

第一节 卤 化 反 应

有机物分子中引入卤原子的反应，称为卤化反应。卤素的强吸电性、原子体积特征和 C—X 键的稳定性，会对药物分子的电荷分布、分子的立体构型（如甲状腺素中的碘、氯普鲁卡因中的氯）、代谢（如药物中氟的引入）等产生影响，在化学原料药合成中应用研究广泛。根据卤原子引入方式的不同，卤化反应主要有卤取代反应、卤加成反应和卤置换反应三类。

一、卤取代反应

1. 自由基取代卤化

（1）基本原理　自由基卤代反应需在光照或高温下进行，得到的产物往往比较复杂，在工业生产中可通过控制原料配比和反应条件来制备目标化合物。

自由基取代反应是通过共价键的均裂生成自由基而进行的链反应。它包括链引发、链增长和链终止三个阶段。可用下式表示：

$$链引发\ X_2 \xrightarrow{h\upsilon} 2X\cdot$$

$$链增长 \begin{cases} RH+X\cdot \longrightarrow R\cdot +HX \\ R\cdot +X_2 \longrightarrow RX+X\cdot \end{cases}$$

$$链终止 \begin{cases} X\cdot +X\cdot \longrightarrow X_2 \\ X\cdot +R\cdot \longrightarrow RX \\ R\cdot +R\cdot \longrightarrow R-R \end{cases}$$

在自由基卤代反应中，决定反应速率的最慢步骤是氢原子的获取。

$$RH+X\cdot \longrightarrow R\cdot +HX$$

而氢原子的获取，取决于形成的烃基自由基的稳定性。形成的自由基越稳定，越容易形成。实验表明：各种烃基自由基的稳定性以如下次序减小：

$$CH_2{=}CH\overset{\cdot}{C}H_2 > CH_3{-}\underset{\underset{CH_3}{|}}{\overset{\cdot}{C}}{-}CH_3 > CH_3{-}\overset{\cdot}{C}H{-}CH_3 > CH_3\overset{\cdot}{C}H_2 > \overset{\cdot}{C}H_3$$

烯丙基自由基　　　　3°自由基　　　　2°自由基　　　1°自由基　　甲基自由基

（2）自由基卤代反应类型　此类反应类型主要包括烷烃卤取代、苄位氢卤取代和烯丙氢卤取代。

① 饱和烷烃卤取代主要用于工业上制备低分子卤代烃。

$$RH+X_2 \longrightarrow RX+HX$$

烷烃的卤代反应中，由于各种 C—H 键卤代的选择性较差，可发生多元取代，且二元取代速率与一元取代速率几乎相等，往往生成多种卤代产物的混合物，因此，一般不用作实验室制备。

这类卤代反应可在液相或气相中，按自由基历程进行，在光、热或自由基的引发作用下，以卤素作卤化剂。卤化剂活性顺序为 $F_2 > Cl_2 > Br_2$，其中 Br_2 和 Cl_2 是常用的卤化剂。例如，氯丁烷的合成：

$$CH_3CH_2CH_2CH_3 + Cl_2 \xrightarrow[N_2 \text{ 过量}]{\text{光}} ClCH_2CH_2CH_2CH_3 + CH_3CHClCH_2CH_3$$
$$15 \quad : \quad 1 \qquad\qquad 1 \quad : \quad 3.9$$

为减少二元卤代副产物，选用大量氮气稀释的氯气与过量的烃反应，以尽可能多地获得一元卤代烃。

② 苄位氢往往较活泼，在高温、光照条件下，或在过氧化物、偶氮二异丁腈等自由基引发剂的存在下，易发生自由基卤取代反应。反应常用的卤化剂有氯气、硫酰氯、磺酰氯、三氯甲烷、N-溴代丁二酰亚胺（NBS）。

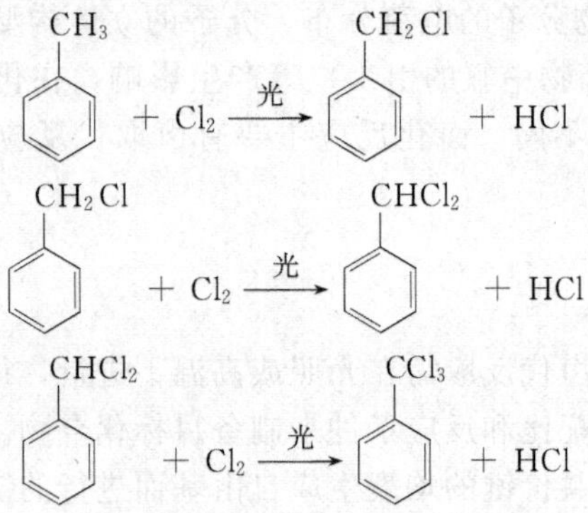

反应为多元取代，产物取决于原料比。当有铁离子、铝离子、水存在时，可能发生芳环上卤取代。因此工业生产中采用衬玻璃、搪瓷等手段阻止芳环卤取代，或加入三氯化磷，有利于苄位氢的卤取代。

③ 烯丙氢是另一个易发生自由基卤取代的活性部位，具有烯丙基型的化合物，在高温下可发生 α-氢卤代反应，生成烯丙基型卤代烃，这是合成不饱和卤代烃的重要方法，其中以 α-溴代更为普遍。例如：

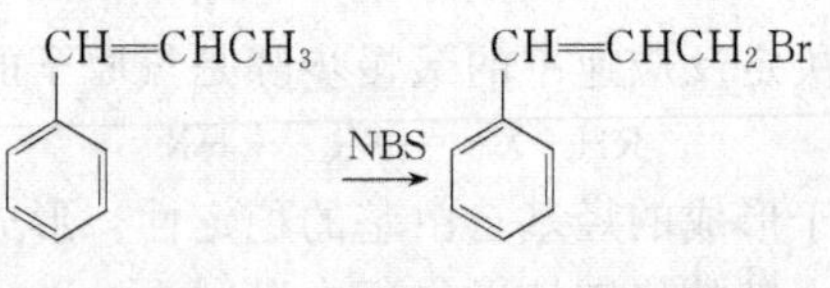

反应中常用的卤化剂有：N-溴代丁二酰亚胺、N-溴代乙酰胺（NBA）、N-溴代邻苯二甲酰亚胺、三氯甲烷磺酰溴等。

2. 芳环上的亲电卤代反应

芳环上的卤代反应为亲电取代反应，是合成卤代芳烃的重要方法。芳环亲电取代反应的难易取决于反应物的活性，当芳环上有给电子基时，反应易于进行；而当芳环上有吸电子基时，反应较难进行。

卤化剂最常用的是卤素，此外也有卤化氢、N-氯代丁二酰亚胺（NCS）、N-溴代丁二酰亚胺等。卤素中，F_2 活性太大，一般不用。I_2 的产物有还原性，必须通过加入能与之反应的物质不断除去，否则会使碘代芳烃还原。如农药中间体 2-碘苯氧乙酸的合成：

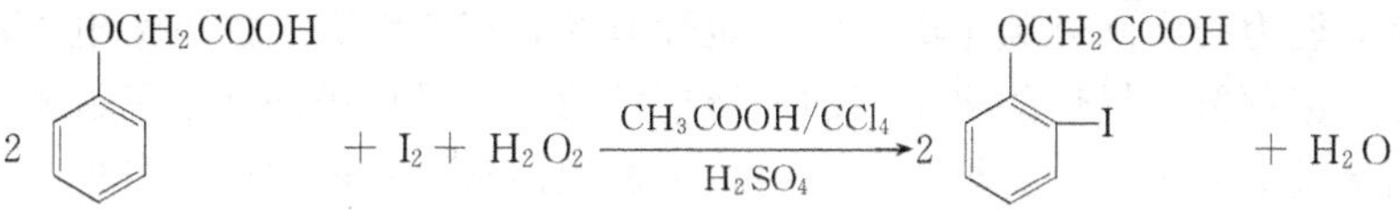

$$2\ \text{(phenol-OCH}_2\text{COOH)} + I_2 + H_2O_2 \xrightarrow[H_2SO_4]{CH_3COOH/CCl_4} 2\ \text{(o-I-phenol-OCH}_2\text{COOH)} + H_2O$$

芳环的亲电取代反应通常需要催化剂，如氯化铁、氯化铝、氯化锑等路易斯酸，这些催化剂均能与卤素形成卤正离子的配合物，从而促进卤素对芳环的亲电进攻。为使反应趋于均相，过程中还需使用稀醋酸、稀盐酸、氯仿或其他卤代烃等非极性物质作为溶剂。如苯胺的卤代反应：

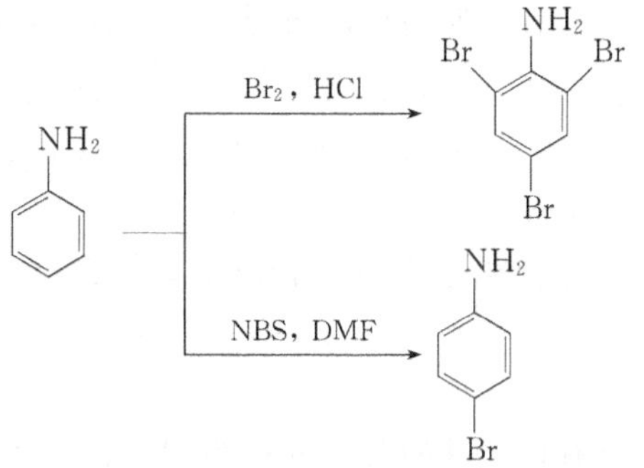

苯胺反应活性较大，不需使用催化剂。在卤素作卤化剂时，苯胺的卤代可生成三卤苯胺，但用 NBS 或 NCS 作卤化剂时，则可使产物为单卤代物。

二、卤加成反应

烯烃、炔烃能与多种含卤化合物发生加成反应，根据反应机理的不同，主要有亲电加成和自由基加成两类。

1. 亲电加成卤化

卤素、卤化氢和其他卤化剂与不饱和烃（烯烃、炔烃、二烯烃）通过亲电加成反应制备卤化物，比较常见的反应如下。

（1）**卤素对双键的卤化** 卤素对双键的卤化反应主要是以 Cl_2 或 Br_2 为卤化剂的加成卤化。

$$CH_2{=}CH{-}CN + Cl_2 \xrightarrow[\text{冷却}]{Py} Cl{-}CH_2CHCN \quad (\text{with } Cl)$$

当双键碳原子上有吸电子基时，由于双键电子云密度降低，使反应活性下降，需在反应中加入路易斯酸或叔胺作催化剂，促使反应进行。当卤化产物为固体时，卤素与双键的加成反应需要四氯化碳、三氯乙烯等惰性非质子性溶剂。当卤化产物为液体时，可不用溶剂或用卤化产物自身作溶剂。

卤素与烯烃发生加成反应的温度不宜过高，否则生成的邻二卤代物有可能脱去卤化氢，并可能发生取代反应。

（2）**卤化氢对双键的卤化** 卤化氢对双键的加成反应通常认为是分两步进行，第一步是 HX 分子中的 H^+ 对双键进行亲电进攻，生成正离子中间体，第二步是 X^- 进攻正离子中间体得加成产物。

$$HX \xrightarrow{\text{异裂}} H^+ + X^-$$

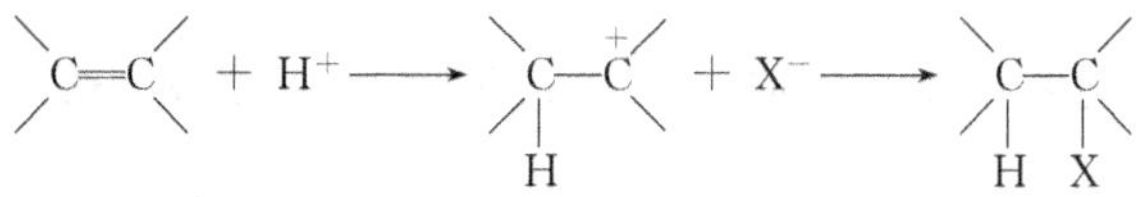

$$\ce{C=C} + H^+ \longrightarrow \ce{C-C^+}(H) + X^- \longrightarrow \ce{C-C}(H\ X)$$

烯烃的反应能力与中间体碳正离子的稳定性有关，当双键碳上连有给电子基时，反应活性增强。另外，卤化氢与烯烃的离子型加成反应的第一步是质子加在电子云密度较大的烯键碳原子上。当烯键碳原子上连有推电子基时，加成取向符合马氏规则；若连有吸电子基，烯烃的 π 电子云向取代基方向偏移，加成取向符合反马氏规则。当双键上有季碳取代的烯烃，则加成反应中常会出现重排、消除等副反应。

2. 自由基加成卤化

在自由基引发剂或光照条件下，不饱和碳碳键可与卤素进行自由基加成，尤其是双键碳上有吸电子基时，反应更容易进行。如消炎镇痛药苄达明的中间体 1-氯-3-溴丙烷的合成：

$$ClCH_2CH \!=\!\!=\! CH_2 + HBr \xrightarrow{\text{过氧化苯甲酰}} ClCH_2CH_2CH_2Br$$

过氧化物存在下，末端烯烃与溴化氢的加成是合成 1-溴代烷的重要方法。若在末端碳原子上有卤素，则生成 2-溴加成物。

自由基引发剂的存在，也会使烯烃发生聚合反应，使自由基加成卤化的应用受到很大限制。

三、卤置换反应

卤原子置换有机分子中已有取代基的反应统称为"卤置换反应"，是有机卤化物的另一重要合成方法，能与卤素发生置换的官能团主要有羟基、羧基、烷氧基、卤素、磺酸基等。就反应机理而言，这类反应大多数为亲核取代反应。

1. 醇羟基的卤置换

醇价廉、易得，其羟基的卤置换是工业上和实验室合成卤代烃最常用的方法。在亲核取代反应中醇羟基的活性顺序为：烯丙型醇、苄醇＞叔羟基＞仲羟基＞伯羟基。

卤化剂主要有氢卤酸、氯化亚砜、五卤化磷及三卤化磷，其中，氯化亚砜及卤化磷的活性较氢卤酸高，各个不同氢卤酸的活性依次为：HI＞HBr＞HCl＞HF，由于反应活性的差别，造成醇羟基卤置换反应的特点及要求也各不相同。

醇与氢卤酸的卤置换反应多为可逆反应，反应程度取决于醇和氢卤酸的活性以及促使平衡移动的因素，反应中常采取增加反应物浓度、不断移走产物和生成的水等方法提高平衡转化率。对于反应活性不高的反应，需要以氯化锌、硫酸等酸性化合物作为催化剂，如在醇的氯置换中，置换伯醇较常用的 Lucas 试剂就是浓盐酸与无水氯化锌的混合物。

$$CH_3CHCH_2CH_3 + HCl \xrightarrow[20℃]{ZnCl_2} CH_3CHCH_2CH_3 + H_2O$$
$$\qquad |\qquad\qquad\qquad\qquad\qquad\qquad |$$
$$\quad OH\qquad\qquad\qquad\qquad\qquad\qquad Cl$$

由于氢碘酸活性高，醇的碘置换易发生，但生成的碘代烃易被碘化氢还原，在反应中需及时将碘代烃蒸馏移出反应体系，且不直接使用氢碘酸作碘化剂，而用碘化钾和 95% 的磷酸或多聚磷酸。

$$HO(CH_2)_6OH \xrightarrow[100\sim120℃]{KI/PPA} I(CH_2)_6I$$

醇与氢卤酸的反应，会发生重排异构。例如：

$$CH_3-\overset{\overset{\displaystyle CH_3}{|}}{\underset{\underset{\displaystyle CH_3}{|}}{C}}-CH_2OH \xrightarrow{HBr} CH_3-\overset{\overset{\displaystyle CH_3}{|}}{\underset{\underset{\displaystyle Br}{|}}{C}}-CH_2CH_3$$

这主要是由于反应过程中生成的伯正碳离子不稳定，重排为较稳定的叔正碳离子，再与卤离子作用得产物。

　　氯化亚砜是醇最有效的氯代试剂之一，反应后残留物很少，产率高，特别适合伯醇取代，若选用合适的催化剂，如有机碱、二甲基甲酰胺（DMF）、六甲基磷酰胺（HMPTA）可加快反应，提高选择性。

$$CH_3CH_2\underset{\underset{CH_3}{|}}{C}HOH + SOCl_2 \xrightarrow{\text{吡啶}} CH_3CH_2\underset{\underset{CH_3}{|}}{C}HCl + SO_2\uparrow + HCl\uparrow$$

　　此法不仅反应速率快、产率高，并且副产物均为气体，易与氯代烷分离，但腐蚀性大，价格贵。

　　三卤化磷、五卤化磷在醇羟基置换中活性也较高，高温或结构复杂的醇的卤置换，用含磷卤化物作卤化剂，可减少重排副反应，且原料价格不贵，但反应后残留亚磷酸，产品需分离精制。

$$3CH_3CH_2CH_2OH + PBr_3 \longrightarrow 3CH_3CH_2CH_2Br + H_3PO_3$$
$$（或 P+Br_2）$$

2. 芳香重氮化合物的卤置换

　　芳香重氮化合物是由硝基化合物还原成氨基后再重氮化制得的，该重氮基的卤素置换是合成芳卤的另一重要方法，往往可以将卤素原子引入其他方法难以引入的芳烃位置。

　　用氯化亚铜或溴化亚铜在相应的氢卤酸作用下，分解重氮盐，生成氯代芳烃或溴代芳烃的反应，称 Sandmeyer（桑德迈尔）反应。

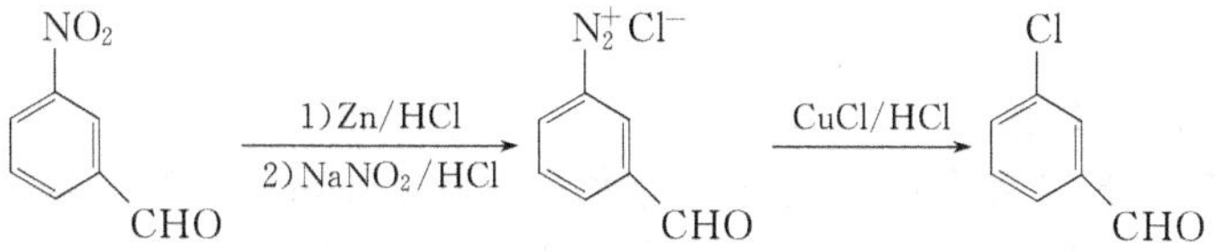

　　若改用铜粉作催化剂，反应也可进行，但产率低，为 Gattermann（伽特曼）反应：

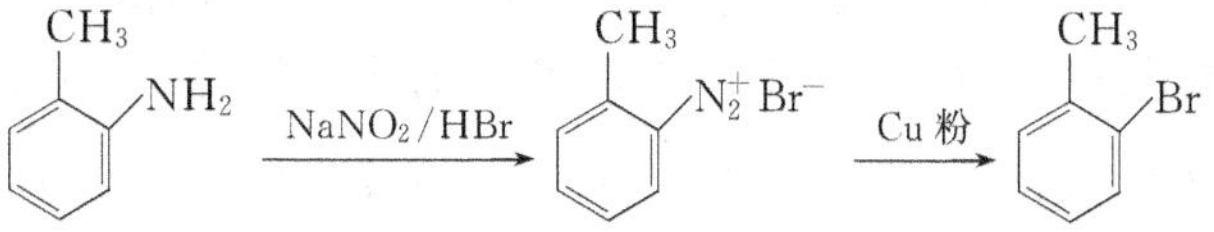

　　在芳香重氮盐的碘置换反应中可不必加入铜盐，只需在水溶液中将重氮盐和碘化钾直接加热，重氮基即被碘取代，生成碘化物：

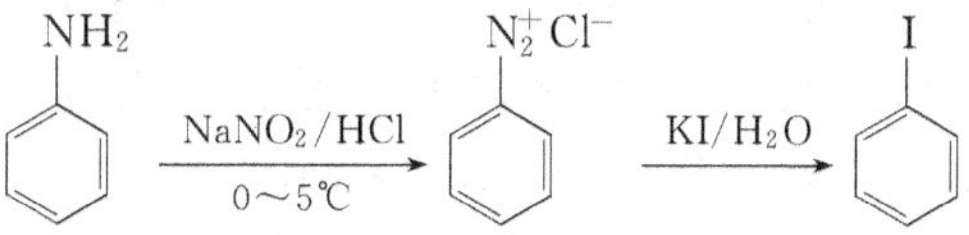

　　芳香族氟化物的制备必须将氟硼酸放入重氮盐溶液中，使生成重氮盐氟硼酸沉淀，经分离干燥后再小心加热，逐渐分离而制得相应芳香族氟化物，称 Schiemann（希曼）反应。

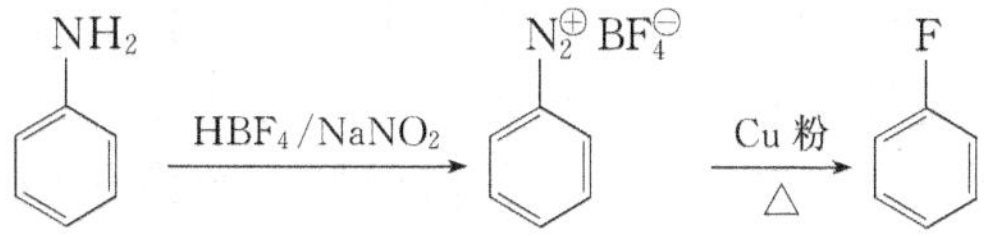

第二节　烃　化　反　应

　　向有机物分子中的碳、氮、氧、硫、磷、硅等原子上引入烃基的反应称为烃化反应。引入的烃基可以是烷基、烯基、炔基、芳基以及带有各种取代基的烃基，例如羟甲基、氰乙基、羧甲基等，这些物质称为烃化剂，另一反应物称为被烃化物。烃化反应在药物合成中的应用十分广泛，一方面制备含有某些官能团（如醚类、胺类）的化合物，或构建分子骨架，另一方面可充当保护基。烃化反应按与烃基相连的原子种类的不同，分为 *O*-烃化反应、*N*-烃化反应和 *C*-烃化反应。

一、*O*-烃化反应

O-烃化反应的主要应用是通过醇或酚与烃化剂制醚。常用的烃化剂有醇、卤代烷、酯、环氧乙烷等。

1. 用醇类的 *O*-烃化

醇既可以是烃化剂，也可以是被烃化物，醇分子间的脱水烃化即可得醚。两个相同分子的醇脱水得对称的二烷基醚，不同分子间脱水得混合醚，酚与醇可制芳醚。用醇类的 *O*-烃化反应需在大量浓硫酸存在下进行，例如乙醚及抗生素药乙氧萘青霉素钠等的中间体 β-萘乙醚的制备反应：

$$CH_3CH_2—OH + H—OCH_2CH_3 \xrightarrow[140℃]{浓\ H_2SO_4} CH_3CH_2OCH_2CH_3 + H_2O$$

$$\text{萘-OH} + C_2H_5OH \xrightarrow[回流]{浓\ H_2SO_4} \text{萘-OC}_2H_5 + H_2O$$

硫酸的用量取决于所用醇的结构，对于摩尔质量相同的醇类，伯醇用酸量较大，仲醇用酸量较少。苄醇、烯丙醇以及具有 α-羰基的活泼醇类，反应条件温和，只需要少量的硫酸或盐酸即可。活泼酚类可在甲醇、乙醇的作用下直接烃化，萘酚需在浓硫酸的作用下才能进行。

2. 用卤代烷的 *O*-烃化

醇或酚在碱存在下与卤代烃反应得混合醚是 Williamson 于 1850 年发现的，称为 Williamson 合成，是制备混合醚的通法。反应为亲核取代反应。先向被烃化的醇中加入金属钠、氢氧化钠、氢氧化钾、碳酸钠或碳酸钾等，或是先将被烃化的酚溶于稍过量的苛性钠水溶液中，使醇或酚在碱作用下生成烷氧负离子 RO⁻ 或酚钠盐，然后在一定温度下，加入卤代烃：

$$ROH（或 ArOH）+ NaOH \longrightarrow RO^- Na^+（或 ArO^- Na^+）+ H_2O$$

$$RO^- Na^+（或 ArO^- Na^+）+ R'X \longrightarrow R'OR（或 R'OAr）+ NaX$$

反应中碱的存在一方面增加反应的亲核性，另一方面中和反应生成的酸，作为缚酸剂。另外，反应中极性非质子性溶剂也能增强 RO⁻ 的亲核性，用得较多的有二甲基亚砜（DMSO）、二甲基甲酰胺（DMF）、六甲基磷酰三胺（HMPTA）、苯及甲苯等；当被烃化的醇自身为液体时，可过量兼作溶剂使用；或将醇盐悬浮在乙醚、四氢呋喃、乙二醇二甲醚等醚类物质中使用。

不同卤代烷的活性顺序是：RI＞RCl＞RBr＞RF。RF 活性很小且不易制备，在反应中很少使用；RI 活性大，稳定性较差，应用也很少，因此卤代烃中使用较多的是 RCl 和 RBr。相同卤素不同 R 的活性顺序为：伯卤代烃＞仲卤代烃＞叔卤代烃。叔卤代烃在烃化反应条件下易发生消除反应，不宜直接选用。制备芳基-脂肪混合醚时，由于芳香族卤代烃的活性较低，一般用酚类与脂肪族的卤代烃进行反应。

如果醇和卤代烷都不很活泼，需要将醇先制成无水醇钠，然后与卤代烷作用，以避免水解副反应；当酚和卤代烷均较活泼时，反应可在水中进行，用聚乙二醇、季铵盐等相转移催化剂提高反应收率。

例如愈创甘油醚原料药 3-（邻甲氧基苯氧基）-1,2-丙二醇的合成反应：

由于原料酚的芳环上有强给电子基，使酚的酸性减弱，需先生成酚的钠盐，再与 3-氯-1,2-丙二醇反应得产物。

3. 用酯类的 O-烃化

强酸的烷基酯是活泼的烃化剂。最常用的是硫酸二酯、芳磺酸酯，其次是磷酸酯。酯类是高沸点的活性烃化剂，反应可在常压及不太高的温度下进行。酯类的价格比相应的醇或卤代烷高，常用于产值高、批量小的产品的合成。

芳磺酸酯主要用于引入分子量较大的烷基，常用的芳磺酸酯为对甲苯磺酸酯和苯磺酸酯。反应在碱性催化剂存在下进行。例如，抗抑郁药盐酸茚洛秦中间体的合成：

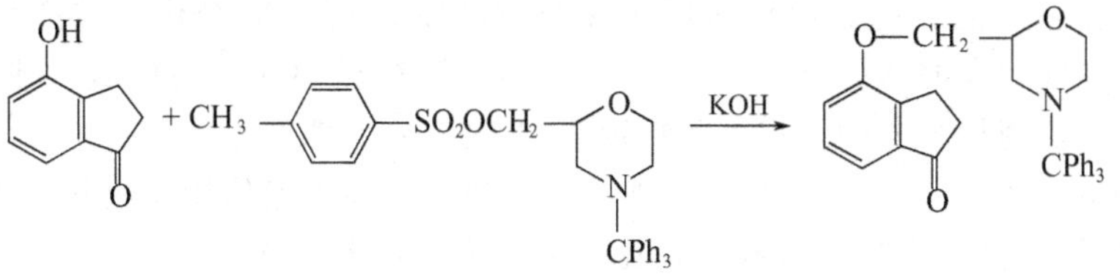

硫酸酯主要是硫酸二甲酯和硫酸二乙酯，过程中只有一个烷基参加反应，且醇或酚分子中存在的羰基、氰基、羧基及硝基对反应无影响。但硫酸酯毒性大，使用时要注意安全，一般滴加在碱性水溶液中进行。例如，萘夫西林中间体 β-乙氧基萘甲酸的合成：

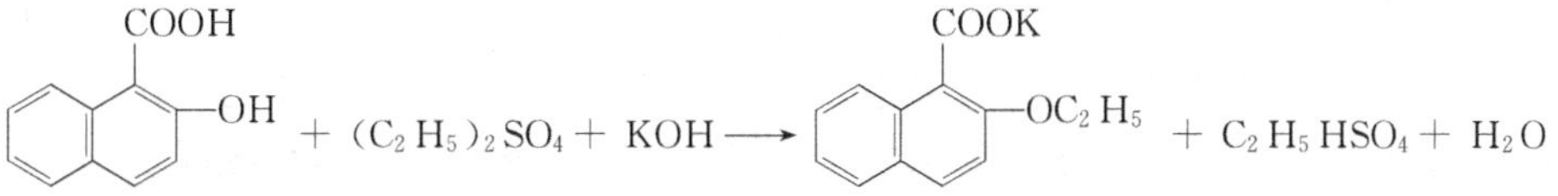

4. 用环氧乙烷的 O-烃化

环氧乙烷为小环化合物，张力小，易与醇发生开环反应，生成羟基醚，是一类活性较强的烃化剂，反应可在酸或碱催化作用下进行。常用的酸性催化剂是三氟化硼和它的乙醚配合物、酸性氧化铝等；常用的碱性催化剂是固体氢氧化钠和氢氧化钾。催化剂不同，开环反应历程不同，生成的产物也往往不同。

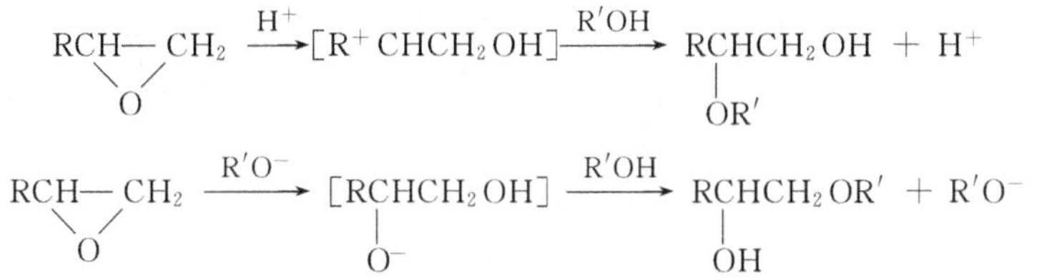

在酸催化下，若 R 为供电子基，主要生成伯醇；若 R 为吸电子基，主要生成仲醇。在碱催化下，碱与醇或酚先生成烷（苯）氧基负离子，然后从位阻较小的一侧向环氧乙烷衍生物进行亲核进攻，得到仲醇产物。例如，萘哌地尔中间体 α-萘氧基-3-氯-2-丙醇的制备。

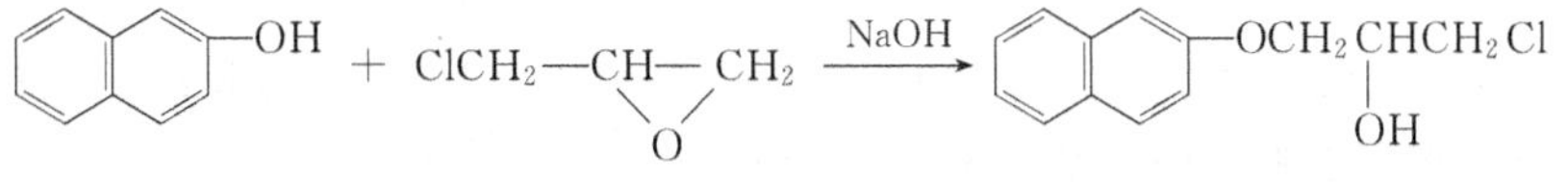

二、N-烃化反应

N-烃化反应是合成胺类化合物的常用方法。由于 N 原子的亲核能力比 O 原子强，因此，N-烃化反应比 O-烃化反应更容易发生，反应中的烃化剂有卤代烷、酯、环氧化合物等多种物质。

1. 用卤代烷的 N-烃化

氨、脂肪族胺或芳香族胺的氨基中氢原子均可与卤代烷发生 N-烃化反应。卤代烷的反应活性较强，当需要在氨基氮原子上引入长碳链的烷基时，以及对于难以烃化的胺类，如芳胺磺酸或硝基芳胺均需要使用卤代烷作烃化剂。

$$RX + NH_3 \xrightarrow[-HX]{} RNH_2 \xrightarrow[-HX]{+RX} R_2NH \xrightarrow[-HX]{+RX} R_3N \xrightarrow[-HX]{+RX} R_4NX$$

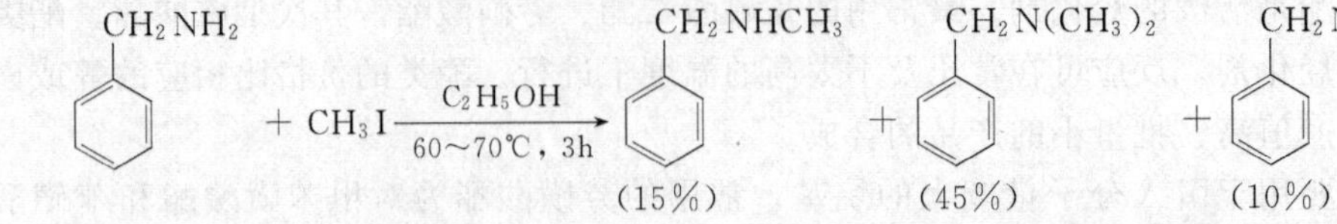

氨的 N-烃化反应生成的产物是伯胺、仲胺、叔胺及季铵盐的混合物，伯胺与卤代烃反应生成仲胺和叔胺的混合物，而仲胺则生成叔胺和季铵盐，N-烃化反应产物多为混合物，如欲得到某一纯度较高的 N-烃化产物，需通过增加反应原料比、封闭氨（或胺）分子中的氢原子等方法，在药物合成中，有一些特定的方法制备伯胺。

（1）Gabriel 合成　邻苯二甲酰亚胺于氢氧化钾的乙醇溶液作用生成邻苯二甲酰亚胺盐，此盐和卤代烷反应生成 N-烷基邻苯二甲酰亚胺，然后在酸性或碱性条件下水解得到伯胺和邻苯二甲酸。利用这一反应，将氨先制成邻苯二甲酰亚胺，最终获得伯胺。

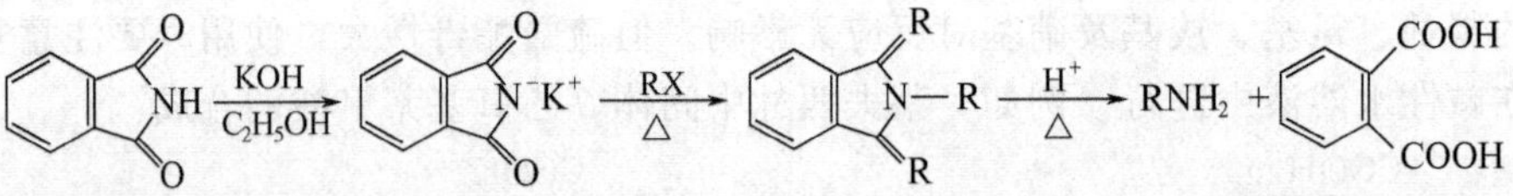

若所用卤代烷有两个活性基团，可进一步发生其他反应。该反应中的酸性水解步骤需要较高温度，且收率不高。利用水合肼水解可在温和的反应条件下，有效提高反应收率。如抗疟药伯氨喹的合成：

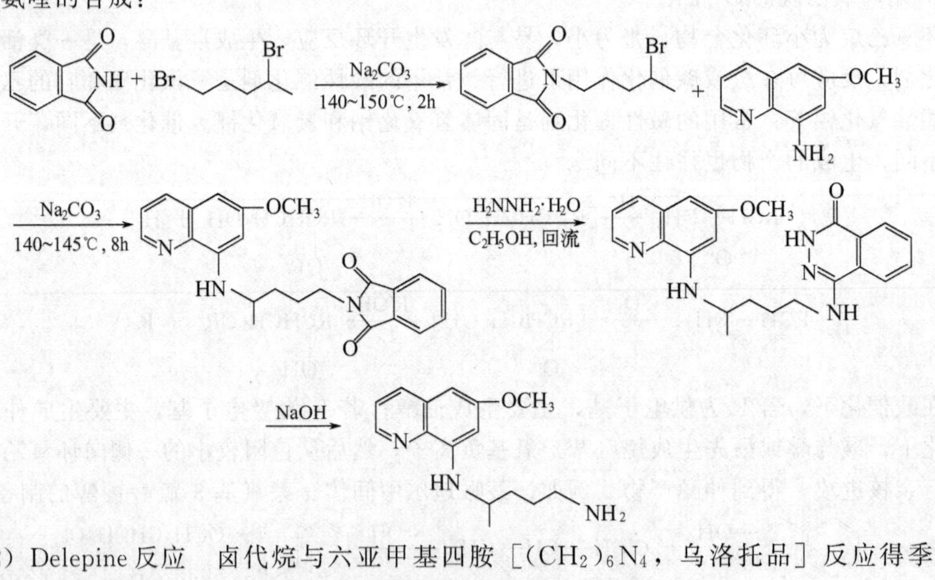

（2）Delepine 反应　卤代烷与六亚甲基四胺〔$(CH_2)_6N_4$，乌洛托品〕反应得季铵盐，然后在醇中进行酸性水解，生成伯胺的反应称为 Delepine 反应。

六亚甲基四胺是氨与甲醛反应的产物，氮上没有氢，不能进行多取代反应。反应中的卤代烷需具有较高的活性，如烯丙型卤、苄卤、炔丙型卤、α-卤代酮等，这使其应用范围受到一定限制。

2. 用硫酸酯的 N-烃化

酯类对氨基的烃化反应历程与卤代烷相同，但反应活性比卤代烷强，其用量一般不需要过量很多，副反应较少。酯类的价格比相应的卤代烷高，主要用于不活泼氨基的烃化，以制备价格高、产量少的 N-烃化产品。硫酸二甲酯或硫酸二乙酯只能用于甲基化或乙基化，反应中只有一个烷基参加反应。如局部麻醉药甲哌卡因的制备：

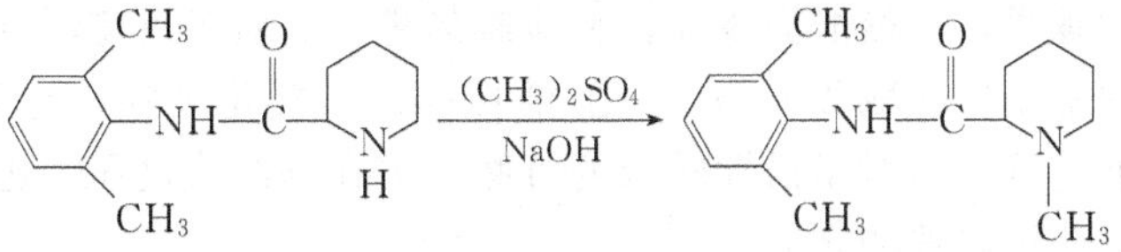

硫酸二甲酯的烃化反应活性高，若芳环上同时存在氨基和羟基，只要控制反应液的 pH 或选择适当的溶剂，可只在氨基上发生烃化而不影响羟基：

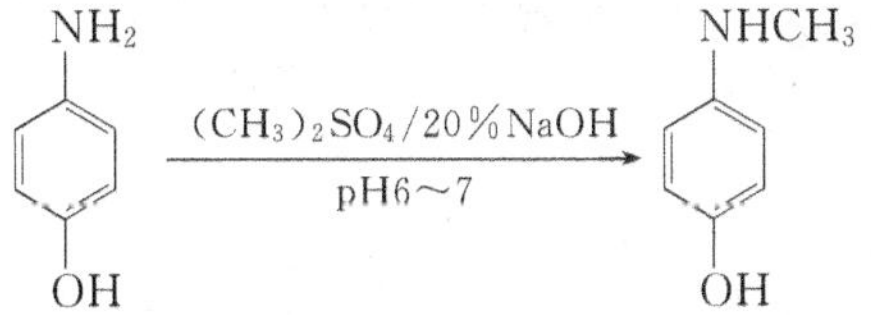

如果被烃化物的分子结构中有数个氮原子时，还可以根据各氮原子的碱性不同，进行选择性的 N-烃化，例如，黄嘌呤在不同 pH 下与硫酸二甲酯的烃化反应，可以得到两种不同的产物咖啡因和可可碱。

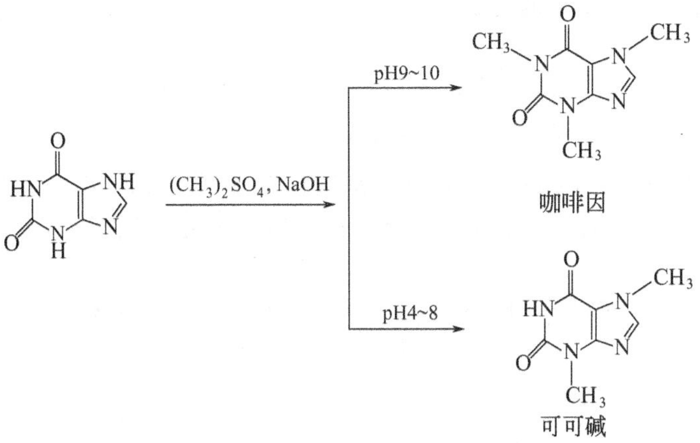

使用硫酸二甲酯一般是在碱性水溶液中或在无水有机溶剂条件下直接加热进行。硫酸二甲酯不仅用于制备仲胺和叔胺，还可用于制备季铵盐。

芳磺酸酯的反应活性比卤代烷高，但比硫酸酯低。芳磺酸酯的烷基可以是简单的烷基，也可以是含有取代基的烷基，其应用比硫酸酯广泛，常用于引入摩尔质量较大的烷基。与硫酸二甲酯相比，苯磺酸甲酯的毒性极小，有时可用其代替硫酸二甲酯。

$$ArNH_2 + TsOR \xrightarrow{120℃} ArNHR + TsOH$$

$$ArNH_2 + 2TsOR \xrightarrow[160℃]{Na_2CO_3} ArNR_2 + 2TsONa + CO_2\uparrow + H_2O$$

用芳磺酸酯进行 N-烃化，应采用游离胺而不能使用铵盐，否则，得到的是卤代烷和铵的芳磺酸盐：

$$C_6H_5SO_2OR + R'NH_2 \cdot HX \longrightarrow RX + R'\overset{+}{N}H_3 \cdot C_6H_5SO_3^-$$

一般来说，用芳磺酸酯对脂肪胺的 N-烃化反应温度较低（25～110℃），而对芳胺的 N-烃化反应温度则较高。

3. 用环氧乙烷的 N-烃化

环氧乙烷作烃化剂的 N-烃化反应主要用于制备羟乙基化合物，其反应程度取决于氮原子的碱性强弱，碱性越强，亲核能力越大，反应越易进行。对于反应活性较大的氨或伯胺与环氧乙烷反应时，常常得到双取代产物。反应活性高的胺类化合物，与环氧乙烷的 N-烃化过程可在较低温度下进行，而对于活性较低的芳胺，需在高温或高压下进行，且需使用酸性催化剂。如抗寄生虫药甲硝唑的合成。

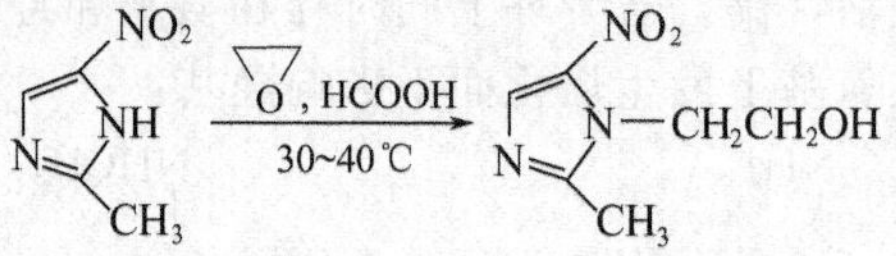

三、C-烃化反应

1. Friedel-Crafts 反应

芳环上的 Friedel-Crafts 反应是最典型的 C-烃化反应。该反应是在氯化铝、氯化铁等 Lewis 酸存在下，卤代烃与芳香族或杂环化合物反应，烃基取代芳环上的氢生成烃基芳烃。Friedel-Crafts 反应在石油化工、精细化工、制药等领域都有着广泛的应用，如冠状动脉扩张药哌克昔林的中间体二苯酮的合成：

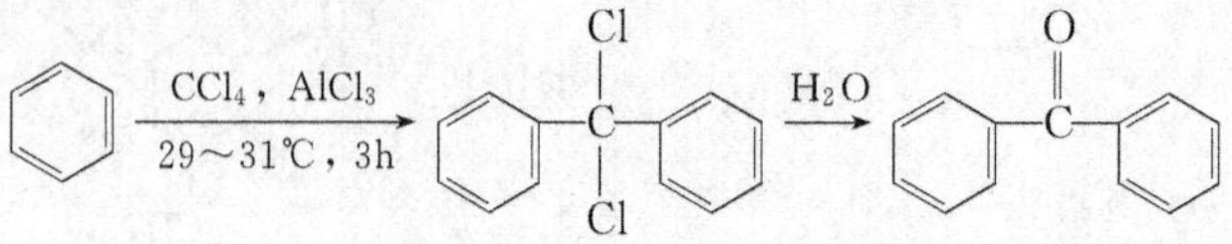

（1）基本原理　Friedel-Crafts 烃化反应是碳正离子对芳环的亲电进攻生成烷基芳烃的反应。烃化剂可以是卤代烃、醇、烯等，这些化合物在催化剂的作用下，为反应提供了碳正离子。

$$R-X + AlCl_3 \rightleftharpoons [R-X \longrightarrow AlCl_3] \rightleftharpoons R^+ AlCl_4^- \rightleftharpoons R^+ + AlCl_4^-$$

（络合物）　　　　（紧密电子对）

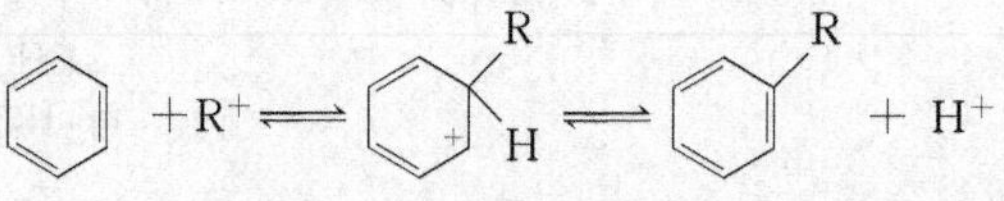

$$H^+ + AlCl_4^- \longrightarrow HCl + AlCl_3$$

（2）影响因素　Friedel-Crafts 反应的影响因素主要有烃化剂结构、芳环结构、催化剂及溶剂等。

① 卤代烃是 Friedel-Crafts 烃化反应中应用最多的烃化剂，卤代烃的活性既决定于 R 的结构，也决定于 X 的性质，R 的结构如有利于 RX 的极化，将有利于烃化。因此，当 R 相同，卤原子不同时，其活性顺序为：RF＞RCl＞RBr＞RI，正好与通常的活性顺序相反；当卤原子相同而 R 不同时，活性顺序如下：

$$C_6H_5-CH_2X, CH_2=CH-CH_2X > R_3CX > R_2CHX > RCH_2X > CH_3X$$

② 苯环上的 Friedel-Crafts 烃化反应为亲电性取代反应，因此，当环上存在给电子取代

基时，反应较易发生。烃基为给电子基，当苯环上连有一个烃基后，将有利于继续烃化而得到多烃基衍生物。此外，烃基的结构对苯环上引入烃基的数目有重要影响，当芳环上连有较大的烃基，如异丙基、叔丁基时，由于位阻的影响，会使取代受到一定限制。

③ 催化剂的作用在于与 RX 反应，生成 R 碳正离子对苯环进攻。Lewis 酸的催化活性大于质子酸。其强弱程度因具体反应及条件的不同而改变。下面的顺序来自催化甲苯与乙酰氯反应的活性。

$$AlBr_3 > AlCl_3 > SbCl_5 > FeCl_3 > TeCl_2 > SnCl_4 > TiCl_4 > TeCl_4 > BiCl_3 > ZnCl_2$$

酸的活性顺序通常认为是：

$$HF > H_2SO_4 > P_2O_5 > H_3PO_4$$

Lewis 酸中以无水氯化铝最为常用，其催化活性强，价格较便宜。但对于呋喃、噻吩等多 π 电子的芳香杂环，Lewis 酸的存在能引起分解反应；芳环上的苄醚、烯丙醚等基团，在 $AlCl_3$ 作用下，常引起去烃基的副反应。因此，这些物质的 C-烃化不宜使用 Lewis 酸作催化剂。

④ 当芳烃本身为液体时，既作反应物又作溶剂；当芳烃为固体时，可在二硫化碳、石油醚、四氯化碳中进行。对酚类的烃化，则可在脂酸、石油醚、硝基苯及苯中进行。

（3）芳环上其他烃化剂的 Friedel-Crafts 反应　芳环上的 Friedel-Crafts 反应，除了以卤代烷为烃化剂外，还有醇、烯烃和环氧乙烷。反应在无水氯化铝、硫酸、磷酸等酸性催化剂的作用下进行。

醇的反应活性：叔醇＞仲醇＞伯醇。伯醇通常使用酸性较强的硫酸为催化剂，仲醇、叔醇可用无水氯化铝。例如盐酸氯苯丁嗪中间体叔丁基苯的合成：

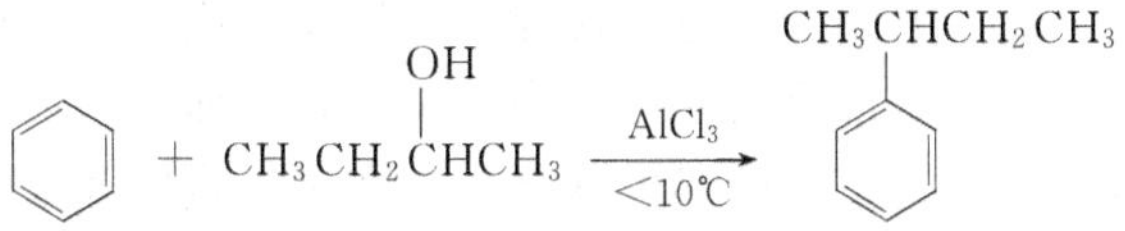

烯烃对芳环的 C-烃化反应，对于多碳烯烃，根据 Markovnikov 规则，质子总是加到烯双键中含氢较多的碳原子上，因此，反应总是在芳环上引入带支链的烷基。

（4）Friedel-Crafts 烃化反应中需注意的问题　在烃化反应中，大于三个碳的烃基能发生异构化。如溴代正丙烷及溴代异丙烷与苯反应，都得到同一产物异丙苯。因此，在制备长链伯烷基取代芳烃时，不宜采用直接烃化的方法。

当苯环上引入烃基不止一个时，烃化的取代位置会有别于定位规律，得到相当比例的间位异构体。这种情况通常发生在较强烈的条件下，即强催化剂、较长反应时间、较高反应温度等条件下。例如，用最活泼的催化剂 $AlCl_3$，其量较大，在较高温度及较长时间反应，将得到比例很大的间位二烃基苯。

2. 活性亚甲基碳原子的 C-烃化

（1）活性亚甲基（或甲基）化合物　亚甲基（或甲基）的饱和碳原子上连有吸电子基时，如硝基、羰基、氰基、酰氧基或苯基时，与该碳相连的氢酸性增强，该亚甲基（或甲基）称为活泼亚甲基（或活泼甲基）。一般被一个硝基或者两个或两个以上的羰基、酰氧基、氰基等活化了的亚甲基都具有比一般醇大的酸性。由于这个饱和碳原子在不饱和基团的影响下而被活化了，故这类化合物称为活性亚甲基（或甲基）化合物。在碱或酸的作用下，这类化合物作为亲核试剂发生亲核取代反应。

最常见的活性亚甲基化合物有 β-二酮、β-羰基酸酯、丙二酸酯、丙二腈、乙酰乙酸乙酯、氰乙酸酯、苄腈、脂肪硝基化合物等。如治疗糖尿病药米格列奈中间体苄基取代丙二酸二乙酯，由活泼亚甲基化合物丙二酸乙酯在烃化剂苄氯作用下合成的。

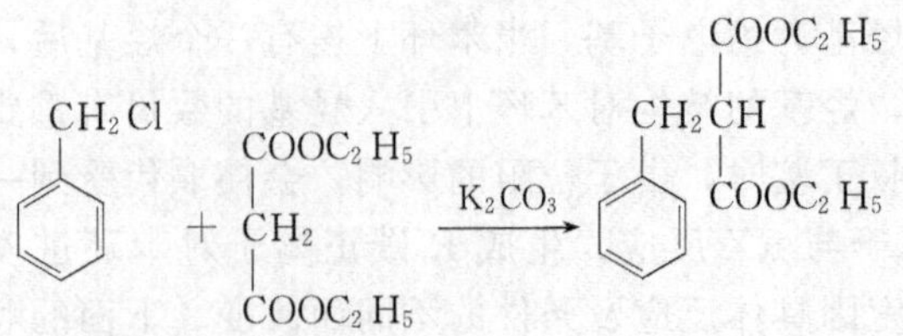

(2) 影响因素　亚甲基化合物的活性与所连吸电子基的数量及活性有关，所连吸电子基数量越多，活性越强，则亚甲基上氢的酸性越大，反应越易进行。常见吸电子基的强弱顺序为：

$$-NO_2 > -COR > -SO_2R > -CN > -COOR > -SOR > -Ph$$

在反应中，催化剂和溶剂对过程影响也较大。

根据活性亚甲基化合物上氢原子的活性，反应中选用不同的碱作催化剂，活性亚甲基上氢的酸性强，可选用较弱的碱，反之，则用较强的碱。其中以醇钠最常用，它们的碱性按下列顺序减弱：

$$t\text{-BuOK} > i\text{-PhONa} > \text{EtONa} > \text{MeONa}$$

反应中使用不同的溶剂能影响碱性的强弱。当用醇钠作催化剂时，可用相应的无水醇作溶剂，对一些在醇中难于烃化的活性亚甲基化合物，可在苯、甲苯、二甲苯或煤油溶剂中加入氢化钠或金属钠，生成烯醇盐再进行烃化反应。

(3) 反应中需注意的问题　活性亚甲基化合物的取代在药物合成中应用广泛，在合成中可能出现以下几方面的问题。

活性亚甲基上有两个活性氢原子，与卤代烃进行烃化反应时，有可能是单烃化或是双烃化，要视活性亚甲基化合物与卤代烃的活性大小和反应条件而定。丙二酸二乙酯与溴乙烷在乙醇中反应，主要得单乙基产物。活性亚甲基化合物在足够量的碱和烃化剂存在下可以发生双取代反应。用二卤化物作为烃化剂，则得环状化合物。例如止咳药喷托维林中间体 1-苯基环戊腈的合成：

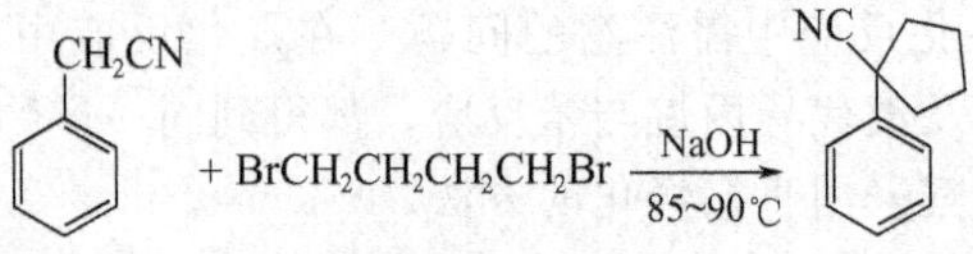

发生双烃化反应时，烃基引入的次序可直接影响产品的纯度和收率，引入烃基的先后次序应分别比较两步反应的总收率，在工艺条件差别不大的情况下，选择收率较高的路线。对于不同伯烃基的双取代，一般是先引入较大的伯烃基，再引入较小的伯烃基。若引入一个伯烃基和一个仲烃基，可先引入伯烃基，再引入仲烃基。例如：镇静药异戊巴比妥中间体 2-乙基-2-异戊基丙二酸二乙酯的合成。

$$CH_2(COOC_2H_5)_2 \xrightarrow[\text{EtONa, EtOH}]{(CH_3)_2CHCH_2CH_2Br} (CH_3)_2CHCH_2CH_2(H)C(COOC_2H_5)_2 \xrightarrow[\text{EtONa, EtOH}]{C_2H_5Br} (CH_3)_2CHCH_2CH_2(CH_3CH_2)C(COOC_2H_5)_2$$

先引入较大的异戊基，再引入较小的乙基，收率分别为 88% 和 87%，总收率为 76.6%；若先引入乙基再引入异戊基，收率分别为 89% 和 75%，总收率为 66.8%，显然第一种方法较好。

第三节　酰化反应

酰化反应是指在有机化合物分子中的碳、氮、氧等原子上引入脂肪族或芳香族酰基的过程。根据酰基引入的位置不同，可将酰化反应分为 C-酰化反应、N-酰化反应及 O-酰化反应。酰化反应可用通式表示为：

$$R-\overset{\overset{\text{O}}{\|}}{C}-Y + Z-H \longrightarrow R-\overset{\overset{\text{O}}{\|}}{C}-Z + HY$$

式中，RCOY 为酰化剂，常用的酰化剂有酰卤、羧酸、酸酐、羧酸酯等；ZH 为被酰化物，主要有醇、酚、胺、芳环等。

酰化反应在药物合成中应用广泛。酰化反应所形成的酰氧基、酰氨基是许多药物结构中的必要官能团，由此可直接作为化学原料药及中间体；酰化反应的发生可对药物分子进行结构修饰，改善药物的理化性质（如克服刺激性、苦味、异臭、增加水溶性、增大稳定性等），改善药物在体内的吸收代谢（如延长作用时间、增强在特定部位的药效、改善吸收代谢等）。同时，酰化反应也是药物合成中官能团保护的常用方法。

一、C-酰化反应

Friedel-Crafts 酰化反应是典型的 C-酰化，在药物合成中主要用于在芳环上引入酰基制备芳酮或芳醛。

1. Friedel-Crafts 酰化反应基本原理

Friedel-Crafts 酰化反应是酰化剂与芳烃在氯化铝或其他 Lewis 酸的催化下发生的芳环亲电取代，不同酰化剂的过程不尽相同。

当以酰卤为酰化剂，无水 AlCl$_3$ 为催化剂时，以苯在 AlCl$_3$ 的催化下的反应为例：苯的 C-酰化反应首先是酰卤与无水 AlCl$_3$ 作用生成酰基碳正离子和四氯铝离子两个活性中间体，这两个活性中间体再分别与芳环作用生成芳酮和 AlCl$_3$ 的配合物，配合物遇水再分解得芳酮。该过程可表示如下：

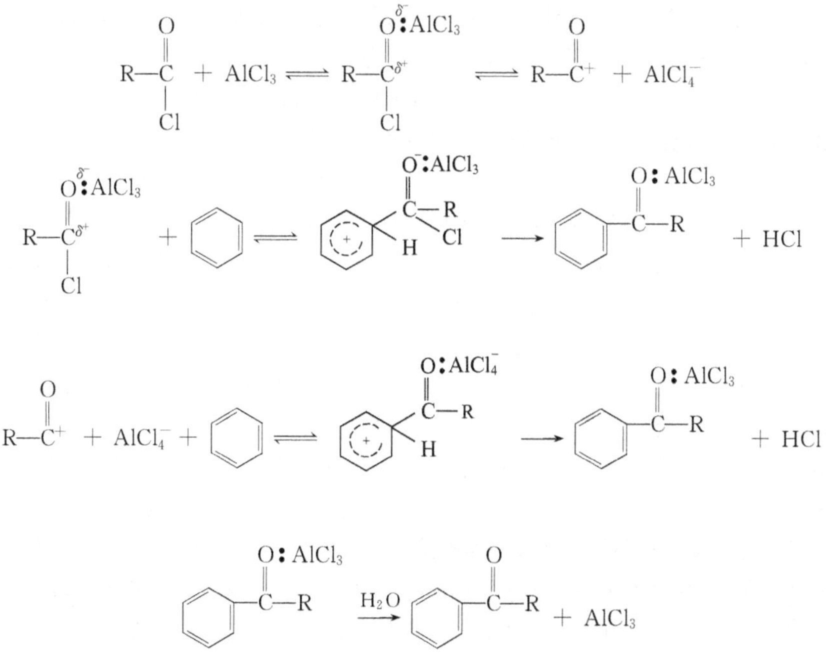

反应历程表明：生成的芳酮和 AlCl₃ 形成 1 : 1 的配合物，致使 AlCl₃ 失去催化作用，所以 1mol 酰氯理论上需消耗 1mol AlCl₃，在实际合成中 AlCl₃ 应过量 10%～50%。

当以酸酐为酰化剂，无水 AlCl₃ 为催化剂时，酸酐先与 AlCl₃ 作用生成酰氯，再按下述反应历程反应。

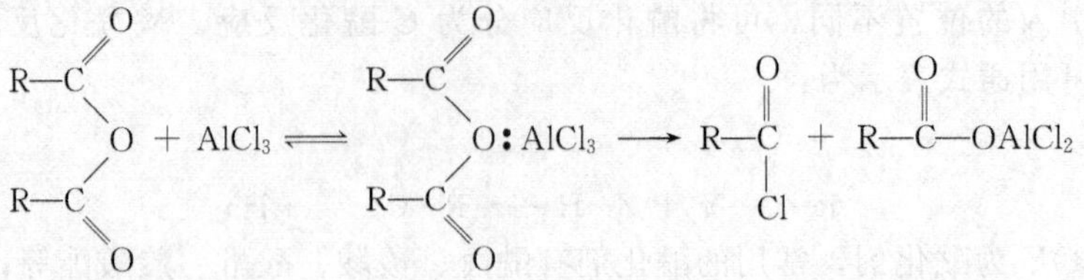

上式中 R—C—OAlCl₂ 在 AlCl₃ 存在下也可以转变为酰氯，但转化率较低，这样酸酐实际上只有一个酰基参加反应，即

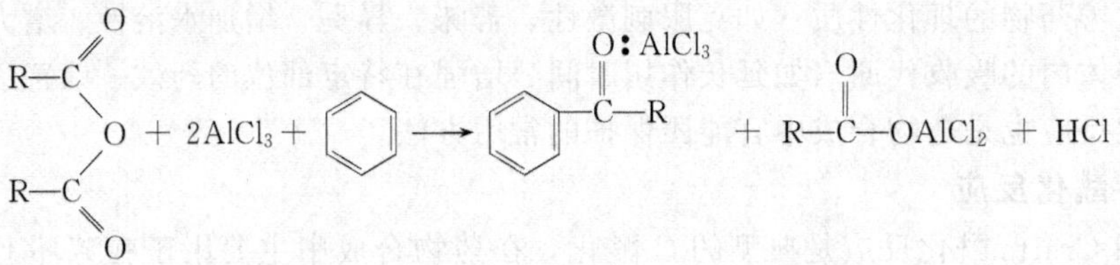

1mol 酸酐理论上需消耗 2mol AlCl₃，在合成中，当以酸酐作酰化剂时，AlCl₃ 的用量也需比理论量过量 10%～50%。

2. 影响因素

(1) 酰化剂　具有相同酰基的各类酰化剂的反应活泼性有以下顺序：

$$酰卤＞酸酐＞酯，羧酸＞酰胺$$

酰卤中应用较多的是酰氯，有时也用酰溴。含有不同卤素具有相同酰基的酰卤的反应活泼性顺序为：

$$RCOI＞RCOBr＞RCOCl$$

当使用不同的催化剂进行酰化时，各种酰氯的反应活泼性也不尽相同。例如，甲苯以 AlCl₃ 为催化剂酰化时，酰氯的反应活泼性顺序为：

$$CH_3COCl＞(C_6H_5)COCl＞(C_2H_5)_2CHCOCl$$

而使用 TiCl₄ 作催化剂时，酰氯的反应活泼性顺序则为：

$$(C_6H_5)COCl＞CH_3CH_2CH_2COCl＞C_2H_5COCl＞CH_3COCl$$

(2) 被酰化物结构　当被酰化的芳环上具有给电子基时，酰化反应容易进行。氨基可使芳环活化，但是芳胺进行 C-酰化时，必须先将氨基保护起来。否则，在 C-酰化过程中将同时发生 N-酰化反应，而且氨基的氮原子还能与催化剂 AlCl₃ 形成配合物，从而使催化剂活性降低。卤基使芳环钝化，所以卤代苯的反应能力比苯弱，需要使用较强的催化剂和较高的反应温度。硝基使芳环强烈钝化，以至于硝基苯不能进行 C-酰化反应，除非芳环上同时还有其他的给电子基。因此，常以硝基苯为 C-酰化反应的溶剂。

当芳环上有邻、对位定位基时，酰化反应主要发生在对位，只有当对位已有取代基时，才发生在邻位。

酰基是吸电子基，当芳环上引入一个酰基后，芳环上电子云密度有所降低，就很难再引入第二个酰基。但是当引入酰基的两个邻位有给电子基时，就有可能引入第二个酰基。

(3) 催化剂　催化剂的作用是增强酰基碳原子的亲电性，从而提高酰化剂的反应能力。

路易斯酸和质子酸是常用的催化剂，在路易斯酸中，又以氯化铝最为常用，特别是在以酰氯或酸酐为酰化剂的反应中。使用氯化铝的缺点是产生大量的铝盐废液，对于活泼芳烃的 *C*-酰化容易引起副反应。因此含有羟基、烷基、烷氧基等活泼芳香族化合物，常选用催化活性较为温和的二氯化锌、四氯化钛以及多聚磷酸。如驱虫药己雷琐辛中间体 2,4-二羟基苯己酮的合成：

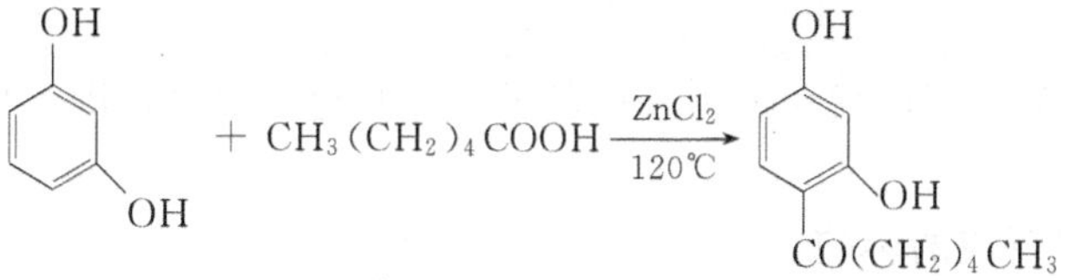

（4）溶剂 *C*-酰化反应产物芳酮及其氯化铝配合物大多是固体或黏稠的液体，反应一般需要在有机溶剂中进行。溶剂的选用可根据酰化反应物的情况而定。若反应物本身为液体，可以过量的酰化剂或被酰化物为溶剂，如邻苯二甲酸酐与苯作用制取邻苯甲酰基苯甲酸时，可用过量 6～7 倍的苯作溶剂，过量的苯可以回收套用。

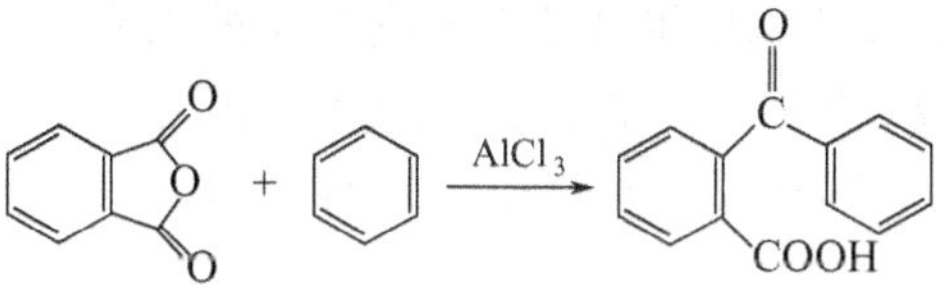

若被酰化物、酰化剂均为固体，则需要外加溶剂。常用的溶剂有硝基苯、二硫化碳、二氯乙烷、四氯乙烷、四氯化碳、石油醚及卤代烷等。选用溶剂时应考虑其对催化剂活性的影响。硝基苯不仅能溶解氯化铝，而且还能溶解氯化铝与芳酮或酰氯形成的配合物，使用硝基苯作溶剂的 *C*-酰化反应，一般是均相反应。但硝基苯同时降低了氯化铝的催化活性，因此只适用于较易酰化的反应。而某些氯代烷在氯化铝存在下及在较高温度时，有可能发生芳环上的取代等副反应，如二氯甲烷可发生氯甲基化反应。二硫化碳、氯代烷、石油醚等溶剂对氯化铝或其配合物的溶解度很小，所以使用这些溶剂的 *C*-酰化反应基本上是非均相反应。

（5）其他影响因素 主要有温度、压力及加料次序等。酰化温度要求控制在一定范围内，温度过高，可能会使副反应增多，产品质量和产率下降；温度过低，则反应速率太慢，甚至不反应。反应通常在常压下进行，对于有氯化氢气体产生的反应，可使反应在微负压下进行，以便于引出氯化氢气体。

C-酰化的加料次序，通常是先将氯化铝溶解于一种较为稳定的液态反应物中，然后将溶有氯化铝的反应物逐渐加到另一反应物中，因为氯化铝的积累会导致剧烈反应，严重时会造成事故。

二、N-酰化反应

N-酰化反应是合成酰胺类化合物以及氨基保护的重要方法，被酰化物可以是脂肪胺或是芳香胺，酰化剂常为羧酸及其衍生物，当用于氨基保护时，要求酰化剂价廉而且易于水解除去。

1. 基本原理

N-酰化反应属于亲电取代反应。酰化剂的酰基碳原子上带有部分正电荷，它与氨基氮原子上未共用电子对相互作用，形成过渡态配合物，进而转化为酰胺，其反应历程为：

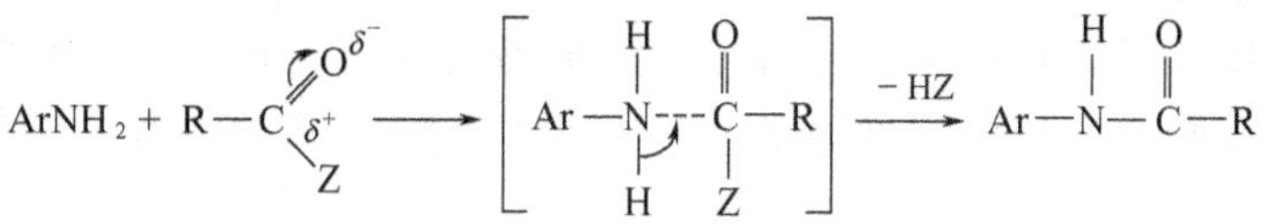

式中，Z 可以是 OH、OCOR、Cl 或 OC₂H₅ 等。

由于酰基是吸电子基，可使酰胺分子中氮原子的亲核性降低，不易再次酰化生成 N,N-二酰化物，因此，较易制得纯度高的酰胺。

氨基氮原子上的电子云密度越高，空间障碍越小，越容易酰化。伯胺比仲胺容易酰化；脂肪胺比芳香胺容易酰化；芳环上具有给电子基的芳胺，较易酰化，且给电子能力越强，酰化活性越高。

反应活性强的胺类，可用酰化能力较弱的酰化剂酰化；反之，则可采用酰化能力较强的酰化剂。

2. 不同酰化剂对反应的影响

N-酰化常用的酰化剂有羧酸、羧酸酐和酰氯等。不同的酰化剂，反应能力不同，通常情况下酰氯活性最强，但脂肪族酰氯较芳香族酰氯活泼，如乙酰氯活性较苯甲酰氯强。这是由于芳环上的共轭效应使羰基碳原子上的部分正电荷降低的缘故。脂肪族酰化剂的反应能力随着烷基碳链的增长而减弱。因此，在向氨基上引入低碳链的酰基时可采用羧酸或酸酐；而当引入长碳链的酰基时，就必须采用更加活泼的酰氯作酰化剂。

强酸形成的酯（如硫酸二甲酯）不能用作酰化剂，因为酸根的吸电子能力很强，会使酯分子中烷基的正电荷增大，因而常用作烃化剂。由弱酸形成的酯，可用作酰化剂，如乙酸乙酯。

（1）羧酸酰化剂　羧酸为弱酰化剂，用于碱性较强的胺或氨的 N-酰化反应，反应为可逆过程。

$$RCOOH + R'NH_2 \rightleftharpoons RCONHR' + H_2O$$

为使反应向正方向进行完全，除适当增加原料比外，常蒸除反应过程中的水，除去水的方法主要有三种。

① 恒沸蒸馏脱水法。在反应体系中加入恒沸脱水剂，运用恒沸蒸馏移除反应生成的水。常用的恒沸剂有甲苯、二甲苯等惰性溶剂。此法主要用于甲酸与芳胺的 N-酰化反应，如 N-甲酰苯胺、N-甲基-N-甲酰苯胺的生产。

② 化学脱水法。以五氧化二磷、三氯氧磷、三氯化磷等为化学脱水剂除水。

③ 高温脱水法。如果羧酸和胺类均为高沸点的难挥发物，可直接加热反应物料，蒸出水分。若胺类为挥发物，则可将胺通入熔融的羧酸中进行反应。也可以将羧酸和胺的蒸汽通过 280℃ 的硅胶或 200℃ 的 Al₂O₃，进行气-固相酰化。

为加快反应的进行，可加入少量强酸作催化剂。但酸可使氨基质子化，降低氨基的亲核能力，使用时需控制好反应介质的酸碱性。

（2）酸酐酰化剂　酸酐是较活泼的酰化剂，易与胺类化合物反应得酰胺。但由于可获得的酸酐主要是乙酸酐、邻苯二甲酸酐等，品种较少，从而造成了由酸酐反应制备酰胺的局限性。反应通式可表示为：

$$(RCO)_2O + R'NH_2 \longrightarrow RCONHR' + RCOOH$$

反应是不可逆的，由于过程中生成酸，起到一定的催化作用，可不另加催化剂。酸酐的反应活性比羧酸强，其用量不必过多，一般略高于理论量即可。酸酐法适用于较难酸化的胺类，如芳胺、仲胺等，特别是芳环上含有吸电子基的芳胺。例如，邻氨基苯甲酸的 N-酰化：

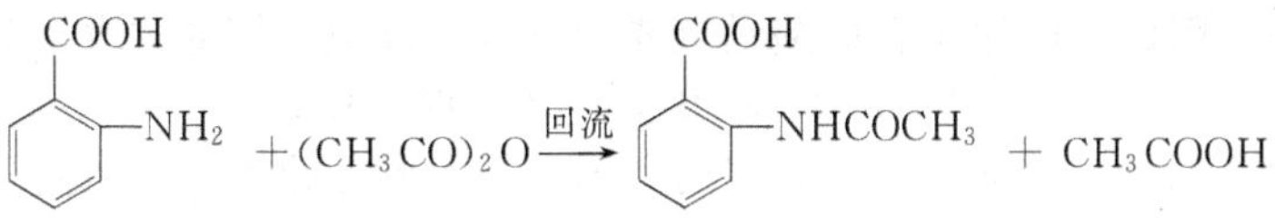

$$\text{(COOH)(NH}_2\text{)} + (CH_3CO)_2O \xrightarrow{\text{回流}} \text{(COOH)(NHCOCH}_3\text{)} + CH_3COOH$$

当被酰化的氨基空间位阻较大，或是芳环上带有较多吸电子基时，阻碍了酰化反应的进行，此时可加入少量的强酸作催化剂。

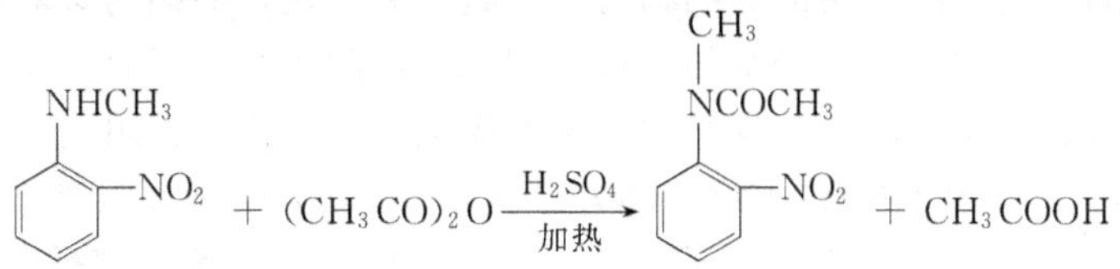

$$\text{(NHCH}_3\text{)(NO}_2\text{)} + (CH_3CO)_2O \xrightarrow[\text{加热}]{H_2SO_4} \text{(NCOCH}_3 \text{ with CH}_3\text{)(NO}_2\text{)} + CH_3COOH$$

酸酐 N-酰化溶剂，要根据被酰化物及酰化产物的熔点及水溶性而定。当被酰化物及酰化产物易溶于水时，可以水为溶剂；当被酰化物及酰化产物的熔点不太高时，则无需溶剂；当被酰化物及酰化产物的熔点较高而又不易溶于水时，则需要采用苯、甲苯、二甲苯或氯苯作溶剂。

环状酸酐酰化时，低温下常生成单酰化产物，高温加热则得双酰化亚胺。

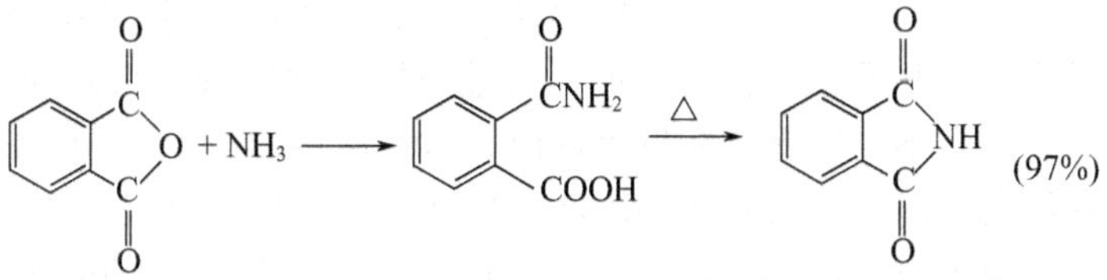

$$\text{(酸酐)} + NH_3 \longrightarrow \text{(CONH}_2\text{)(COOH)} \xrightarrow{\triangle} \text{(邻苯二甲酰亚胺)} \quad (97\%)$$

（3）酰氯酰化剂　酰氯属于强酰化剂，容易与脂肪胺或芳香胺发生 N-酰化，用酰氯对胺类进行酰化是合成酰胺最简便有效的方法，反应通式为：

$$RCOCl + R'NH_2 \longrightarrow RCONHR' + HCl$$

反应是不可逆的。反应过程中常伴有热量产生，有时甚为剧烈。因此，酰化反应多在室温下进行，有时要在 0℃ 或更低的温度下反应。

酰化过程中产生的氯化氢可与胺形成盐，从而降低了氨基的亲核性。因此，反应中常加入碱性物质作为缚酸剂，以中和反应生成的氯化氢。常用的缚酸剂有氢氧化钠、乙酸钠、碳酸钠、三乙胺和吡啶的水溶液等。例如，头孢噻吩钠原料药 7-（2-噻吩乙酰氨基）头孢菌素钠的合成：

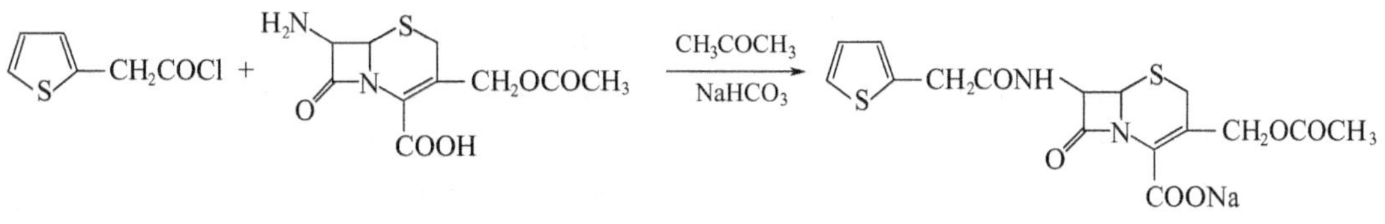

$$\text{(噻吩-CH}_2\text{COCl)} + \text{(7-ACA)} \xrightarrow[\text{NaHCO}_3]{CH_3COCH_3} \text{(头孢噻吩钠产物)}$$

酰化产物多为固态，用酰氯的 N-酰化须在溶剂中进行。常用的溶剂有水、氯仿、丙酮、四氯化碳、二氯乙烷、苯、甲苯、吡啶等，其中吡啶既可作溶剂又可作缚酸剂，而且还能与酰氯形成配合物，增强其酰化能力。

三、O-酰化反应

O-酰化反应是指醇或酚分子中的羟基氢原子被酰基取代生成酯的反应，即为酯化反应。根据酰化剂的不同可将酯化反应分为羧酸法、酸酐法、酰氯法及酯交换法等。

1. 羧酸法

羧酸法是羧酸在催化剂存在下和醇直接反应生成酯，也称直接酯化法。由于所用的原料酸和醇容易获得，因此，此法是合成酯最重要的方法。反应可用通式表示为：

$$RCOOH + R'OH \rightleftharpoons RCOOR' + H_2O$$

羧酸为弱酰化剂，反应活性低，且酯的水解也是由酸催化的，导致直接酯化反应是一可逆反应。反应中欲提高产物收率，在反应条件的确定时，需同时考虑反应速率及平衡移动两个方面。

（1）反应物的结构　醇和羧酸的结构对反应起主导作用，而结构又取决于电子效应和空间位阻两个方面。对于醇或酚，羟基的亲核性越强、位阻越小，越容易反应，其活性依次为伯醇＞仲醇＞叔醇。对于羧酸，其羰基碳原子的吸电子性越强、位阻越小，越容易反应，反应由易到难的顺序为：$HCOOH > CH_3COOH > RCH_2COOH > R_2CHCOOH > R_3CCOOH$。

（2）催化剂　反应常在酸的催化下进行，常用的酸性催化剂有硫酸、盐酸、磷酸磺酸，此外，还有锡盐、有机钛酸酯、硅胶等。工业上考虑到设备的腐蚀，一般可选用苯磺酸、对甲基苯磺酸等，近年来阳离子交换树脂、杂多酸等固体酸催化剂用于酯催化的报道也很多。

（3）原料比　据化学反应平衡移动原理，欲使平衡向有利于酯化反应的方向进行，可增加反应投料的物质的量之比。增加何种原料的用量，具体要视制取酯的条件而定，酯化反应常在过量的醇的情况下进行，如若醇为共沸生成剂，则与反应生成的水同时蒸出。

（4）带水剂　设法除去生成的水是平衡移动的有效方法，利用某些溶剂能与水形成具有较低共沸点的二元或三元共沸混合物的原理，通过蒸馏将水除去，加入的溶剂称为带水剂。带水剂应满足以下要求：不与原料及酯发生反应；与水的共沸点低于100℃；共沸物中含水量高；与水的溶解性弱，以便于共沸冷却后能较好地分为水层和有机层两相；溶剂尽可能安全环保。例如，盐酸普鲁卡因中间体对硝基苯甲酸二乙氨基乙酯的合成，以二甲苯为带水剂。

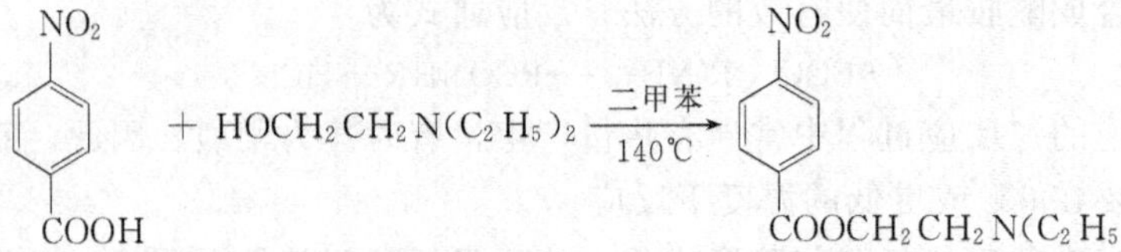

2. 酸酐法

酸酐为较强的酰化剂，适用于直接酯化法难以反应的酚羟基或空间位阻较大的羟基化合物，如叔醇、酚类、多元醇、糖类、纤维素及长碳链不饱和醇等进行酯化反应。其反应通式为：

$$(RCO)_2O + R'OH \longrightarrow RCOOR' + RCOOH$$

反应生成的羧酸不会使酯发生水解，所以这种酯化反应可以进行很完全。

常用的酸酐有乙酸酐、丙酸酐、顺丁烯二酸酐、邻苯二甲酸酐等。

反应通常在催化剂的存在下进行，催化剂有碱性催化剂和酸性催化剂两种，酸性催化剂的催化活性高于碱性催化剂。酸性催化剂主要有硫酸、氯化锌、高氯酸、对甲基苯磺酸等；碱性催化剂有叔胺、吡啶等。如维生素E醋酸酯的制备是在吡啶的催化作用下完成的。

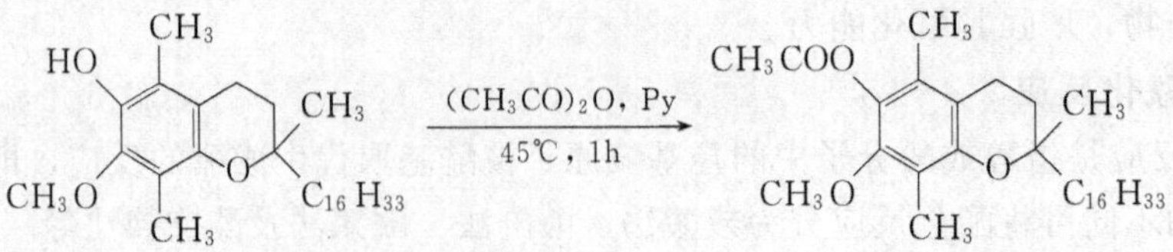

酸酐酰化能力强，会使部分反应较激烈，不易控制，常通过加入惰性溶剂使反应趋于平衡。常用的溶剂有苯、甲苯、硝基苯、石油醚等。

酸酐遇水会分解为羧酸而使酰化反应活性下降，且由于水的存在也会使酯水解，因此酸酐酯化法应严格控制反应体系中的水分。

3. 酰氯法

酰氯是活泼的酰化剂，与醇的酯化反应极易进行，可以用来制备某些用酸酐或羧酸难以制得的酯。对于一些空间阻碍较大的叔醇，选用酰氯也能较好地完成酯化反应。反应通式为：

$$RCOCl + R'OH \longrightarrow RCOOR' + HCl$$

酰氯法是一种应用较为广泛的酯类合成方法，特别是在实验室中合成酯类，不仅反应容易进行，而且酯化产物的分离提纯也大为简化。

反应中有氯化氢放出，体系中对氯化氢较敏感的醇类，如叔醇的羟基等会被氯原子取代，所以反应中常加入碱性试剂中和酯化反应中生成的氯化氢。为了防止酰氯的分解，一般都采用分批加碱以及低温反应的方法。

脂肪酰氯的活性通常比芳香酰氯的活性高，其中乙酰氯最为活泼，但随着烃基碳原子数的增多，脂肪酰氯的活性有所下降。如果在芳香酰氯的间位或对位有吸电子基，则反应活性增强；反之如果有给电子基，则反应活性下降。

对于一些较易进行反应的醇类，用酰氯酯化反应可在酸性条件下进行。但对于某些难于酯化的醇类，需要用无水氯化铝或溴化铝等催化剂，才能顺利进行酯化反应。

由于脂肪酰氯的活性强，且对水敏感，容易发生水解副反应，因此酯化反应中如需溶剂，则应选择非水溶剂。而芳香酰氯的活性较弱，对水不敏感，酯化反应可以在碱的水溶液中进行。例如，消炎镇痛药 2-乙酰氧基苯甲酸-4-乙酰氨基苯酯的制备：

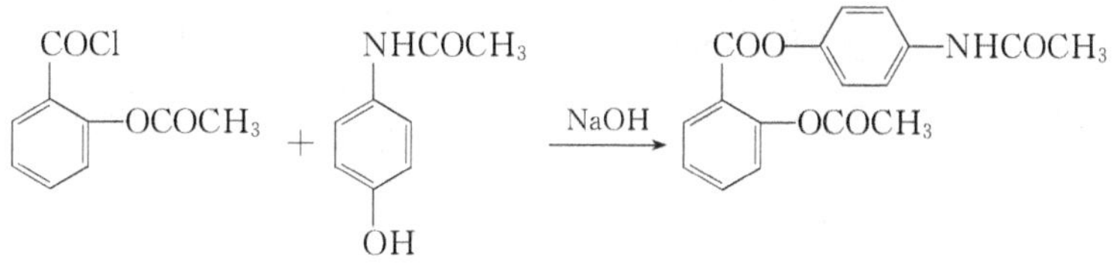

4. 酯交换法

酯与醇、酸或另一分子其他酯发生反应时，生成新的酯的反应，称为酯交换反应。酯交换法有三种类型，分别为酯醇交换、酸醇交换和酯酯交换，均为可逆反应。

（1）酯醇交换 也称为醇解法。反应通式为：

$$RCOOR' + R''OH \rightleftharpoons RCOOR'' + R'OH$$

酯醇交换即酯在溶剂醇作用下的醇解。一般是酯分子中的伯醇基由另一高沸点的伯醇基所替代，甚至可以由仲醇基替代。其中，伯醇最易反应，仲醇次之。由于醇解反应的可逆性，为使反应进行得完全，一般采用过量醇，或将反应生成的低沸点的醇或酯连续蒸出。

酯的醇解反应可用酸（硫酸、干燥氯化氢或对甲基苯磺酸）或碱（通常是醇钠）催化。催化剂的选择主要取决于醇的性质，如醇分子中有碱性基团，则可选用醇钠作为催化剂。

酯的醇解反应只要有微量酸或碱就能进行，因此要特别注意，由其他醇生成的酯类产品切不宜在乙醇中进行重结晶，或者用乙醇作溶剂进行其他的加氢反应等，因为加氢时常用的雷尼镍催化剂往往含有微量的碱。同样原因，由其他酸生成的酯，也不宜在乙酸中进行重结晶或其他反应。

（2）酸醇交换 也称酸解法。是通过酯与羧酸的交换反应合成另一种酯，虽然其应用不如醇解普遍，但这种方法特别适用于合成二元酸单酯及羧酸乙烯酯等。反应式为：

$$RCOOR' + R''COOH \rightleftharpoons R''COOR' + RCOOH$$

酸解反应与其他可逆的酯化反应相似，为了获得较高的转化率，必须使一种原料超过理论量，或者使反应生成物不断地分离出来。各种有机羧酸的反应活性相差并不太悬殊，只是带支链的羧酸、某些芳香族羧酸以及空间阻碍较大的羧酸（如在邻位有取代基的苯甲酸衍生物），其反应活性才比一般的羧酸为弱。

（3）酯酯交换　是在两种不同酯间发生的互换反应，可生成另外两种新的酯。当有些酯类不能采用直接酯化方法或其他酰化方法来制备时，可以考虑通过酯的互换方法来合成，其反应通式为：

$$RCOOR' + R''COOR''' \Longrightarrow RCOOR''' + R''COOR'$$

为了能顺利完成酯酯交换反应，其先决条件是在反应生成的酯中至少有一种酯的沸点要比另一种酯的沸点低得多，以便于用蒸馏的方法分离出沸点较低的醇。

第四节　缩　合　反　应

凡两个或多个有机化合物分子通过反应释出小分子（如水、醇、卤化氢、氨等）而形成一个新的较大分子的过程，或同一个分子发生分子内反应形成新分子的过程，都可称为缩合反应。通过缩合反应形成的新的化学键包括碳-碳键和碳-杂键。缩合反应在药物合成中最重要的作用是增长碳链，构建分子骨架，提供多种将简单有机物合成复杂有机物的方法。缩合反应的分类方法繁多，本章根据参与缩合反应的反应物种类的不同，分为醛酮与活泼亚甲基化合物的缩合、醛醇缩合、酮酮缩合、醛酮间的缩合以及羧酸及其衍生物的缩合。

一、活泼亚甲基化合物的缩合反应

活泼亚甲基化合物在弱碱性催化剂的催化下，与醛或酮缩合，最后形成 α, β-不饱和羰基化合物的反应，称为 Knoevenagel-Doebner 反应。该反应是一类典型的缩合反应，其通式为：

$$\underset{Y}{\overset{X}{CH_2}} + O=\underset{R''}{\overset{R'}{C}} \xrightarrow{\text{催化剂}} \underset{Y}{\overset{X}{C}}=\underset{R''}{\overset{R'}{C}}$$

Knoevenagel-Doebner 反应在药物合成中有着广泛的应用，如抗癫痫药扑米酮的中间体亚苄基丙二酸二乙酯的合成：

$$\text{PhCHO} + CH_2(COOC_2H_5)_2 \xrightarrow{\text{哌啶}} \text{PhCH}=C(COOC_2H_5)_2 + 2H_2O$$

1. 基本原理

Knoevenagel-Doebner 反应中，活泼亚甲基化合物在碱性条件下形成碳负离子，作为亲核试剂进攻醛酮的羰基，通过加成、脱水形成 α, β-不饱和化合物。以丙二酸二乙酯为例，其反应过程为：

$$CH_2(COOC_2H_5)_2 + B^- \underset{-HB}{\overset{HB}{\rightleftharpoons}} {}^-CH(COOC_2H_5)_2 \xrightarrow{RCH=O} R\overset{O^-}{\underset{}{CH}}CH(COOC_2H_5)_2 \underset{-B^-}{\overset{HB}{\rightleftharpoons}}$$

$$R\overset{OH}{\underset{}{CH}}CH(COOC_2H_5)_2 \underset{-HB}{\overset{B^-}{\rightleftharpoons}} R\overset{OH}{\underset{}{CH}}\overset{}{C}(COOC_2H_5)_2 \longrightarrow RCH=C(COOC_2H_5)_2 + OH^-$$

2. 影响因素

（1）亚甲基化合物的结构　活泼亚甲基化合物中所含吸电子基团的吸电子能力越强，反应活性越高。

（2）羰基组分的结构　芳醛和脂肪醛均可与亚甲基化合物反应，但芳醛的反应收率相对高些。位阻小的酮（如丙酮、甲乙酮、脂环酮等）与活性较高的活泼亚甲基化合物［如丙二腈、氰乙酸（酯）、脂肪硝基化合物等］也可顺利进行缩合，收率也较高，但与低活性亚甲基化合物反应收率不高。

（3）催化剂　反应常用的催化剂一般为弱碱，如氨、伯胺、仲胺及其羧酸盐（如醋酸铵）或吡啶、哌啶等有机碱。这些催化剂只能活化高活性的亚甲基化合物，对于低活性亚甲基化合物则不起催化作用，因此使用此类催化剂可避免羟醛缩合的副反应。对活性较大的反应物也可不用催化剂。

（4）溶剂　反应通常在回流的苯及甲苯溶液中进行，以便随时不断地除去反应过程中生成的水，同时又可防止含活泼亚甲基的酯类化合物水解。如抗癫痫药乙琥胺的中间体的合成为：

$$\underset{Me}{\overset{Et}{>}}C=O \; + \; H_2C\underset{COOC_2H_5}{\overset{CN}{<}} \quad \xrightarrow[\text{苯}]{NH_4Ac, \; HAc} \quad \underset{Me}{\overset{Et}{>}}C=C\underset{COOC_2H_5}{\overset{CN}{<}} \qquad (81\% \sim 87\%)$$

Knoevenagel-Doebner 反应主要用于制备 α,β-不饱和酸及其衍生物、α,β-不饱和腈和硝基化合物等，其构型一般为 E-型。

二、醛醇缩合反应

在药物合成中，为避免醛（酮）基被氧化或碱性条件下发生其他化学反应，通常可利用醛（酮）在酸性条件下与醇反应生成相对惰性的醚类化合物缩醛（酮）来保护醛（酮）基。

醛或酮在酸性催化剂存在下，能与一分子醇发生加成，生成半缩醛（酮）。半缩醛（酮）很不稳定，一般很难分离出来，它可与另一分子醇继续缩合，脱水形成缩醛或酮。环状缩酮（醛）在酸催化下水解，可生成酮（醛）和二醇。因此，在合成中环状缩酮（醛）被用来作羰基的保护基团。如醛在干燥氯化氢气体的存在下与醇发生加成反应为：

$$RCHO + HOR' \xrightarrow{\text{干 HCl}} \underset{\text{（干缩醇）}}{R\overset{OH}{\underset{}{C}}HOR'} \; \underset{HOR'}{\overset{\text{干 HCl}}{\rightleftharpoons}} \; \underset{\text{（缩醇）}}{R\overset{OR'}{\underset{}{C}}HOR'} + H_2O$$

$$\underset{RCR}{\overset{O}{\|}} + \underset{HOCH_2}{\overset{HOCH_2}{}} \xrightarrow{\text{干 HCl}} \underset{R}{\overset{R}{>}}C\underset{OCH_2}{\overset{OCH_2}{<}}$$

缩醛可视为同碳二元醇的双醚，化学性质与醚相似，对碱和氧化剂、还原剂都相当稳定，但在稀酸溶液和较高温度下可水解为原来的醛（酮）和醇。例如：

$$\underset{R'}{\overset{R}{>}}C\underset{OCH_2}{\overset{OCH_2}{<}} \xrightarrow[H^+]{H_2O} \underset{RCR}{\overset{O}{\|}} + \underset{HOCH_2}{\overset{HOCH_2}{}}$$

因为醛基比较活泼，在合成中常利用缩醛的生成和水解来保护醛基。

需要注意的是，由于缩醛遇水的分解，所以形成缩醛的反应必须使用干燥氯化氢气体或其他无水强酸作催化剂，且反应中必须及时除去生成的水，使平衡向生成缩醛的方向移动。如苹果酯的合成：

$$CH_3COCH_2COOC_2H_5 + \underset{CH_2-OH}{\overset{CH_2-OH}{|}} \xrightarrow[\text{苯}]{\text{柠檬酸}} \quad \text{（环状缩酮结构）} \; OC_2H_5 + H_2O$$

三、醛酮间的缩合反应

醛或酮在一定条件下可发生缩合反应，根据缩合分子的异同，可分为自身缩合和交叉缩合。

1. 自身缩合

（1）含 α-H 的醛（酮）自身缩合　含 α-H 的醛（酮）在一定条件下反应生成 β-羟基醛（酮），或进一步脱水形成 α,β-不饱和醛（酮）的反应称为羟醛缩合反应（Aldol 反应）。反应通式为：

$$2RCH_2\overset{O}{\overset{\|}{C}}R' \xrightarrow{\text{HA 或 } B^-} RCH_2\overset{OH}{\overset{|}{\underset{R'}{C}}}\overset{H}{\overset{|}{\underset{R'}{C}}}\overset{H}{\overset{|}{C}}\overset{O}{\overset{\|}{C}}R' \xrightarrow{-H_2O} RCH_2\overset{}{C}=\overset{}{\underset{R}{C}}\overset{O}{\overset{\|}{C}}R'$$

R' ＝ H 或烷基，HA 为酸性催化剂，B^- 为碱性催化剂

反应中，既可用酸性催化剂，也可用碱性催化剂。碱性催化剂可以是弱碱（Na_3PO_4、NaAc、Na_2CO_3、K_2CO_3、$NaHCO_3$ 等）、强碱 [NaOH、KOH、EtONa、$Al(t\text{-}BuO)_3$、NaH、NaH_2 等]。NaH、NaH_2 等强碱一般用于活性差、位阻大的反应物之间的缩合，如酮酮缩合，并在非质子溶剂中进行。碱的用量和浓度将影响产物的收率和质量。浓度小，速率慢，但浓度大也可能使副反应增多。酸性催化剂主要有 HCl、H_2SO_4、阳离子交换树脂、BF_3 等 Lewis 酸，应用不如碱性催化剂广泛。

除催化剂之外，反应物结构对反应的影响也较大。含一个 α-H 的醛自身缩合，只可能得到 β-羟基醛；而含多个 α-H 的醛自身缩合时，根据反应条件的差异生成不同产物。若在较低温度或碱催化下，生成 β-羟基醛，若在较高温度或酸催化下，生成 α,β-不饱和醛。

$$2CH_3CH_2CH_2CHO \begin{cases} \xrightarrow{\text{NaOH, }25℃} CH_3CH_2CH_2\overset{OH}{\overset{|}{C}}H\overset{C_2H_5}{\overset{|}{C}}HCHO \quad (75\%) \\ \xrightarrow[\text{或 } H_2SO_4]{\text{NaOH, }80℃} \begin{smallmatrix} CH_3CH_2CH_2 & & C_2H_5 \\ & C=C & \\ H & & CHO \end{smallmatrix} \quad (65\%\sim85\%) \end{cases}$$

如胃刺激药保泰松的中间体的合成：

$$CH_3COCH_3 \xrightarrow[\text{干 HCl}]{AlCl_3} (CH_3)_2C=CHCOCH_3 + (CH_3)_2C=CHCOCH=C(CH_3)_2$$

位阻较大的含 α-H 的脂肪酮反应活性较低，自身缩合反应比醛困难，需采用醇钠、叔丁基醇铝等碱性较强的催化剂，在不对称酮自身缩合反应中，通常是取代基较少的 α-碳进攻羰基。如 2,5,6-三甲基-4-庚烯-3-酮的合成：

$$2(CH_3)_2CHCOCH_3 \xrightarrow[70\%]{Al(t\text{-}BuO)_3} (CH_3)_2CHC\overset{OH}{\overset{|}{\underset{CH_3}{C}}}CH_2\overset{O}{\overset{\|}{C}}CH(CH_3)_2 \xrightarrow{\triangle} (CH_3)_2CHC=CH\overset{O}{\overset{\|}{C}}CH(CH_3)_2$$

（2）不含 α-H 的醛自身缩合　不含 α-H 的芳香醛，在一定条件下也可发生自身缩合反应。例如，苯甲醛在 NaCN、KCN 的催化下，加热发生双分子缩合生成 α-羟基酮：

$$2\underset{}{\bigcirc\!\!-CHO} \xrightarrow[pH7\sim8, \triangle]{\text{NaCN, EtOH, }H_2O} \bigcirc\!\!-\overset{O}{\overset{\|}{C}}-\overset{OH}{\overset{|}{C}}H-\bigcirc$$

该反应称为安息香缩合，产物安息香是抗癫痫药苯妥因的中间体。

2. 交叉缩合

（1）含 α-H 的醛（酮）交叉缩合　含 α-H 的不同醛（酮）若活性相近，则交叉缩合产物为混合物，不易分离提纯，在合成中意义不大。若活性差异大，控制反应条件可得到某一主产物。

含 α-H 的醛与含有 α-H 的酮，在碱性条件下缩合时，为抑制活性较高的醛的自身缩合，往往将醛缓慢滴入含催化剂的酮中，生成 β-羟基酮，再脱水发生消除反应生成 α,β-不饱和酮。例如，解痉药新握克丁中间体的合成：

$$(CH_3)_2CHCH_2CHO + CH_3COCH_3 \xrightarrow{NaOH} (CH_3)_2CHCH_2\overset{\overset{OH}{|}}{CH}\!-\!\overset{\overset{H}{|}}{CH}COCH_3 \xrightarrow{30℃}$$

$$(CH_3)_2CHCH_2CH\!=\!CHCOCH_3$$

对于不对称的甲基酮，与醛反应时常得到双键上取代基较多的 α,β-不饱和酮。例如：

$$CH_3CH_2CHO + CH_3CH_2COCH_3 \xrightarrow[\text{或 } OH^-]{H^+} CH_3CH_2CH\!=\!\overset{\overset{CH_3}{|}}{C}COCH_3 + H_2O$$

（2）甲醛、芳醛与含 α-H 的醛（酮）交叉缩合　甲醛在碱催化下，与含 α-H 的醛（酮）反应，在 α-碳原子上引入羟甲基（—CH₂OH），该反应称为 Tollens 缩合反应。常使用的碱性催化剂有 NaOH、Ca(OH)₂、K₂CO₃、NaHCO₃、叔胺等。如抗生素氯霉素的中间体合成：

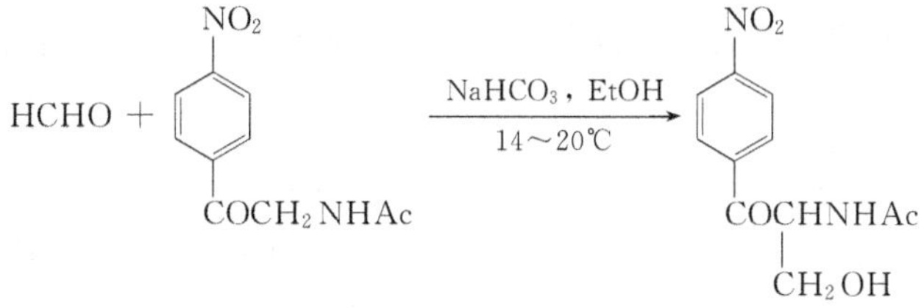

Tollens 缩合反应形成的 β-羟基醛（酮）可进一步脱水形成 α,β-不饱和醛（酮）。如利尿酸原料药的合成：

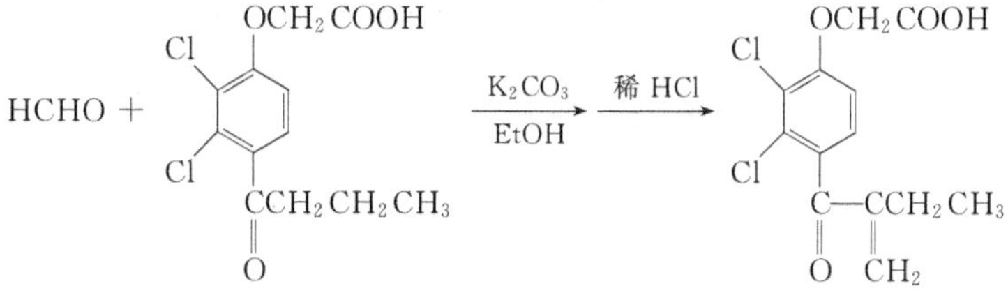

在浓碱中，甲醛的 Cannizzaro 歧化反应与 Tollens 缩合反应同时发生，可制备多羟基化合物。如血管扩张药四硝酸戊四醇酯的中间体季戊四醇的合成：

$$HCHO(过量)+CH_3CHO \xrightarrow{Ca(OH)_2} (HOCH_2)_3CCHO \xrightarrow{HCHO} (HOCH_2)_4C$$

芳醛在碱催化下与含 α-H 的醛（酮）进行羟醛缩合，脱水后生成 α,β-不饱和醛（酮）的反应称为 Claisen-Schmidt 缩合反应。例如，抗消炎药类化合物 2-取代亚甲基-5-取代芳胺甲基环戊酮的中间体 2-苯亚甲基环戊酮的合成：

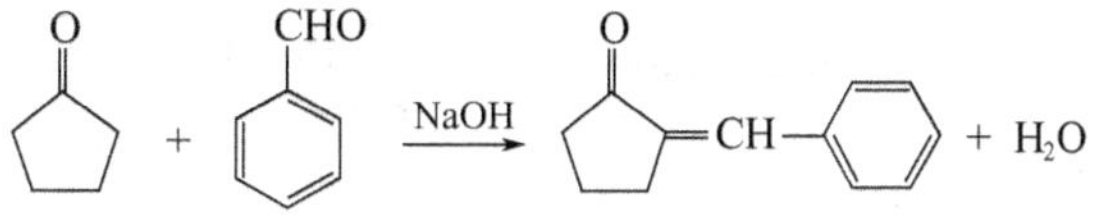

杂环芳香醛（酮）也可发生此类反应。例如，抗血吸虫药呋喃丙胺中间体的合成：

$$\text{（呋喃）-CHO} + \text{CH}_3\text{CHO} \xrightarrow[0\sim6℃]{\text{NaOH}} \text{（呋喃）-CH=CHCHO}$$

四、羧酸及其衍生物的缩合

发生缩合反应的羧酸衍生物通常有酯、酸酐、卤代酸酯等。

1. Claisen 酯缩合反应

在碱性催化剂条件下酯与含有活泼甲基、亚甲基的化合物进行脱醇生成 β-羰基化合物的反应称为 Claisen 酯缩合反应。含有活泼甲基、亚甲基的化合物可以是酯、酮、腈等。其中酯-酯缩合的应用较广泛，酯-酯缩合又可以分为同酯缩合、异酯缩合和二元羧酸酯分子内缩合三类。

（1）**同酯缩合** 是具有 α-H 的相同酯分子间的自身缩合。酯分子中 α-H 的酸性比醛酮弱，羰基正电性也比醛酮小，酯在碱性的水溶液中易发生水解，一般不发生羟醛缩合反应。为促进反应的顺利进行，酯缩合以强碱（如氨基钠、氢化钠、三苯甲基钠等）作催化剂，反应在无水条件下进行，通常使用非质子溶剂，例如，乙醚、THF、DMF、苯及其同系物。例如，2,4-二甲基-2-乙基-3-酮酸乙酯的合成：

$$2\text{CH}_3\text{CH}_2\underset{\overset{|}{\text{CH}_3}}{\text{CH}}\text{COOEt} \xrightarrow{\text{Ph}_3\text{CNa}} \text{CH}_3\text{CH}_2\underset{\overset{|}{\text{CH}_3}}{\text{CH}}\text{CO}\underset{\overset{|}{\text{C}_2\text{H}_5}}{\overset{\overset{\text{CH}_3}{|}}{\text{C}}}\text{COOEt}$$

（2）**异酯缩合** 一种含 α-H 的酯与另一种不含 α-H 的酯在碱催化下缩合，生成 β-酮酸酯。这类反应在异酯缩合中收率高，应用较多。不含 α-H 活泼的酯有甲酸甲酯、甲酸乙酯、草酸二甲酯、碳酸二乙酯、芳香羧酸酯等。例如，白血病治疗药利血生的中间体 α-甲酰基苯乙酸乙酯的合成：

$$\text{C}_6\text{H}_5\text{CH}_2\text{COOC}_2\text{H}_5 + \text{HCOOC}_2\text{H}_5 \xrightarrow{\text{C}_2\text{H}_5\text{ONa}} \text{C}_6\text{H}_5\underset{\text{CCOOC}_2\text{H}_5}{\overset{\text{CHONa}}{\|}} \xrightarrow{\text{HCl}} \text{C}_6\text{H}_5\underset{\text{CHCOOC}_2\text{H}_5}{\overset{\text{CHO}}{|}}$$

再如催眠镇静药苯巴比妥的中间体苯基丙二酸二乙酯的合成：

$$\text{C}_6\text{H}_5\text{CH}_2\text{COOC}_2\text{H}_5 + \underset{\underset{\text{碳酸二乙酯}}{\text{O=C}}}{\overset{\text{OC}_2\text{H}_5}{|}}\text{OC}_2\text{H}_5 \xrightarrow[\text{H}_3\text{O}^+]{\text{NaNH}_2} \text{C}_6\text{H}_5\text{CH(COOC}_2\text{H}_5)_2 + \text{C}_2\text{H}_5\text{OH}$$

碳酸酯的活性较差，一般需过量使用，且在反应中不断蒸出生成的乙醇，促进平衡右移，提高产率。

（3）**分子内酯缩合** 当同一分子中含有两个酯基时，在碱催化下可进行分子内酯缩合，环化生成 β-酮酸酯类物质，该反应称为 Dieckman 反应。反应通式为：

$$\underset{\text{CH}_2\text{COOR}}{\overset{\text{(CH}_2)_n\overset{\overset{\text{O}}{\|}}{\text{C}}\text{OR}}{|}} \xrightarrow{\text{碱}} \text{(CH}_2)_n\underset{\underset{\overset{|}{\text{H}}}{\text{C}-\text{COOR}}}{\overset{\text{C=O}}{|}}$$

$$n=3\sim5$$

Dieckman 反应主要用于制备五元、六元或七元 β-酮酸酯，β-酮酸酯再经水解和加热脱羧反应，生成五元、六元或七元环酮。例如，麻醉性镇痛药芬太尼的中间体合成：

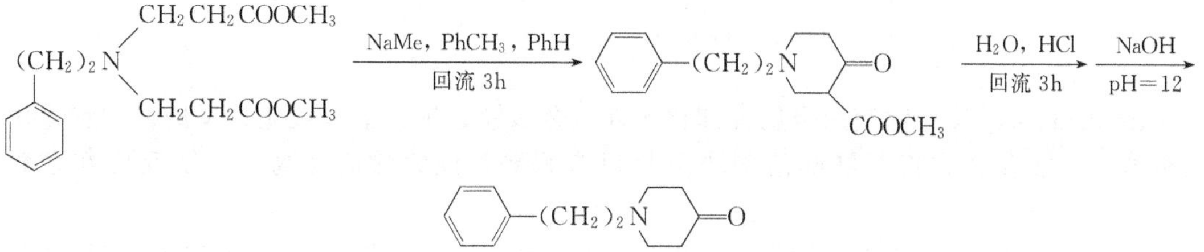

2. Darzens 缩合反应

醛或酮与 α-卤代酸酯在强碱性催化剂作用下缩合，生成 α,β-环氧酸酯（缩水甘油酸酯）的反应称为 Darzens 缩合反应。

Darzens 缩合反应中常用的 α-卤代酸酯是氯代酸酯。反应中的醛或酮可以是脂肪醛、芳香醛、脂肪酮、酯环酮、α,β-不饱和酮等，其中脂肪醛收率较低。

Darzens 缩合反应常用的催化剂有醇钠、氨基钠、叔丁醇钾等。其中，叔丁醇钾的催化效果最好。如消炎药布洛芬的中间体 α-甲基-异丁基苯乙醛的合成：

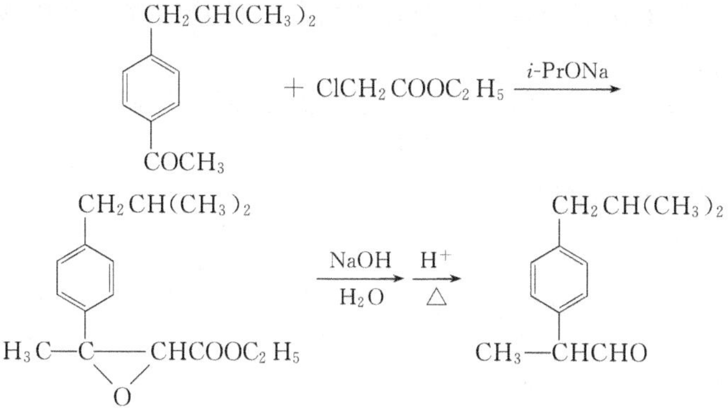

由于 α-卤代酸酯和催化剂均易发生水解，Darzens 反应需在无水条件下进行。

3. Reformatsky 缩合反应

醛或酮和 α-卤代酸酯在金属锌催化下，于惰性溶剂中缩合，得 β-羟基酸酯或脱水得 α,β-不饱和酸酯的反应，称为 Reformatsky 缩合反应。

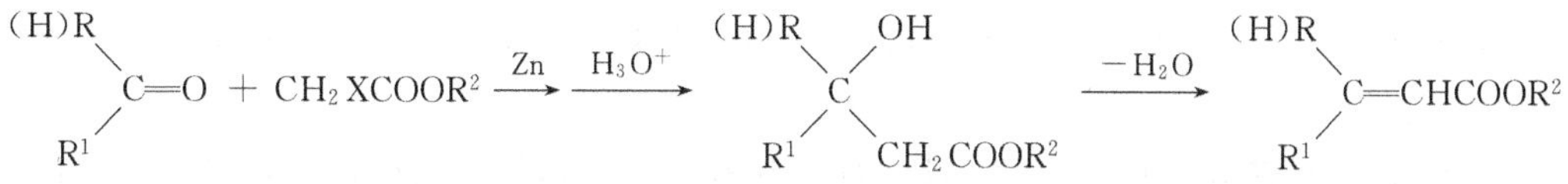

利用该反应可以制备比原来的醛酮增加两个碳原子的 β-羟基酸酯或 α,β-不饱和酸酯。几乎所有醛、酮都可反应，醛的活性比酮大，脂肪醛易发生自身缩合副反应。

α-卤代酸酯的活性顺序为：$ICH_2COOR > BrCH_2COOR > ClCH_2COOR$。

碘代酸酯虽然活性高，但稳定性差；氯代酸酯活性低，反应速率慢，常用的 α-卤代酸酯是溴代酸酯。例如，肉桂酸等中间体 3-苯基-3-羟基丙酸乙酯的合成：

$$\underset{\text{（苯甲醛）}}{\text{C}_6\text{H}_5\text{CHO}} + \text{BrCH}_2\text{COOC}_2\text{H}_5 \xrightarrow{\ \text{Zn}\ } \xrightarrow{\ \text{H}_3\text{O}^+\ } \text{C}_6\text{H}_5\overset{\overset{\displaystyle\text{OH}}{|}}{\text{CH}}\text{CH}_2\text{COOC}_2\text{H}_5$$

Reformatsky 反应除使用金属锌催化剂外，金属镁、锂、铝也催化该反应。锌粉可用金属钾与无水氯化锌在四氢呋喃溶剂中直接反应得到，该锌粉活性高，可使反应在室温下进行。

Reformatsky 反应需无水操作。常用溶剂为乙醚、苯、二甲苯、四氢呋喃、二甲氧基甲（乙）烷、二甲基亚砜等。

4. Perkin 缩合反应

芳香醛与脂肪酸酐在碱性催化剂作用下缩合，生成 β-芳丙烯酸类化合物的反应称为 Perkin 缩合反应。

$$\text{ArCHO} + (\text{RCH}_2\text{CO})_2\text{O} \xrightarrow{\ \text{RCH}_2\text{COOK}\ } \text{ArCH}=\text{CRCOOH} + \text{RCH}_2\text{COOH}$$

Perkin 缩合反应除适用于芳香醛外，无 α-H 的脂肪醛也可发生此类反应。芳醛上连有吸电子基，活性增大，反应易进行；反之，反应进行困难。

酸酐一般使用含两个或三个 α-H 的低级单酸酐。若需高级酸酐时，可将相应的羧酸盐和乙酸酐反应生成混酐后，再进行 Perkin 反应。

Perkin 缩合反应的催化剂通常使用与羧酸酐相应的羧酸钾盐或羧酸钠盐，除此之外，叔胺也可催化本反应。

酸酐的 α-H 活性较醛酮差，Prekin 反应通常需在高温下进行，但温度太高，易发生脱羧和消除反应，故温度控制在 140~200℃ 为宜。

如胆囊造影剂碘番酸中间体的合成：

$$\underset{\text{CHO}}{\overset{\text{NO}_2}{\underset{}{\bigcirc}}} + (\text{CH}_3\text{CH}_2\text{CH}_2\text{CO})_2\text{O} \xrightarrow[140℃]{\text{CH}_3\text{CH}_2\text{CH}_2\text{COONa}} \xrightarrow{\text{H}_3\text{O}^+} \underset{\text{CH}=\text{CCOOH}}{\overset{\text{NO}_2}{\bigcirc}}\ \underset{\text{C}_2\text{H}_5}{}$$

反应需在无水条件下进行。

第五节　磺化反应

向有机分子中引入磺酸基（—SO$_3$H）或磺酰氯基（—SO$_2$Cl）的反应过程，称为磺化反应。

药物中引入磺酸基，可增加水溶性，提高药效。在药物的合成过程中，可利用磺化反应的可逆性进行阻塞占位，再引入其他基团，然后通过水解去除磺酸基，得到预期的合成产物。或可利用磺化反应进行异构体的分离。

被磺化的有机物主要有芳香烃和脂肪烃。饱和脂肪烃的化学性质比较稳定，直接磺化比较困难，且磺酸类化合物在药物合成中的应用以芳香族磺酸化合物为主，本节将重点讨论芳香烃的磺化。

一、磺化剂

常见的磺化剂主要有硫酸、发烟硫酸、三氧化硫和氯磺酸。

1. 硫酸

硫酸主要有两种规格，浓度分别为 $92\%\sim93\%$（俗称绿矾油）和 $98\%\sim100\%$。后者可视为三氧化硫与水以物质的量之比为 $1:1$ 形成的配合物，是工业上常用的磺化剂。

$$\bigcirc + H_2SO_4 \rightleftharpoons \bigcirc^{SO_3H} + H_2O$$

硫酸作为磺化试剂，反应机理为：

$$2H_2SO_4 \rightleftharpoons HSO_4^- + H_3SO_4^+$$

$$H_3SO_4^+ \rightleftharpoons H_2O + SO_2OH^+$$

磺酸基正离子

硫酸电离得到的磺酸基正离子作为亲电试剂进攻苯环，先形成中间体碳正离子（σ-配合物），再在 HSO_4^- 作用下形成苯磺酸。

$$\bigcirc + SO_2OH^+ \overset{慢}{\rightleftharpoons} \bigcirc^{H\ SO_3H}_{+} \underset{快}{\overset{HSO_4^-}{\rightleftharpoons}} \bigcirc^{SO_3H} \quad | \ H_2SO_4$$

以硫酸为磺化剂的反应中，硫酸浓度随着水的生成而不断下降，活性也不断降低，为促使反应顺利进行，通常加入过量的硫酸，造成大量的废酸给后处理带来不利。

2. 发烟硫酸

发烟硫酸是过量的三氧化硫溶于硫酸的产物，可视为三氧化硫的硫酸溶液，表示为 $H_2SO_4 \cdot xSO_3$。通常以游离 SO_3 的含量标明不同浓度的发烟硫酸，发烟硫酸主要有两种规格，即游离 SO_3 含量分别为 $20\%\sim25\%$ 和 $60\%\sim65\%$。发烟硫酸作磺化剂，磺化效率比硫酸高，但是同样废酸处理困难，且易发生多元磺化等副反应。

3. 三氧化硫

三氧化硫又称为硫酸酐，性质十分活泼，是活性很强的磺化剂，理论量即可完成反应，且三氧化硫磺化后不生成水，"三废"少。但是 SO_3 具有强氧化性，反应强放热，所以使用时要注意控制温度或加入稀释剂，防止爆炸。

$$\bigcirc + SO_3 \longrightarrow \bigcirc^{SO_3H}$$

三氧化硫在室温下易聚合，一般要加入 0.1% 硼酐、二苯基砜或硫酸二甲酯作为稳定剂。

4. 氯磺酸

氯磺酸（$ClSO_3H$）是一种油状腐蚀性液体，在空气中发烟，可视为 $SO_3 \cdot HCl$ 的配合物，沸点是 $152℃$，达沸点即离解成 SO_3 和 HCl。氯磺酸的活性较高，磺化能力仅次于三氧化硫。

$$\bigcirc + ClSO_3H \longrightarrow \bigcirc^{SO_3H} + HCl$$

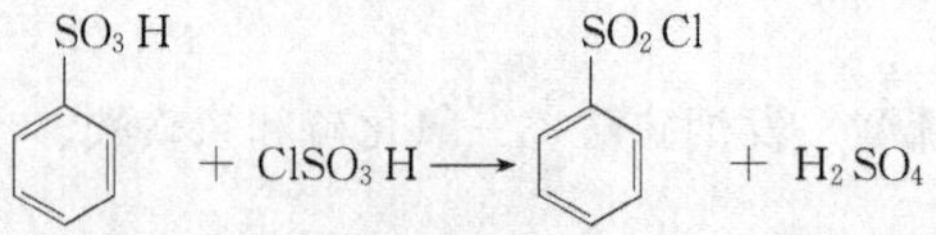

副产物氯化氢是气体，易分离，反应的转化率高。但氯化氢具有强腐蚀性，对设备的要求较高。

氯磺酸主要用于制取芳磺酰氯、醇的硫酸化以及 N-磺化反应。

二、影响磺化反应的因素

1. 反应物的结构

芳香烃作为被磺化物，其结构对磺化反应有直接的影响。磺化反应是亲电取代反应，芳环上有给电子基，即邻、对位定位基，环上电子云密度增大，有利于磺化反应的进行。相反，芳环上有吸电子基，即间位定位基，电子云密度降低，不利于磺化，往往需用强氧化剂或提高磺化温度。例如，抗癌化合物芳磺酰基氟尿嘧啶中间体对甲氧基苯磺酰氯的制备，由于反应物活性高，反应需在低温条件下进行。

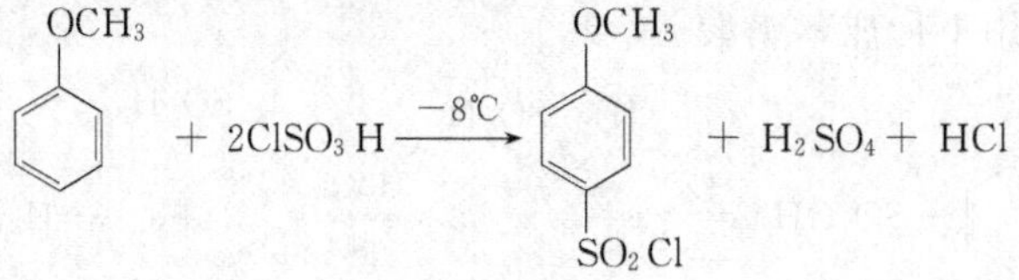

另外，磺酸基所占的空间体积较大，磺化具有明显的空间效应，特别是芳环上的已有取代基所占空间较大时，其空间效应更为显著。如抗菌药磺胺噻唑中间体对乙酰氨基苯磺酰氯的合成。

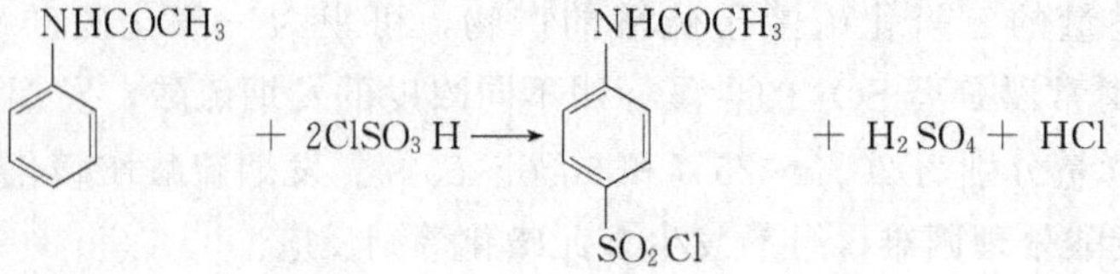

2. 磺化剂的浓度

当用硫酸作磺化剂时，芳环的磺化速率与硫酸中所含水分浓度密切相关。由于磺化反应每引入一个磺酸基就同时生成一分子水，所以随着反应的进行，硫酸的浓度降低，反应速率减缓。当硫酸的浓度降低到一定值时，反应停止，无论温度、催化剂如何，磺化反应均不再进行。但磺化剂用量过少，反应物黏稠，反应操作困难。因此，磺化剂的浓度和用量都需通过实验条件来决定。

3. 反应温度

磺化反应受温度的影响较大。温度低反应缓慢，反应时间长；高温反应加快，但副反应增多。另外，温度还会影响磺酸基进入芳环的位置。一般而言，对于较易磺化的过程，低温磺化是不可逆的，磺基主要进入电子云密度较高、活化能较低的位置。而高温磺化，磺酸基可以通过水解-再磺化或异构化而转移到空间障碍较小的或不易水解的位置。如苯酚的磺化：

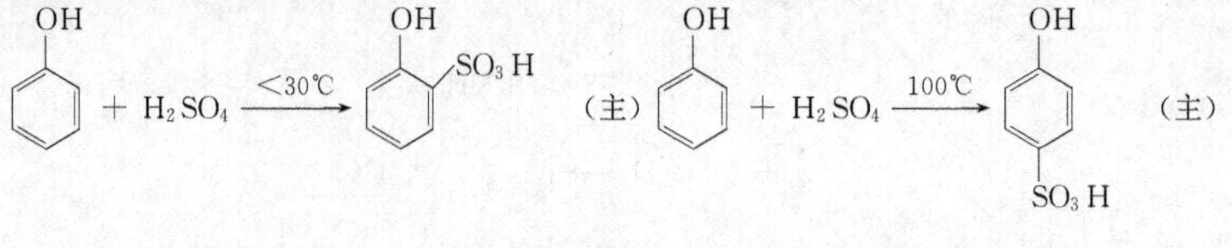

温度还会影响生成异构体的比例。甲苯的磺化在不同的温度下生成的邻、对位产物。

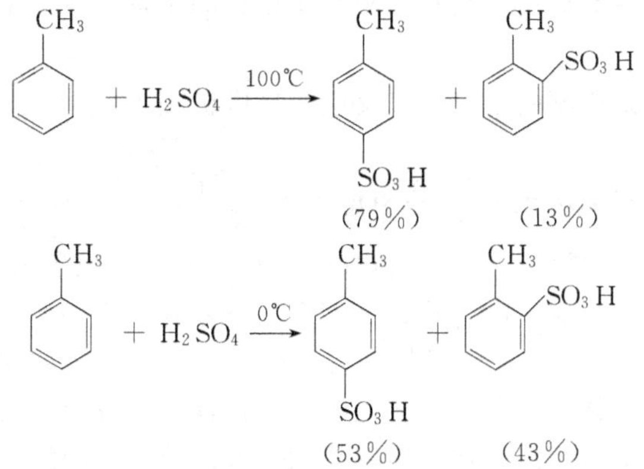

(79%)　　　　(13%)

(53%)　　　　(43%)

4. 催化剂

磺化过程中，添加少量催化剂，可影响某些磺化反应。

当使用发烟硫酸时，加入汞、氯化钯或氧化铊等物质，具有改变定位作用。例蒽醌的磺化，有汞盐存在主要生成 α-蒽醌磺酸，没有汞盐时主要生成 β-蒽醌磺酸。

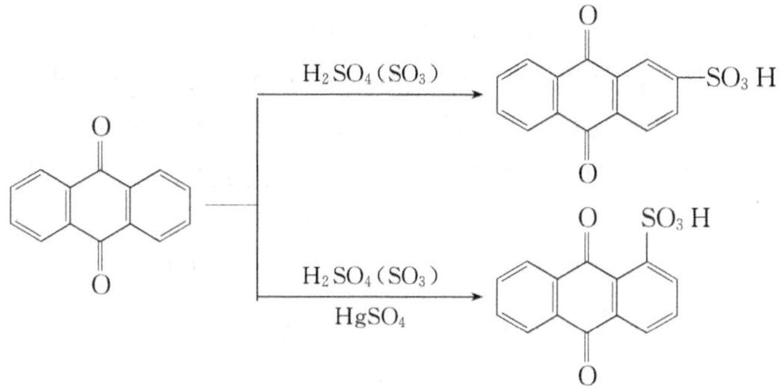

添加某些物质能抑制副反应的发生。例如，在磺化反应中，可加入硫酸钠来抑制砜的生成；在羟基蒽醌磺化时，加入硼酸可阻碍氧化副反应的发生。

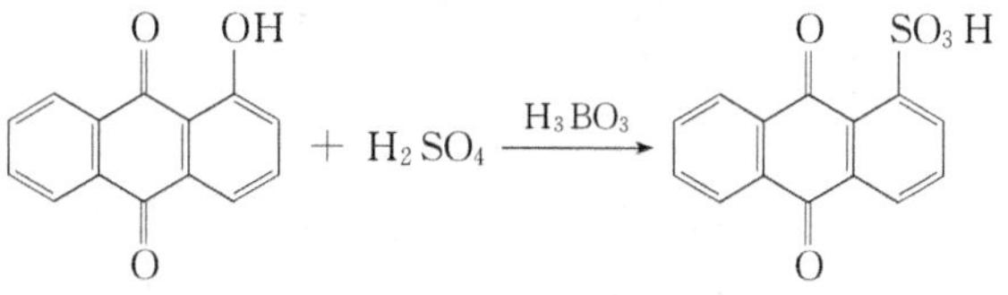

第六节 硝 化 反 应

向有机分子中引入硝基（—NO$_2$）的反应过程称为硝化反应。在原料药合成应用中，以芳香族硝基化合物为主。一些药物的芳环本身就有硝基，如抗高血压药物硝苯地平，血管扩张药硝酸甘油、硝酸异山梨酯等。硝基化合物还是常用的原料药中间体，例如，维生素 D$_2$ 的中间体 3,5-二硝基苯甲酸，消炎止痛药甲芬那酸的中间体 3-硝基邻二甲苯等。此外，还可通过将芳环上硝基还原成氨基、芳香胺经其他反应又可生成其他一系列化合物。

硝化反应的方法有直接硝化法和间接硝化法两种。直接硝化法是有机物分子中的氢原子直接被硝基取代的方法；间接硝化法是有机物分子中的原子或基团（如—Cl、—R、

—SO$_3$H、—OH、—COOH 等）被硝基取代的方法。两种方法中，前者主要适用于芳香族硝基化合物的合成，后者主要适用于脂肪族硝基化合物的制备。本节主要介绍直接硝化法。

一、硝化剂

芳环上的硝化反应是典型的亲电取代反应，反应机理为：

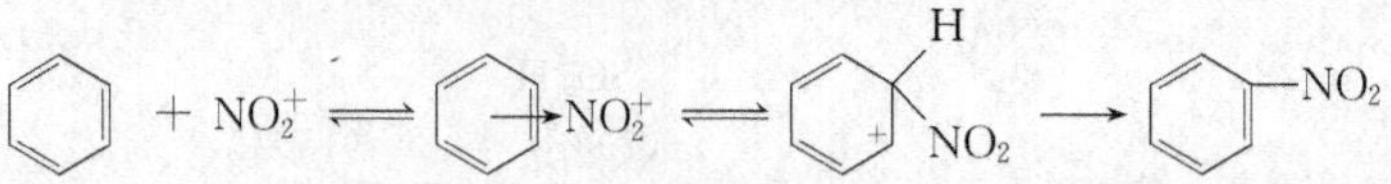

硝化剂生成的 NO$_2^+$（硝酰正离子）首先向芳环上电子云密度较大的原子进攻，形成 π-配合物，再经分子内重排生成 σ-配合物，该配合物不稳定，失去质子后生成硝基化合物。

硝化剂是能够生成 NO$_2^+$ 的反应试剂，它是以硝酸或氮的氧化物（N$_2$O$_5$、N$_2$O$_4$）为主体，与强酸、有机溶剂或路易斯酸（三氟化硼、氯化铁等）等物质组成。常用的硝化剂有不同浓度的硝酸、硝酸与硫酸的混合物、硝酸盐和硫酸以及硝酸的醋酐（或醋酸）溶液等。

1. 硝酸

纯硝酸、发烟硝酸及浓硝酸很少离解，主要以分子状态存在，通过实验发现，仅有少部分硝酸经分子间质子的转移而离解成 NO$_2^+$。离解平衡为：

$$HNO_3 \rightleftharpoons H^+ + NO_3^-$$
$$H^+ + HNO_3 \rightleftharpoons H_2NO_3^+$$
$$H_2NO_3^+ \rightleftharpoons H_2O + NO_2^+$$

对平衡反应而言，要有高浓度的 NO$_2^+$，水量必须减少。因此，单用硝酸作硝化剂，硝化反应速率不断下降，稀硝酸的硝化能力较浓硝酸更差。故一般很少采用单一的硝酸作硝化剂，除非是硝化反应活性较高的酚、酚醚、芳胺及稠环芳烃。如酚与稀硝酸在室温下作用，即生成邻硝基苯酚和对硝基苯酚的混合物。反应如下：

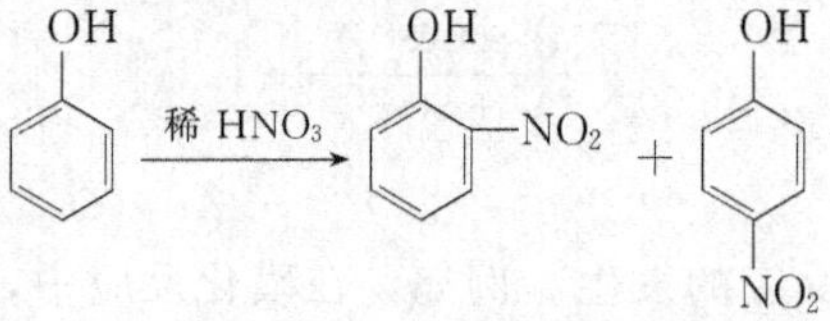

稀硝酸硝化一般用于含有定位能力较强的芳香族化合物的硝化，反应在不锈钢或搪瓷设备中进行，硝酸过量 10%～65%。浓硝酸硝化中使用过量的硝酸，需设法利用或回收处理，因而此法的应用也具有局限性。

2. 混酸

混酸是浓硫酸和浓硝酸的混合物（HNO$_3$＋H$_2$SO$_4$）。混酸硝化能克服单用浓硝酸硝化的部分缺点，是工业上使用最广泛的硝化试剂。混酸产生 NO$_2^+$ 离解平衡为：

$$HNO_3 + H_2SO_4 \rightleftharpoons H_2NO_3^+ + HSO_4^-$$
$$H_2NO_3^+ \rightleftharpoons H_2O + NO_2^+$$
$$H_2O + H_2SO_4 \rightleftharpoons H_3O^+ + HSO_4^-$$

总反应式：

$$HNO_3 + 2H_2SO_4 \rightleftharpoons NO_2^+ + H_3O^+ + 2HSO_4^-$$

在硝酸中加入强质子酸，可产生更多的 NO$_2^+$，使硝化能力大大增强。例如，苯与混酸的混合物于 50～60℃即可反应，生成镇痛药乙酰苯胺的中间体硝基苯。

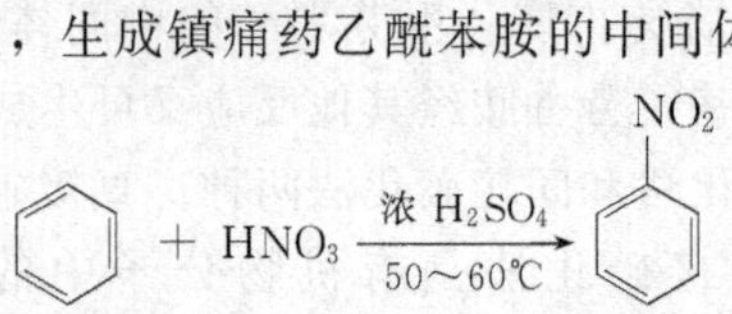

混酸中的 NO_2^+ 浓度高，所以硝化速率较快，硝化能力强，硝酸的利用率高，产率较高。缺点是硫酸用量大。

某些反应中用硝酸盐和浓硫酸作硝化试剂，其作用原理相当于混酸硝化。

3. 硝酸的醋酐溶液

硝酸的醋酐溶液指的是浓硝酸或发烟硝酸与醋酐混合，是一种强硝化剂，二者混合发生如下反应：

$$2HONO_2 \rightleftharpoons H_2ONO_2^+ + NO_3^-$$
$$(CH_3CO)_2O + HONO_2 \rightleftharpoons CH_3COONO_2 + CH_3COOH$$
$$H_2ONO_2^+ + CH_3COONO_2 \rightleftharpoons CH_3COONO_2H^+ + HNO_3$$
$$CH_3COONO_2H^+ + NO_3^- \rightleftharpoons CH_3COOH + O_2NONO_2(N_2O_5)$$

硝化过程中，作为亲电试剂进攻芳环的，除了 NO_2^+，还有 N_2O_5、$CH_3COONO_2H^+$（硝酸乙酰正离子）等，反应速率快且无水生成（硝化反应中生成的水与醋酐结合成醋酸），可在低温下进行硝化反应，适用于易被氧化和被混酸分解的硝化反应。而且醋酐是较好的溶剂，对有机物有良好的溶解性。因此，一些容易被混酸破坏的有机物可在此硝化剂中顺利地硝化，如腈、酰胺、磺酰酯及某些杂环化合物的硝化。例如广谱抗菌药呋喃唑酮的中间体 5-硝基-2-呋喃丙烯腈的制法为：

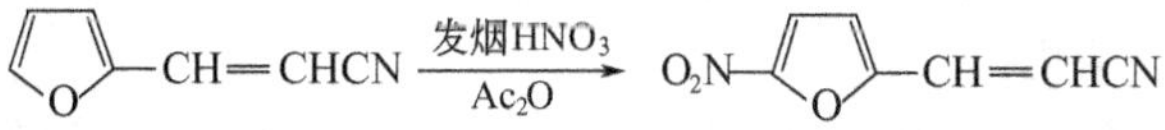

硝酸的醋酐溶液作为硝化剂的缺点是不能久置，必须现配现用，否则会因生成四硝基甲烷而引起爆炸隐患。

二、影响硝化反应的因素

影响硝化反应的因素主要有被硝化物结构、硝化剂、催化剂和反应温度等。

1. 被硝化物结构

芳环的结构对硝化有两种影响：反应活性和定位效应。反应活性决定了硝化剂、硝化温度等；定位效应直接影响到硝化产物的纯化。芳烃硝化是典型的亲电取代反应，芳环上如含有给电子基（—OH、—NH$_2$、—R 等）较易硝化，硝化反应速率加快，可选温和的硝化剂、温和的硝化反应条件，取代反应主要发生在邻位或对位；芳环上如含有吸电子基（—SO$_3$H、—COOH、—NO$_2$、—CO 等），较难硝化，硝化反应速率降低，应选较强的硝化剂及较强的硝化条件，取代反应主要发生在间位。例如，芳环上连有—NO$_2$ 时，硝化反应速率极低，很难得到二硝基苯，因此硝基苯在某些硝化反应中可作为溶剂使用。

萘环中的 α-位比 β-位活泼，在进行萘的一硝化时，主要得 α-硝基萘。

吡咯、呋喃、噻吩等五元芳香杂环化合物，用混酸硝化时极易被破坏而不能被硝化，当改用硝酸-醋酐硝化时，硝基顺利进入电子云密度较高的 α-位。咪唑等含有两个杂原子的五元芳香杂环化合物，用混酸硝化，硝基主要进入 4-位或 5-位。若该位置已有取代，则不反应。吡啶环上氮原子的吸电子诱导及共轭效应会使反应速率降低，硝基进入 β-位。同理，喹啉硝化时，硝基在苯环上引入。例如，抗疟药磷酸咯萘啶中间体 2-氨基-5-硝基吡啶的合成：

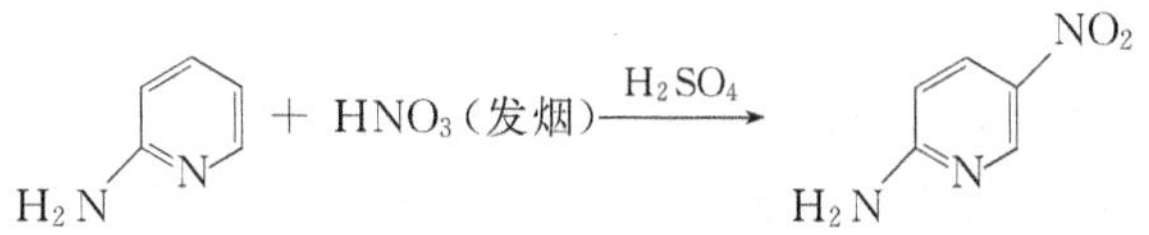

2. 硝化剂

硝化剂组成决定硝化能力，硝化能力除了影响反应的难易外，还决定了硝化产物中不同异构体的组成。表 5-1 列出了乙酰苯胺在不同硝化剂作用下邻、间、对位三种异构体的组成比例。

表 5-1　不同硝化剂对乙酰苯胺硝化产物异构体比例的影响

硝化剂	邻位/%	间位/%	对位/%	邻位/对位
80% HNO$_3$	40.7	0	59.3	0.69
90% HNO$_3$	23.5	0	76.5	0.31
HNO$_3$-H$_2$SO$_4$	19.4	2.1	78.5	0.25
HNO$_3$-(CH$_3$CO)$_2$O	67.8	2.5	29.7	2.28

硝化反应的定位，没有普遍适用的规律。不同的硝化对象，往往需要采用不同的硝化试剂。相同的硝化对象，采用不同的硝化方法，也可得到不同的产物组成。

（1）稀硝酸　用来硝化较活泼的芳环，如带有氨基或羟基的芳香化合物。

（2）浓硝酸　一般为均相硝化，用于活性相对较高的芳环。如：蒽醌的硝化，可以用过量 20 倍的硝酸。

（3）混酸　绝大多数硝化都是用混酸完成的，不同比例的混酸，硝化能力不同，因此可以满足大量的硝化要求。

（4）硝酸-醋酐　没有氧化性，一些容易被混酸破坏的有机物可在此硝化剂中顺利地硝化，有时可以增加邻位硝化。

（5）硝酸盐和浓硫酸　用硝酸盐代替硝酸，可减少水的生成，硝化能力比混酸强。如胆囊造影剂碘番酸的中间体间硝基苯甲醛的制法如下：

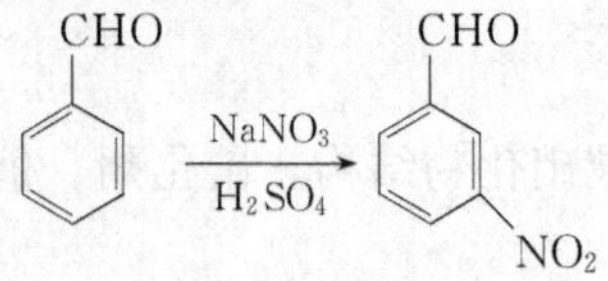

3. 催化剂

混酸中硫酸的存在促进硝酰正离子的生成，因此，硫酸可视为催化剂。此外，醋酐、醋酸等不仅作为溶剂，也是催化剂。部分不易硝化的反应物，或进行多元硝化时，常加入汞、锶、钡的硝酸盐或 BF$_3$、FeCl$_3$、SnCl$_4$ 等 Lewis 酸提高硝化活性，促进反应的进行。

4. 反应温度

温度对硝化反应的影响很大。一方面硝化反应速率随温度升高明显加快。另一方面，硝化反应是强放热反应，如苯在一硝化时总的热效应可达 134kJ/mol。如此大的热量，必须及时移除，否则，反应温度迅速上升，不仅会引起多硝化、氧化等副反应，而且还会造成硝酸大量分解，产生大量红棕色二氧化氮气体，污染环境，甚至发生爆炸。因此，硝化反应必须严格控制温度，在实际生产中一般采用配备夹套或蛇管式换热器的设备以移除反应热，维持规定的反应温度。不同被硝化物的硝化反应温度也有所不同：带有羟基、氨基等基团的活泼芳烃，可低温硝化；带有硝基或磺酸基的难硝化的芳烃，可高温硝化。选择和控制适宜的硝化温度，对于安全生产、获得优质产品、降低消耗是十分重要的。

5. 搅拌

在非均相硝化时，无论是传质还是传热，都要求剧烈搅拌。良好的搅拌可以使芳烃和混酸的溶解度增加，提高反应速率，增加硝化反应的转化率。搅拌可消除局部过热，提高设备中冷却面的传热效率，使反应能平稳地进行。

如果遇到停电或搅拌桨脱落是很危险的事情，硝化试剂和芳香环在酸相中累积到最大程度，再度开启搅拌时，就会突然发生剧烈反应，在瞬间放出大量的热，使温度失去控制，而导致事故发生。因此，在硝化生产中不仅要十分细心的操作，而且还需要采取必要的安全措施，如在硝化设备上安装自控报警装置，一旦搅拌器停止转动或温度超过规定的范围时，能自动停止加料并报警。

6. 加料方式

若要制备一硝基化合物，当反应物是液态时，通常在反应温度下逐步将硝化剂加入被硝化物或其在硫酸的溶液、分散液；当反应物是固态时，通常在低温下将被硝化物溶解，然后在反应温度下加入硝化剂。

若要制备多硝基化合物，通常将被硝化物加入酸和硝化剂中。

三、硝化反应副产物

由于被硝化物的性质不同，以及反应条件的选择差异，硝化反应常常伴随有副反应发生，最常见的是氧化、多硝基化、脱烷基、置换、开环和聚合等。在所有副反应中，影响最大的是氧化反应和多硝基化反应。

1. 氧化

硝酸具有氧化性，温度越高，越易发生氧化反应。如酚类、胺类可氧化成醌；烷基苯硝化时有氧化副产物硝基酚产生。这些副产物一般可在洗涤过程中除去。硝酸还发生自身的氧化还原反应。

2. 多硝基化

多硝化受温度影响最大，此外，与硝化试剂活性及用量有关。如酚与稀硝酸在室温下作用，生成邻硝基苯酚和对硝基苯酚的混合物。若酚与浓硝酸反应，则生成 2,4-二硝基苯酚和 2,4,6-三硝基苯酚。

硝化工艺多伴有硝基酚和多硝基化合物的产生。硝基酚和多硝基化合物在蒸馏等受热处理时很容易爆炸，因此，硝化产物在受热处理前，一定要把硝基酚和多硝基化合物去除，以消除安全隐患。

第七节 氧化反应

氧化反应是自然界普遍存在的一类重要的有机反应。广义上讲，有机分子中凡失去电子或电子偏移，使碳原子上电子云密度降低的反应均为氧化反应。狭义上讲是有机物分子中增加氧原子或失去氢原子的反应。药物合成中，通过氧化反应，可制得醇、醛、酮、酸、酚、环氧化合物以及不饱和烃等化合物，这些化合物有的是化学原料药，有的是化学原料药的重要中间体。

氧化反应根据操作方法的不同，可分为催化氧化法、化学氧化法、电解氧化法和生物氧化法。本书主要讨论化学氧化法。

化学氧化法是在化学氧化剂的直接作用下完成的氧化反应。该法通常反应条件温和，容易控制，反应效果好，是医药及中间体生产中广泛应用的氧化法。化学氧化法的氧化剂可以分为以下几类。

① 金属元素高价化合物，如 $KMnO_4$、MnO_2、$Na_2Cr_2O_7$、$FeCl_3$ 等。

② 非金属元素的高价化合物，如 HNO_3、H_2SO_4、$NaClO$ 等。

③ 富氧化物，如 H_2O_2、O_3、过碳酸钠、有机过氧酸等。

④ 非金属单质，如卤素和硫黄等。

下面介绍几种较常见的化学氧化剂。

一、过氧化氢

过氧化氢俗称双氧水，是一种较缓和的氧化剂。以过氧化氢为氧化剂的反应，反应条件温和，温度一般不高，反应无残留杂质，产品纯度较高。反应可在酸性、碱性、中性等不同介质条件下进行。

酸性介质中使用的酸主要是有机酸，过氧化氢先将有机酸氧化成有机过氧酸后，再起氧化反应。例如，抗癌药 1,2-环己二酮双 mannich 碱的中间体 1,2-环己二醇的合成。

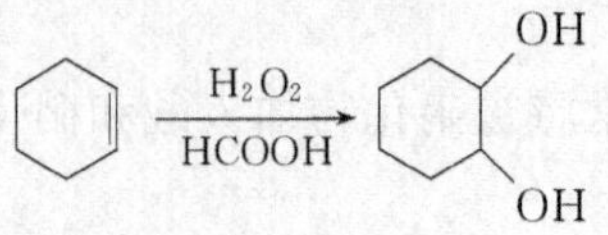

在碱性介质中，过氧化氢可将邻羟基芳香醛、酮氧化成多元酚，此反应称为 DarkinA 反应。例如，肾上腺素的中间体邻苯二酚的合成。

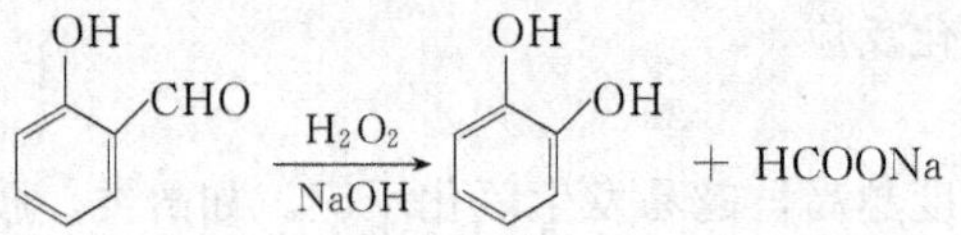

二、锰化合物

1. 高锰酸钾

高锰酸钾是最常使用的强氧化剂，在酸性、中性、碱性条件下均能发挥氧化作用。当介质酸碱性不同，氧化能力不同。酸性介质中氧化能力最强，+7 价的锰被还原成+2 价，中性或碱性介质中+7 价的锰被还原成+4 价。

高锰酸钾主要用于芳环或杂环侧链氧化，烯基的邻二羟基化或羰基化以及醇的氧化。

（1）芳环或杂环侧链的氧化　侧链不论长短均可被氧化成羧基，且较长的侧链更易被氧化。例如，局麻药布比卡因的中间体吡啶-2-甲酸的合成：

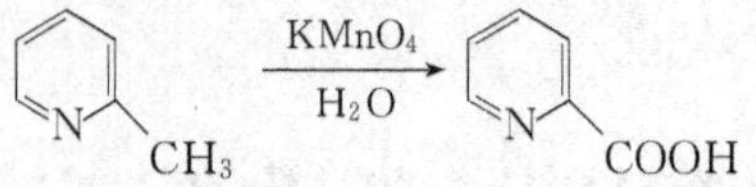

氧化反应常在水中进行，对难溶于水的有机原料可用丙酮、二氯甲烷、乙酸或吡啶等有机溶剂作反应溶剂。例如，利尿药呋塞米的中间体 2,4-二氯苯甲酸的合成：

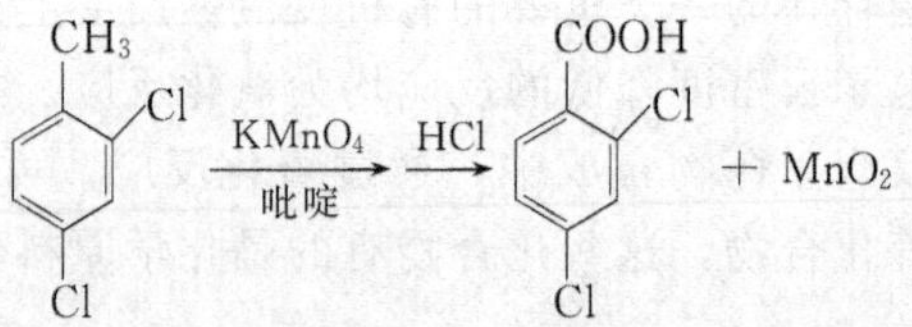

（2）烯烃的氧化　在碱性介质中，高锰酸钾可将烯烃氧化成顺式邻二醇。例如，抗心律失常药苯丙二醇类中间体 1-苯基-3-（N-乙酰基-N-异丙氨基)-1,2-丙二醇的合成：

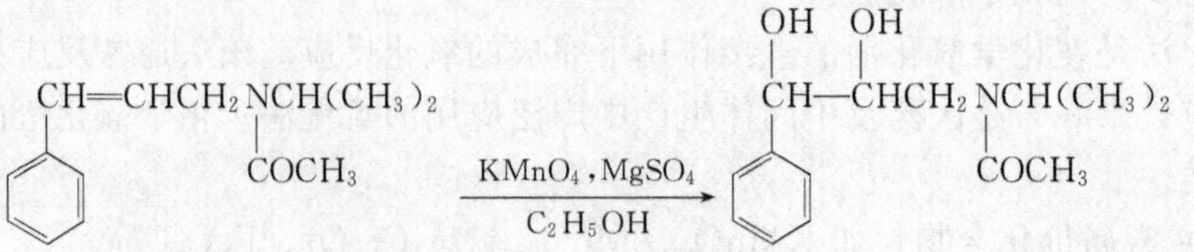

若在加热或酸性条件下，链烯双键断裂生成两分子羰基化合物，环烯则断裂为一分子二羰基化合物。如果双键碳上有氢原子，则产物为羧酸。例如：

$$C_8H_{17}CH \!=\!\! CH_2 \xrightarrow{KMnO_4/H_2O/PhH/AcOH} C_8H_{17}COOH + CO_2$$

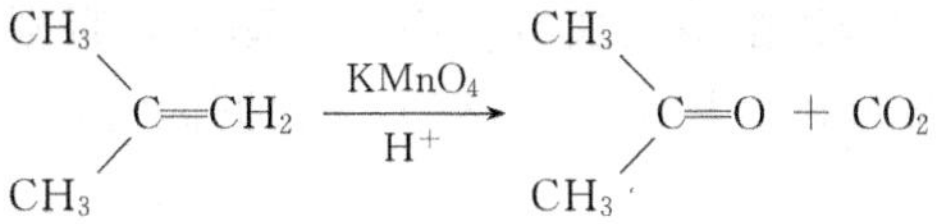

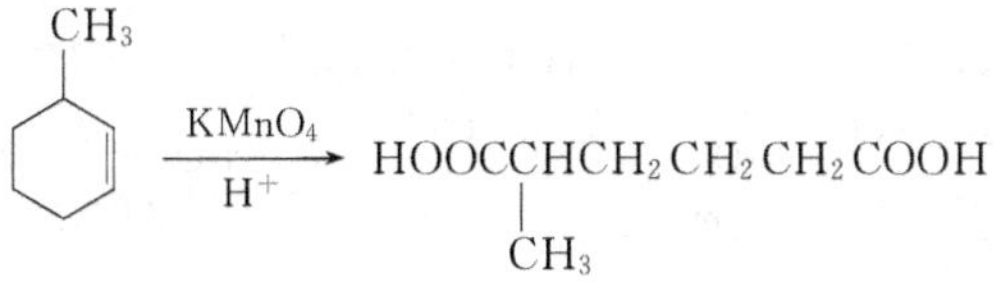

单独使用高锰酸钾进行烯的断键氧化时，选择性低，可同时氧化其他易氧化基团，一般可以与高碘酸钠（$NaIO_4$）按比例合用以提高对双键氧化的选择性。

（3）醇的氧化　用高锰酸钾氧化伯醇，常在碱性条件下，将伯醇氧化成羧酸。例如：

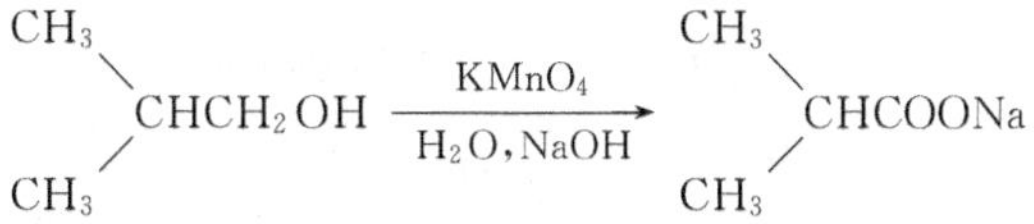

仲醇氧化成酮，但若酮有 α-活性氢，则可被进一步氧化，产物复杂，在合成上无价值。

2. 二氧化锰

二氧化锰作为氧化剂有两种形式，一种是二氧化锰与硫酸的混合物，另一种是活性二氧化锰。

二氧化锰和硫酸的混合物，氧化性能温和，可使氧化反应停留在中间阶段，适用于制备醛、酮或羟基化合物。例如：

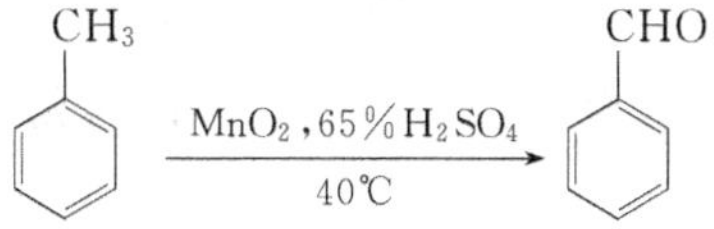

活性二氧化锰选择性高，当分子中有烯丙位羟基和其他羟基共存时，可选择性地氧化烯丙基位的羟基，被广泛地用于甾体化合物、生物碱、维生素 A 等天然产物的合成。例如，11β-羟基睾丸素的合成：

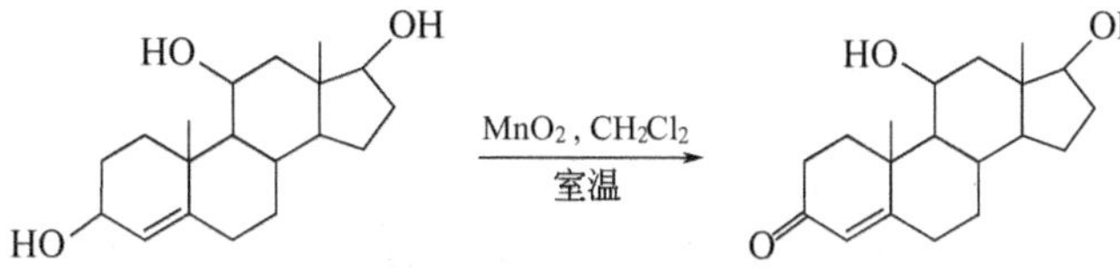

需要注意的是活性二氧过锰放置一段时间后活性会降低，因此使用前需进行活性检验，一般需新鲜制备。二氧化锰可以是高锰酸钾氧化时副产物回收，也可以是天然的软锰矿粉。

三、铬化合物

铬化合物主要有三氧化铬和重铬酸盐，均需在酸性条件下进行氧化。

1. 三氧化铬

三氧化铬是一多聚体，可用水、醋酐、叔丁醇及吡啶等溶剂进行解聚，在不同的溶剂中可得到不同的铬化合物。

将 1 份三氧化铬缓缓加到 10 份吡啶中（加料次序不可颠倒，否则会引起燃烧），得三氧化铬-吡啶配合物，又称 Collins 试剂，可将醇氧化为相应的醛或酮，反应收率高，且对分子中的其他官能团没有影响。例如，防腐杀菌剂肉桂醛的合成：

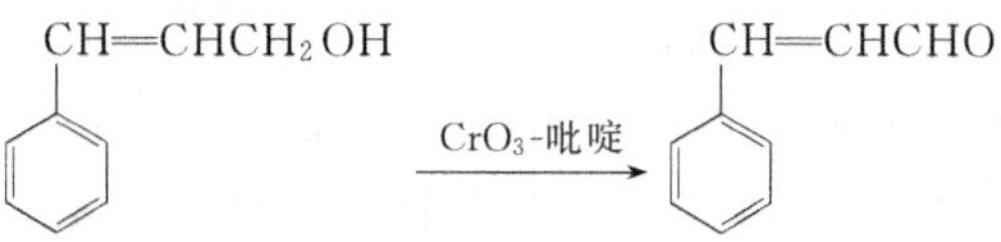

将三氧化铬分次缓慢加入乙酐中（加料次序不可颠倒，否则会引起爆炸），得到的乙铬混酐，是芳环上甲基氧化成醛的常用试剂。例如，抗抑郁药诺米芬辛的中间体邻硝基苯甲醛的合成：

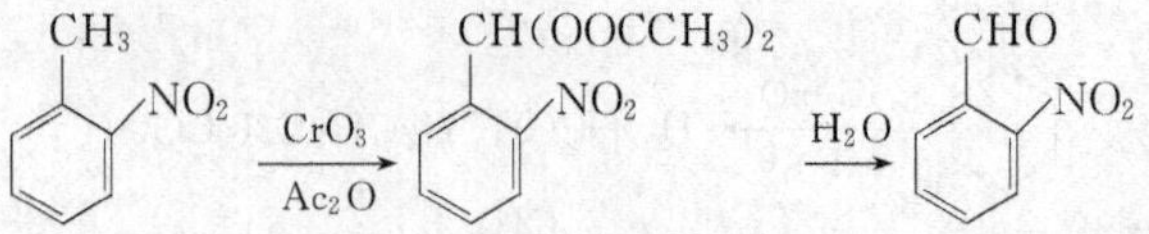

2. 重铬酸盐

实验室最常用的是重铬酸钾、重铬酸钠，其氧化性能与高锰酸钾类似，可氧化芳烃侧链或醇。例如，局麻药普鲁卡因的中间体对硝基苯甲酸的合成：

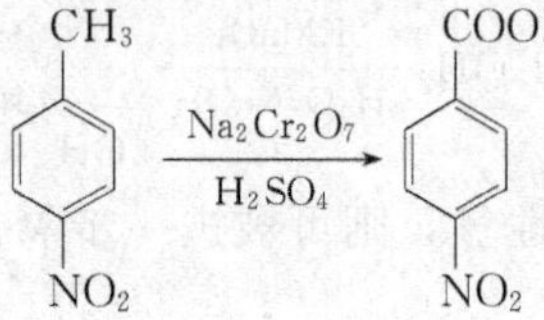

抗血脂药尼克莫尔的中间体环己酮的合成：

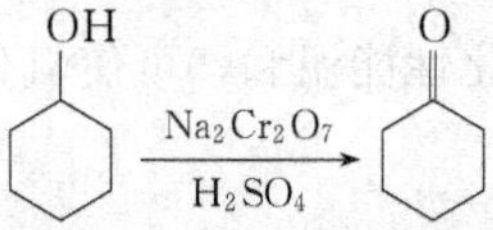

由于重铬酸盐价格昂贵，且含铬废液污染严重，该氧化剂已逐渐被其他氧化剂所代替。

四、硝酸

硝酸是强氧化剂，稀硝酸氧化能力比浓硝酸强。硝酸氧化主要用于制备羧酸。

（1）硝酸氧化芳环侧链　例如，抗炎镇痛药托美丁的中间体对甲基苯甲酸的合成：

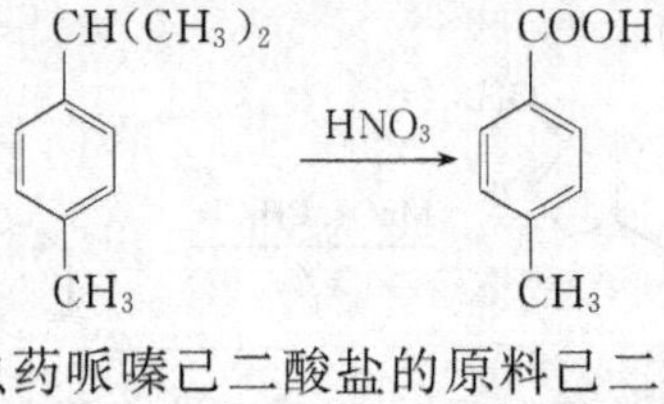

（2）硝酸氧化醇　如驱肠虫药哌嗪己二酸盐的原料己二酸的合成。

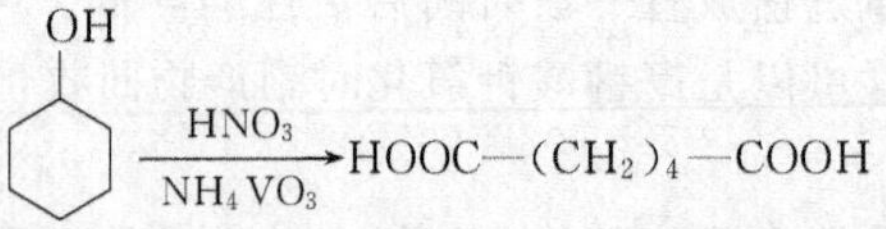

硝酸氧化反应，当加入铁盐、钒酸盐、钼酸盐、亚硝酸钠等可增强硝酸的氧化能力，提高选择性。

（3）硝酸氧化稠环　在硝酸作用下，稠环化合物可发生裂环反应。例如，烟酸中间体吡啶-2,3-二甲酸的合成：

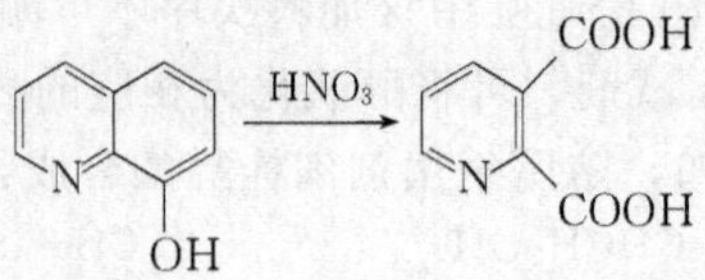

需要注意，硝酸做氧化剂腐蚀性强，对设备要求高；反应选择性较差，在氧化芳环或醇时会发生硝化或酯化反应。但是硝酸的还原产物是气体二氧化氮或一氧化氮，易与体系

分离。

五、含卤氧化剂

实验室常用的含卤氧化物有次氯酸钠、卤素、氯酸等。

1. 次氯酸钠

次氯酸钠有很强的氧化能力，一般可将氯气通入氢氧化钠溶液制得。氯气在碱性条件下可氧化甲基酮。甲基酮首先发生 α-氢原子的取代反应，而后断裂碳碳键生成羧酸和氯仿，该反应称为氯仿反应。例如，抗心律失常药 β-萘甲酰胍的中间体 β-萘甲酸的合成：

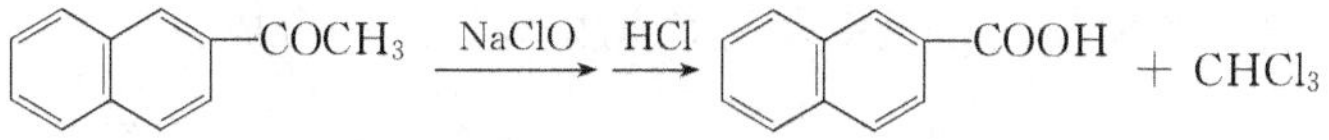

需要注意，参与氯仿反应的醛、酮必须是甲基醛或甲基酮。

2. 氯酸及其盐

氯酸及其盐的氧化能力也较强，一般在中性或弱酸性条件下使用。例如，抗贫血药富马酸亚铁的中间体反丁烯二酸的合成：

3. 卤素

卤素（氟除外）做氧化剂，通常在碱性水溶液、氯仿、吡啶等溶剂中使用。例如，胆囊消炎药去氢胆碱的合成：

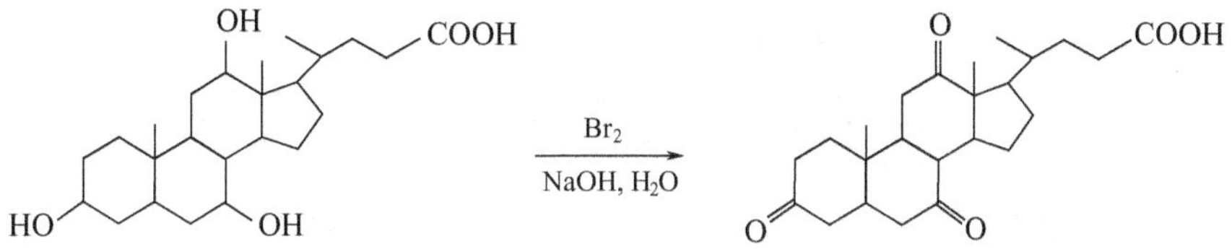

第八节　还原反应

广义上讲，有机分子中凡得到电子或使碳原子电子云密度升高的反应均为还原反应。狭义地讲，能使有机分子中增加氢或减少氧或二者兼而有之的反应均称为还原反应。

还原反应按操作方式可分为催化氢化还原、化学还原、电解还原和微生物还原。本节主要讨论前两种还原方法。

一、催化氢化还原

在催化剂存在下，反应底物与分子氢进行的还原反应称为催化氢化反应。催化氢化可分为催化加氢和催化氢解。催化加氢指氢分子加成到双键或三键上以增加其饱和程度的反应；氢解主要指断裂碳-杂键，由氢原子取代离去基团的反应。催化氢化按照反应时催化剂与底物的状态分为非均相催化氢化和均相催化氢化。

1. 非均相催化氢化

目前对非均相氢化的机理阐述比较一致的认识是催化剂把氢气和底物吸附在催化剂的表面，在这一表面上发生相互作用，生成氢化产物。

非均相催化氢化按照提供氢的来源不同分为多相催化氢化和转移催化氢化。

（1）多相催化氢化　在不溶于反应介质的固体催化剂作用下，以气态氢为氢源，还原液相中底物的反应称为多相催化氢化。

多相催化氢化中最重要的因素是催化剂的选择。优良的催化剂应具备活性高、选择性好、易制备、耐用、价廉等特点。为更好地发挥作用，催化剂使用时常附着于某些载体，如活性炭、活性 Al_2O_3、$CaCO_3$、硅藻土等。

常用的催化剂主要是过渡金属元素，如铂、钯、镍、铑、钌、铜、铬等。同一金属又有多种不同的品种，且具有各自不尽相同的催化活性。

① 镍催化剂（Raney Ni）。又称活性镍，为最常用的氢化催化剂，主要适用于炔键、烯键、硝基、氰基、羰基、芳杂环、芳稠环、苯环的氢化及碳-卤键、碳-硫键的氢解。例如，中枢神经抑制剂巴氯芬的原料药 β-氨甲基对氯氢化肉桂酸的合成：

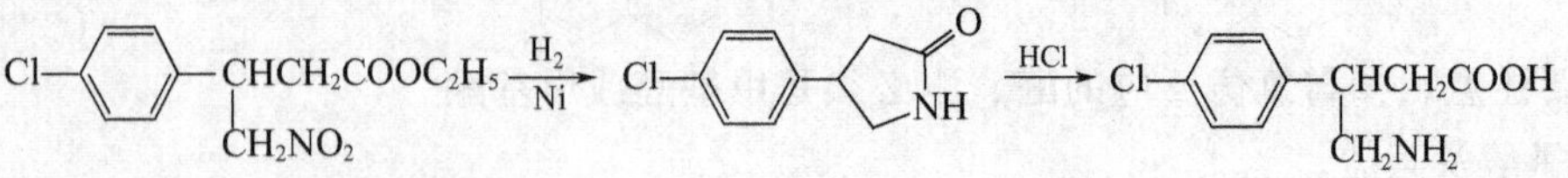

雄激素美雄酮中间体的合成：

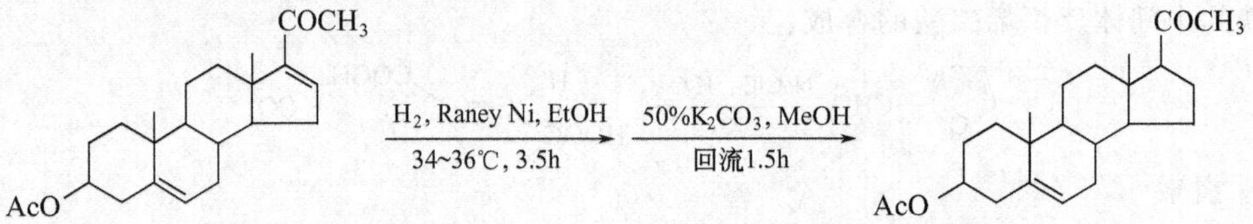

镍催化剂条件下通过氢解制备 17-α-羟基黄体酮的中间体，反应为：

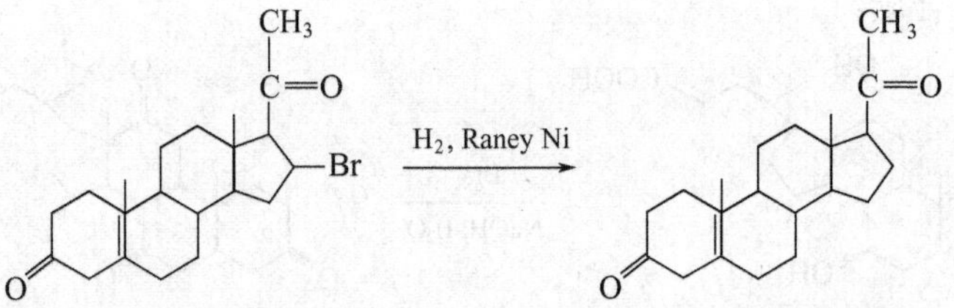

需要注意的是，由于强酸能与催化剂反应，因此不能使用强酸作反应介质，一般在弱酸性或中性条件下使用。若在 Raney Ni 催化氢化反应之前加入少量氯化铂，或再加入一些碱，如三乙胺、氢氧化钠、氢氧化锂等，催化效能显著增强。原料中少量的卤素（尤其是碘）及含磷、硫、砷、铋、锗、锡或铅的化合物，会引起 Raney Ni 催化剂不同程度的中毒。

② 钯催化剂。钯催化剂活性较低，价格便宜，对毒物不敏感，是最常用的催化剂之一。钯催化剂通常分为氧化钯、钯黑和载体钯三种类型。载体钯以活性炭为载体，催化活性最高，使用最为普遍。例如，解热镇痛药二氟尼柳的中间体 2,4-二氟苯胺的合成：

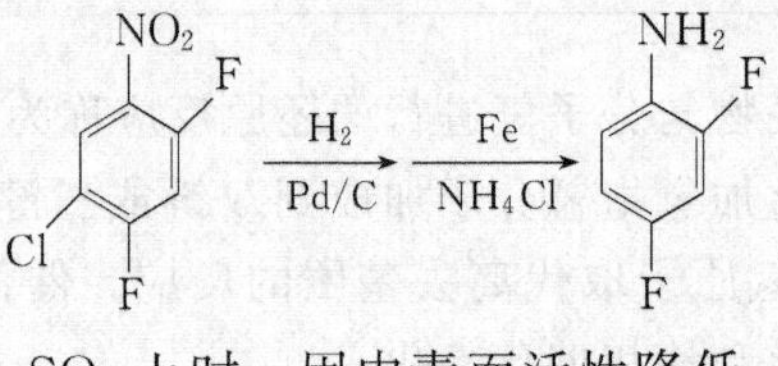

当 Pd 负载在 $CaCO_3$ 或 $BaSO_4$ 上时，因中毒而活性降低，能将三键还原成双键。如维生素 A 中间体的合成：

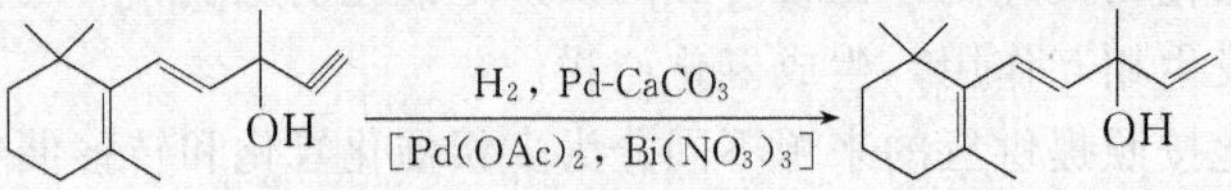

钯催化剂除 Raney Ni 催化剂所能适用的范围以外，还可用于酰氧基和酰胺的催化氢化，且是最好的脱卤、脱苄催化剂，一般在中性或酸性条件下使用。

③ 铂催化剂。铂催化剂是活性最强的催化剂之一。虽然价格昂贵，但由于可以回收，因此被广泛使用。除了酯、羧酸和绝大多数酰胺外，各种不饱和基团都能被铂催化剂催化还原，对苯环及共轭双烯的催化加氢能力较钯强。铂催化剂包括铂黑、铂/碳和二氧化铂。其中二氧化铂（PtO_2）最为常用。二氧化铂又称为 Adams 催化剂。例如，局部麻醉药哌啶羧酸酰胺的中间体哌啶-4-甲酰基-(2,6-二甲基)苯胺的合成：

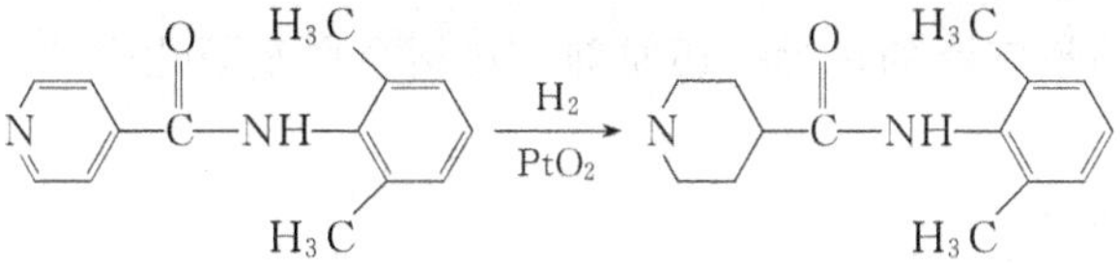

需要注意的是，酸能促进大多数铂催化氢化反应，因此一般在中性或酸性条件下使用。少量的氯化亚锡、氯化锰、氯化铈和氯化铁也有利于醛、酮和烯键的氢化。但是铂对于含有硫、磷、砷的化合物很敏感，易中毒失去活性，特别不能用于有机氯、有机硫和有机胺类化合物的还原。此外，吡啶、三嗪、氨和胺会降低铂的催化活性。

除催化剂外，多相催化氢化还受反应底物的影响。几乎所有的不饱和化合物都能用催化氢化法还原。一般情况下不同官能团催化氢化的活性顺序为：

$$RCOCl > RNO_2 > R-C \equiv C-R' > RCHO > RCH = CHR' > RCOR' > C_6H_5CH_2X >$$
$$R-C \equiv N > C_6H_5N > RCOOR' > RCONH_2 > C_6H_6 > RCOOH$$

温度也是影响多相催化氢化的一个条件。氢化反应是放热反应，对于有足够活性的催化氢化反应，温度不宜选择过高，以免副反应增多，使反应选择性下降。在反应速率达到基本要求的前提下，选用尽可能低的反应温度。

反应过程中，氢气压力增加，反应速率加快，但副反应增多，反应的选择性下降。

多相催化氢化涉及固体、液体和气体三种状态，且所用的固体催化剂一般相对密度较大，沉积在反应器底部，为充分发挥催化剂的作用，反应需不断搅拌下进行。

（2）转移催化氢化　在固体催化剂的作用下，以有机化合物为供氢体代替多相催化氢化中的气态氢而进行的催化氢化反应称为转移催化氢化。

该反应所用的催化剂多是钯黑、Pd/C、Raney Ni、$FeCl_3$ 等，能选择性还原碳碳重键、—NO_2，断裂 C—X 键等。还原剂可以是氢化芳烃、不饱和萜类及醇，如环己烯、环己醇、肼等。例如，止咳祛痰药溴己新的中间体 N,N-甲基邻氨基苄基环己胺。

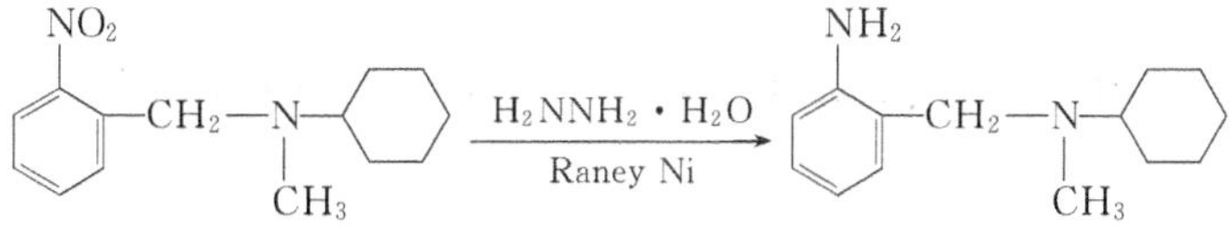

转移催化氢化无需加压设备，操作简单，使用安全。

多相催化氢化活性高，选择性好，后处理方便，干净无污染，适合于大规模连续生产，在应用上得到迅速发展。

2. 均相催化氢化

催化剂可溶于反应介质的催化氢化反应称为均相催化氢化。均相催化氢化反应的催化剂是过渡金属钌、铑、铱、铂等的三苯基膦类配合物，这些配合物在有机溶剂中有较大的溶解度，使反应体系成为均相，从而提高了催化效率。该催化剂催化的反应一般在室温和常压下进行，并具有较高的选择性，可选择氢化碳-碳双键和碳-碳三键，对于羰基、氰基、硝基、氯、叠氮等官能团都不发生还原，含有不同类型的双键的化合物可以部分氢化。例如，日化香精的原料 3,7-二甲基-6-辛烯-3-醇（二氢芳樟醇）的合成：

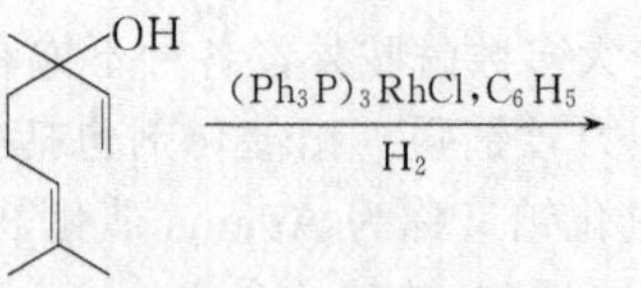

二、化学还原

化学还原剂中应用最广泛的是无机还原剂，包括金属复氢化合物、活泼金属还原剂、硫化物还原剂等。

1. 复氢化合物还原剂

金属复氢化物还原剂是一类重要的还原剂，操作简便，反应迅速，选择性好，副反应少，产率高。最常用的有氢化铝锂（$LiAlH_4$）、硼氢化钾（钠）[$K(Na)BH_4$]等。

（1）氢化铝锂　还原能力强，可以还原除孤立碳碳双键外所有的官能团。其中可将羰基、羧基、酰氯、酸酐和酰氧基还原到醇；将硝基、酰胺、肟、亚胺、重氮化合物和芳香族硝基化合物等还原到胺。例如，麻醉催醒药催醒宁的中间体 1,3,3-三甲基-5-羟基吲哚满盐酸盐的合成：

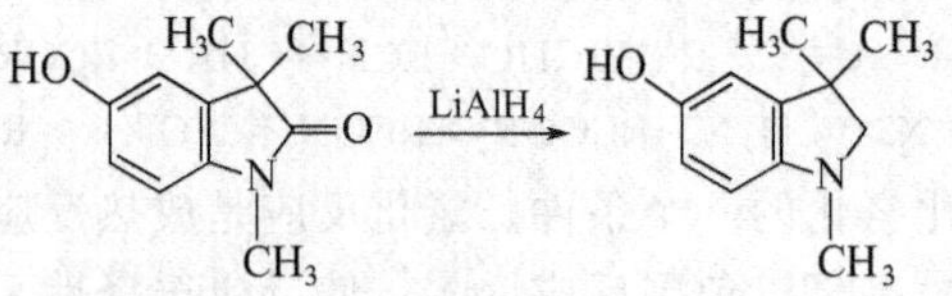

羰基化合物被氢化铝锂还原时，活性顺序为：

$$C{=}O > COOR > CN > CONR_2 > C{-}NO_2 > CHBr > CH_2OSO_2Ar$$

需要注意的是，氢化铝锂遇水分解，因此反应需在无水条件下进行，可用无水乙醚或无水四氢呋喃作溶剂。

还原反应完毕后，可以加入含水乙醚、乙醇-乙醚、乙醇，或直接加水（小心！）、乙酸乙酯来分解过量的氢化铝锂。

（2）硼氢化钾（钠）　与 $LiAlH_4$ 相比，$NaBH_4$ 的活性低，选择性高，在室温下以水或醇作溶剂还原醛和酮到醇，但一般不与酸、酯、环氧化合物或酰胺作用，不还原孤立的烯基、炔基、硝基、氰基、卤代物。例如，降血脂药瑞舒伐他汀的中间体 3-羟基戊二酸二乙酯的合成：

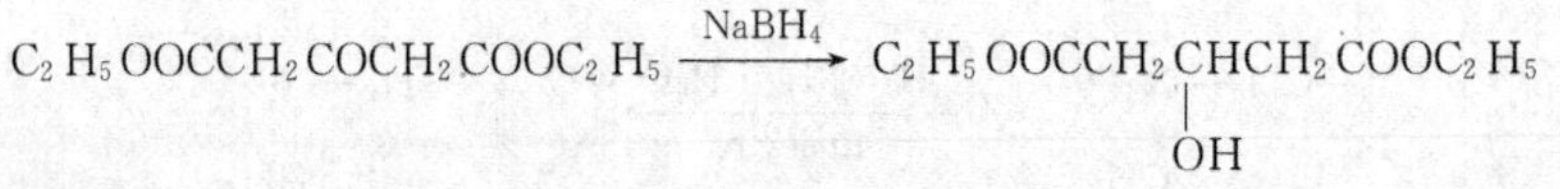

$$C_2H_5OOCCH_2COCH_2COOC_2H_5 \xrightarrow{NaBH_4} \underset{\underset{OH}{|}}{C_2H_5OOCCH_2CHCH_2COOC_2H_5}$$

避孕药炔诺酮中间体的合成：

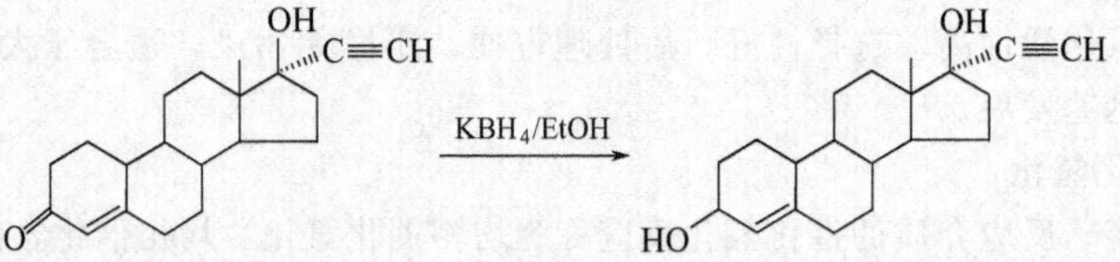

反应结束后，可加稀酸分解还原剂，使剩余的硼氢化钾生成硼酸。

2. 金属还原剂

金属还原剂包括活泼金属、金属合金及其盐。

（1）碱金属还原剂　芳香化合物在液氨与醇（乙醇、异丙醇或仲丁醇）的混合液中，用碱金属（钠、钾或锂）还原，苯环可被还原成非共轭的环己二烯类化合物，这类反应称为

Birch 反应。例如，长效避孕药 18-甲基炔诺酮中间体的合成：

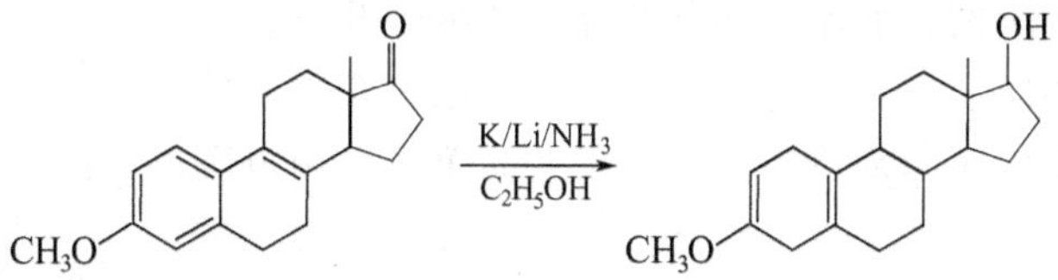

Birch 反应常用的碱金属的还原活性为锂＞钠＞钾。

需要注意，若芳环上取代基为供电子基，生成 1-取代-1,4-环己二烯；若为吸电子基，则生成 1-取代-2,5-环己二烯。

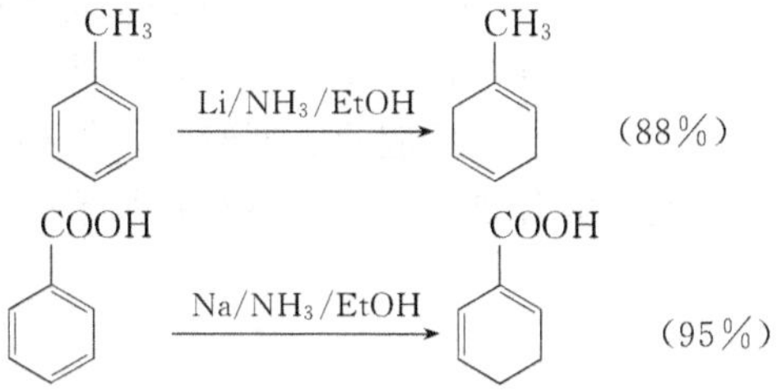

（2）锌及锌汞齐 也是常用的金属还原剂。锌可单独作为还原剂，介质不同，还原的官能团不同，产物不同。

酸性或碱性条件下，锌可将硝基、亚硝基还原成氨基。例如，抗癌药咪唑胺的中间体碳酸氢氨基胍的合成：

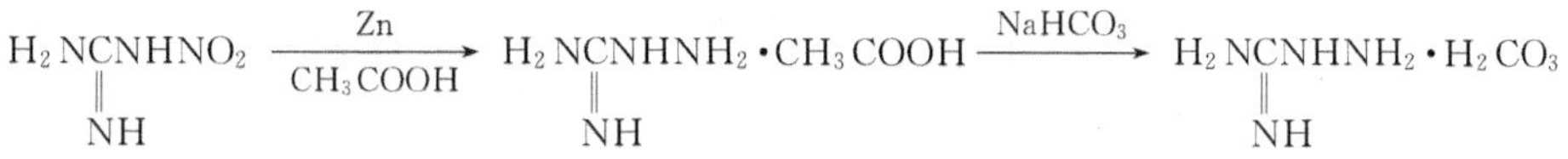

$$H_2NCNHNO_2 \xrightarrow[CH_3COOH]{Zn} H_2NCNHNH_2 \cdot CH_3COOH \xrightarrow{NaHCO_3} H_2NCNHNH_2 \cdot H_2CO_3$$
$$\quad\ \ NH \qquad\qquad\qquad\qquad\ \ NH \qquad\qquad\qquad\qquad\qquad NH$$

碱性条件下，锌粉可将芳香族硝基化合物发生还原生成偶氮苯类化合物。例如，治疗风湿性药物保泰松的中间体偶氮苯的合成：

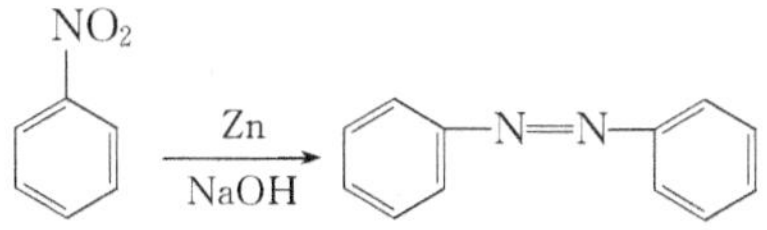

碱性条件下，锌粉可将二苯酮类化合物还原成二苯甲醇。例如，抗组胺药苯海拉明中间体二苯甲醇的合成：

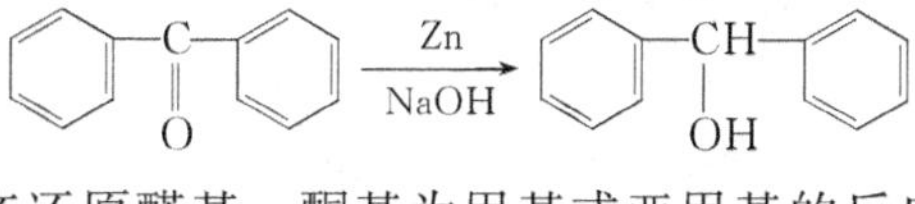

酸性条件下，用锌汞齐还原醛基、酮基为甲基或亚甲基的反应称 Clemmensen 反应。例如，抗凝血药吲哚布芬的合成：

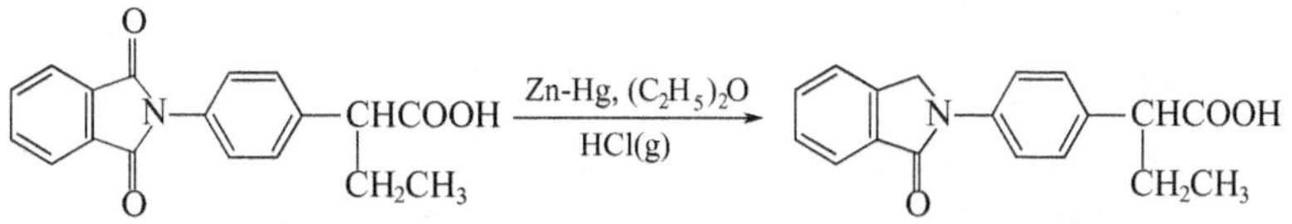

Clemmensen 反应常用于芳香脂肪酮的还原。还原不饱和酮时，孤立双键不被还原；双键与羰基共轭时同时被还原；双键与酰氧基共轭时，只还原双键，酰氧基和羧基不受影响。还原 α-酮酸及其酯时，羰基被还原成羟基；还原 β-酮酸或 γ-酮酸及其酯时，羰基被还原成亚甲基，羧基及酰氧基均不受影响。

Clemmensen 反应一般不适用于对酸和热敏感的羰基化合物的还原，对酸不稳定而对碱稳定的化合物可用 Wolff-Kishner-黄鸣龙反应还原。反应常在水中进行，若反应物不溶于水，可加入无水有机溶剂，如醚、四氢呋喃、乙酐、苯等。

铁及其盐作为还原剂，主要将硝基化合物还原成含水溶性基团的氨基，对卤素、烯基和羰基无影响。此类反应还原剂价格低廉、工艺简单、适用范围广、副反应少、对反应设备要求低。

$$4 \underset{COOCH_2CH_2N(C_2H_5)_2}{\overset{NO_2}{\bigcirc}} + 9Fe + 4H_2O \longrightarrow 4 \underset{COOCH_2CH_2N(C_2H_5)_2}{\overset{NH_2}{\bigcirc}} + 3Fe_3O_4$$

需要注意的是，芳环上有吸电子基存在，还原反应容易进行，反应的温度可较低；芳环上有给电子基存在，还原反应较难进行，反应的温度较高。如扑热息痛中间体对氨基苯酚的制备，需在回流状态下进行，而盐酸普鲁卡因中间体对氨基苯甲酸的制备，在温和的条件下即可反应。

$$4 \underset{NO_2}{\overset{OH}{\bigcirc}} + 9Fe + 4H_2O \xrightarrow[100\sim105℃]{少量 HCl} 4 \underset{NH_2}{\overset{OH}{\bigcirc}} + 3Fe_3O_4$$

$$4 \underset{COOH}{\overset{NO_2}{\bigcirc}} + 9Fe + 4H_2O \xrightarrow[40\sim45℃]{HCl} 4 \underset{COOH}{\overset{NH_2}{\bigcirc}} + 3Fe_3O_4$$

锡或氯化亚锡能将硝基化合物还原成氨基，但不还原羰基和羟基（除三苯甲醇），反应通常在盐酸溶液或醇溶液中进行。例如，促凝血药对羧基苄胺的中间体对氨基苯甲酸的合成：

$$\underset{COOH}{\overset{NO_2}{\bigcirc}} \xrightarrow[HCl]{Sn} \underset{COOH}{\overset{NH_2}{\bigcirc}}$$

驱鞭虫药酚嘧啶的中间体间硝基苯甲醛的合成：

$$\underset{CHO}{\overset{NO_2}{\bigcirc}} \xrightarrow[HCl]{SnCl_2} \underset{CHO}{\overset{NH_2}{\bigcirc}}$$

3. 含硫化合物还原剂

常用含硫化合物还原剂有硫化物和含氧硫化物两类，具体包括硫化钠、硫氢化钠、多硫化物、亚硫酸钠、亚硫酸氢钠及连二亚硫酸钠、连二硫酸钠等，主要将硝基和亚硝基还原成氨基，反应通常在水或醇溶液中进行，条件温和，产物分离方便。

例如，抗凝血药莫哌达醇的中间体氨基乳清酸的合成：

$$\xrightarrow[30\sim33℃]{Na_2S_2O_4, H_2O}$$

需要注意的是，硫化钠作还原剂时，由于不断有氢氧化钠生成，硝基化合物中含有对碱敏感的基团不宜用硫化钠还原。可在体系中加入氯化铵、硫酸镁、氯化镁等物质降低反应体系的碱性。二硫化钠或多硫化钠作还原剂时，反应生成硫代硫酸钠。

4. 肼

醛、酮在强碱性条件，高温溶剂中与水合肼缩合成腙，进而放氮分解转变为甲基或亚甲基的反应称为 Wolff-Kishner-黄鸣龙反应。水合肼作为还原剂，还原过程中自身氧化成氮气而逸出反应体系，不会给反应产物带来杂质。例如，肾上腺皮质激素的中间体的合成：

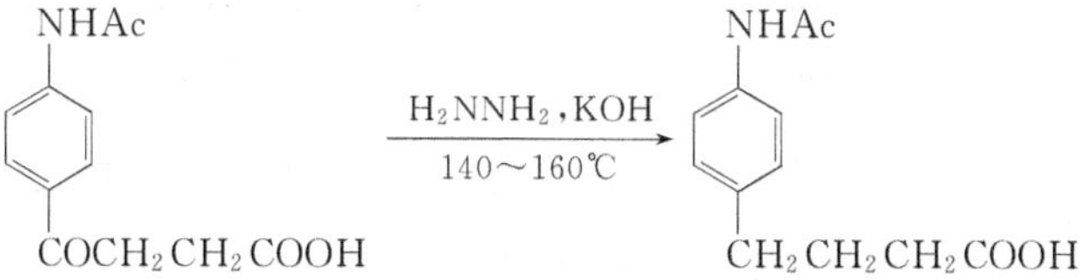

Wolf-Kishner-黄鸣龙还原弥补了 Clemmensen 还原的不足，可用于对酸敏感的吡啶和四氢呋喃衍生物的羰基还原，尤其适用于甾体及位阻较大、难溶大分子羰基化合物，但不还原分子中的双键、羧基等，还原共轭碳时，有时双键位移。本反应不适宜分子中对碱和高温敏感的基团的物质。

第九节　外消旋体的拆分

外消旋体是由一对对映体等量混合而成。对映体除旋光方向相反外，其他理化性质相同，例如它们有相同的沸点、折射率、红外光谱。因此用一般的分离方法如分馏、重结晶已经不能将一对对映体拆分开来。而通过合成或从天然产物中提取出的化合物，往往只有一个立体异构体有所需的生理活性，因此必须经过拆分得到人们所需的生理活性异构体。这种外消旋体的拆分必须要用特殊的拆分方法。拆分方法一般有下列几种。

一、机械拆分法

利用对映体结晶形态上的差异，借助肉眼或放大镜辨认，把一组对映体的不同结晶分拣出来。1848 年 Pasteur 曾在研究外消旋酒石酸钠铵时发现它们有两种不对称的晶体，并借助肉眼将它们分离，得到左旋和右旋的酒石酸钠铵。此法目前极少应用。但若对映体结晶形态明显不对称，结晶颗粒又宜手工分离时，在实验室少量制备时偶尔会采用。

晶种拆分法是机械拆分法的一种改良。在外消旋体的过饱和溶液中，加入一定量的左旋体或右旋体作为晶种，则与晶种相同的异构体便优先析出，把这种晶体滤出后，再向滤液中加入外消旋体制成过饱和溶液，于是溶液中的另一种异构体优先结晶析出。如此反复处理就可以得到左旋体和右旋体。这种方法已广泛应用于旋光性药物的生产中，氯霉素就是利用此法分离出具有较强药效的 (－)-氯霉素。

二、选择性吸附法

选择性吸附法是指利用某种旋光性的高分子物质作为吸附剂，有选择地吸附外消旋体中的某一对映异构体，而达到拆分的目的。此法拆分效率高，操作简便。目前国内外均在努力研制高效率的旋光性吸附剂，以便推广应用。

三、化学拆分法

此法是将外消旋体与某种旋光性物质发生化学结合，得到非对映体衍生物的混合物。因非对映体衍生物具有不同的物理性能，故可用一般的分离方法将其拆分，最后再将已分离的非对映体衍生物分别变回原来的旋光化合物。用来拆分对映体的旋光性物质，通常称为拆分剂。不少拆分剂是由人工合成或从天然产物中分离提取得到的。化学拆分特别适用于外消旋体为酸或碱的化合物。拆分的步骤可用图 5-1 表示：

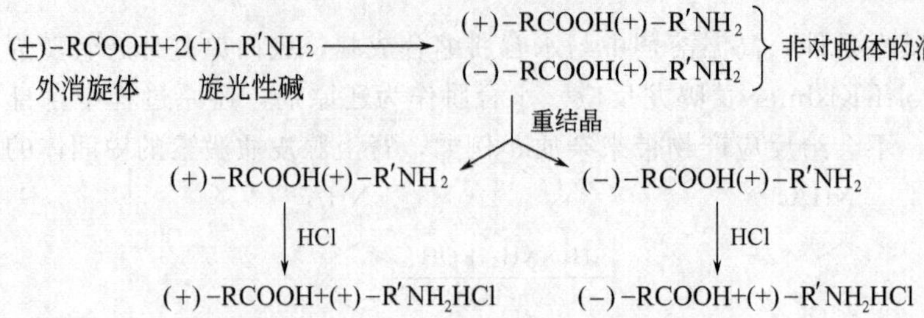

$$(\pm)\text{-RCOOH}+2(+)\text{-R}'\text{NH}_2 \longrightarrow \begin{array}{c} (+)\text{-RCOOH}(+)\text{-R}'\text{NH}_2 \\ (-)\text{-RCOOH}(+)\text{-R}'\text{NH}_2 \end{array} \Big\}\ \text{非对映体的混合物}$$

外消旋体　　旋光性碱

重结晶

$(+)\text{-RCOOH}(+)\text{-R}'\text{NH}_2$ 　　　　$(-)\text{-RCOOH}(+)\text{-R}'\text{NH}_2$

↓ HCl 　　　　　　　　　　　　　↓ HCl

$(+)\text{-RCOOH}+(+)\text{-R}'\text{NH}_2\text{HCl}$ 　　$(-)\text{-RCOOH}+(+)\text{-R}'\text{NH}_2\text{HCl}$

图 5-1　外消旋体化学拆分法步骤

对于外消旋酸的拆分可用旋光性的碱如吗啡、奎宁、士的宁等。拆分外消旋碱时，则需用具有旋光性的酸（右旋或左旋），常用的是酒石酸、苹果酸和樟脑-β-磺酸。而无酸、碱基团的外消旋体可先接上酸、碱基团再行拆分。

课后总结与思考

1. 写出下列反应的主要产物。

(1) 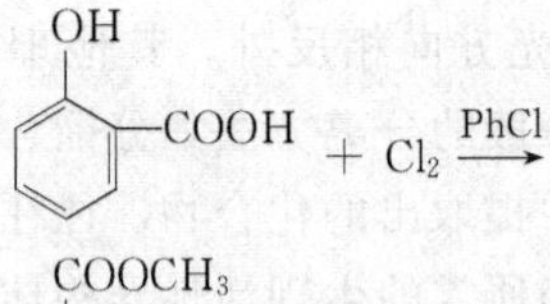 + Cl$_2$ $\xrightarrow{\text{PhCl}}$

(2) + Cl$_2$ $\xrightarrow[15\sim20℃]{\text{HAc}}$

(3) + 2Br$_2$ $\xrightarrow{\text{CHCl}_3}$

(4) + Cl$_2$ $\xrightarrow[60\sim65℃]{\text{光照}}$

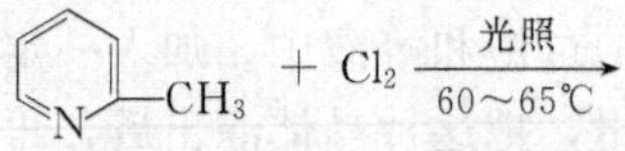

(5) + SOCl$_2$ $\xrightarrow{\text{ZnCl}_2}$

(6) CH$_3$CHCOOC$_2$H$_5$ + NBS $\xrightarrow{77℃}$
　　　│
　　　OH

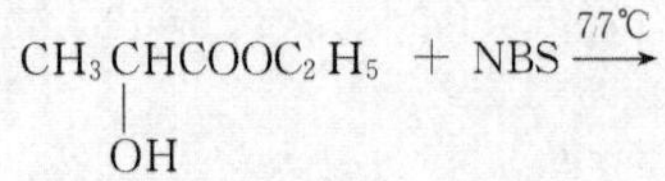

(7) —NHCOCH$_3$ + Br$_2$ $\longrightarrow$

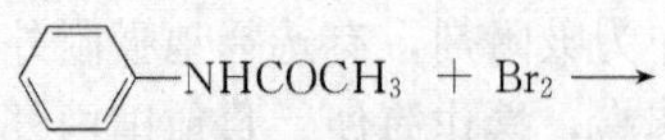

(8) $\xrightarrow{\text{SOCl}_2}$

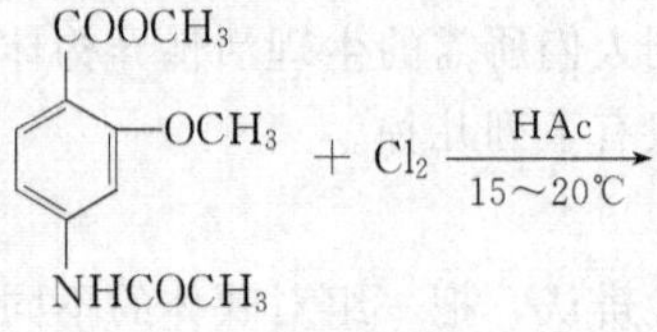

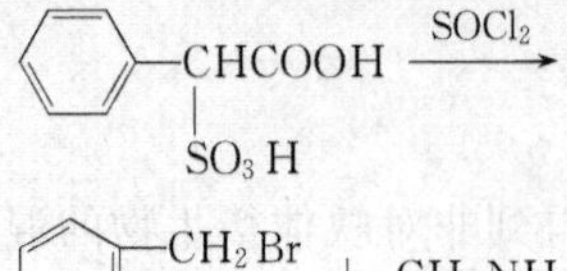

(9) + CH$_3$NH— $\xrightarrow{\text{C}_2\text{H}_5\text{OH}}$

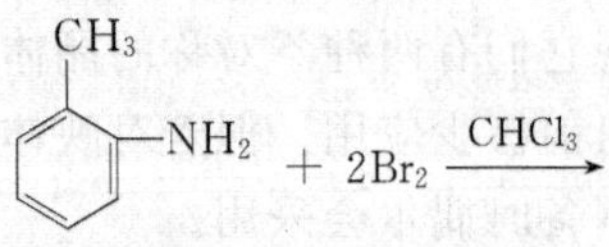

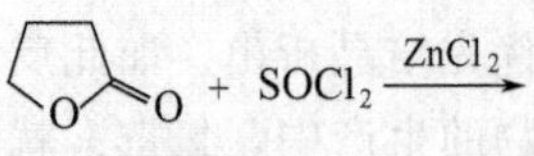

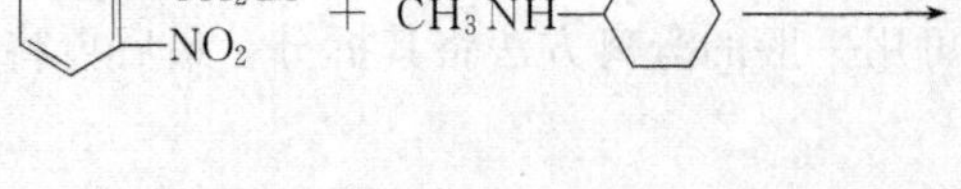

(10) 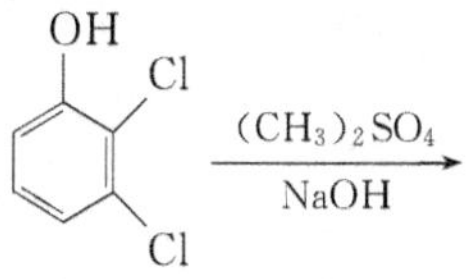 [结构式：苯环，OH，2,3-二氯] $\xrightarrow[\text{NaOH}]{(CH_3)_2SO_4}$

(11) 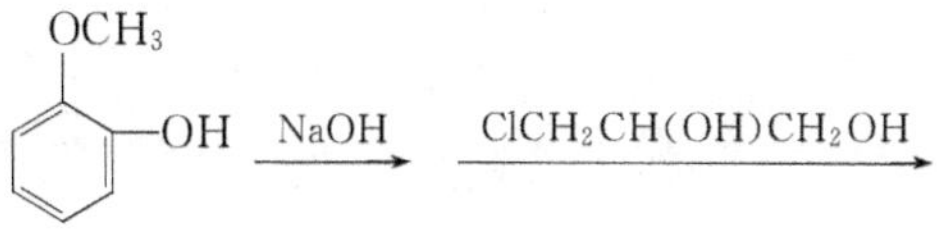 [结构式：苯环，OCH_3，OH] $\xrightarrow{\text{NaOH}}$ $\xrightarrow{\text{ClCH}_2\text{CH(OH)CH}_2\text{OH}}$

(12) 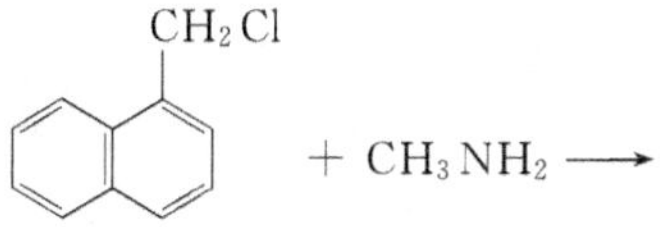 [萘环，CH_2Cl] $+ CH_3NH_2 \longrightarrow$

(13) 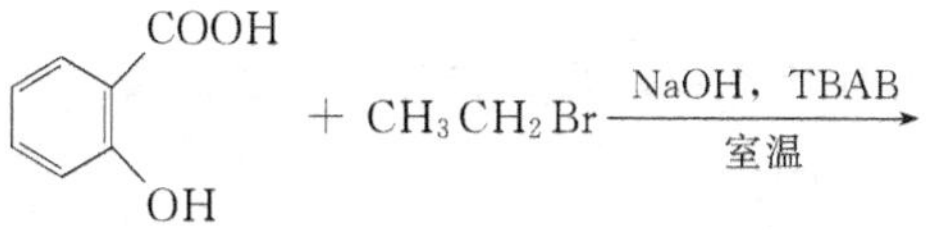 [苯环，COOH，OH] $+ CH_3CH_2Br \xrightarrow[\text{室温}]{\text{NaOH，TBAB}}$

(14) 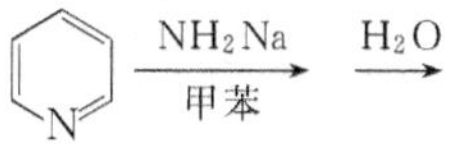 [吡啶] $\xrightarrow[\text{甲苯}]{\text{NH}_2\text{Na}}$ $\xrightarrow{\text{H}_2\text{O}}$

(15) 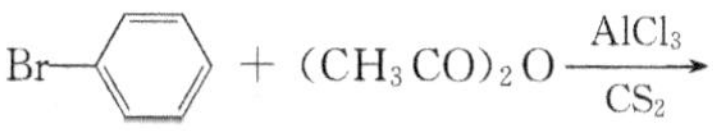 Br—[苯环] $+ (CH_3CO)_2O \xrightarrow[\text{CS}_2]{\text{AlCl}_3}$

(16) 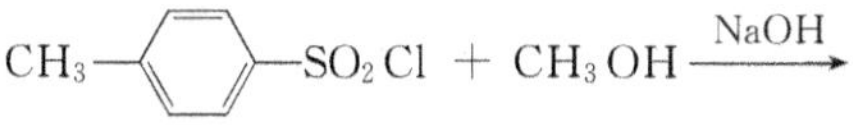 CH_3—[苯环]—$SO_2Cl + CH_3OH \xrightarrow{\text{NaOH}}$

(17) 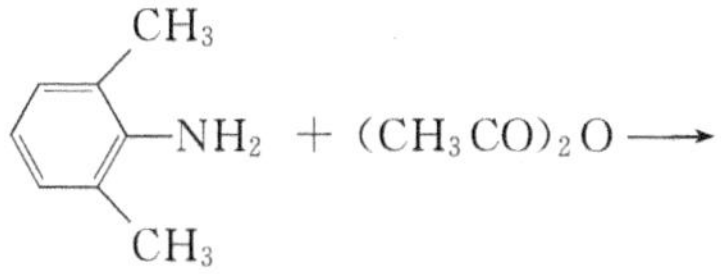 [苯环，2,6-二甲基]—$NH_2 + (CH_3CO)_2O \longrightarrow$

(18) 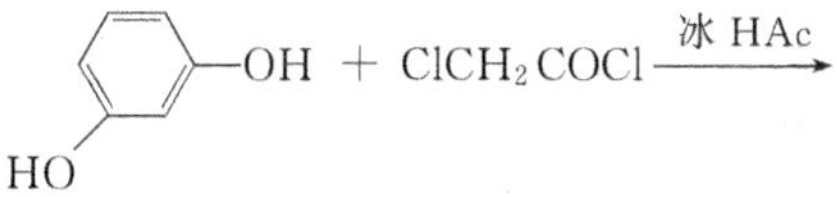 [苯环，3,5-二羟基]—$OH + ClCH_2COCl \xrightarrow{\text{冰 HAc}}$

(19)  [苯环]—$NHCOCH_3 \xrightarrow[\text{HNO}_3]{\text{H}_2\text{SO}_4}$

(20)  [苯环]—$CH_2Cl \xrightarrow[\text{HNO}_3]{\text{H}_2\text{SO}_4}$

(21) 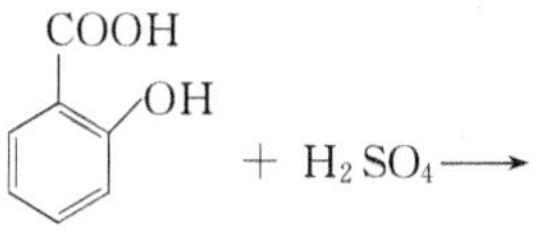 [苯环，COOH，OH] $+ H_2SO_4 \longrightarrow$

(22) 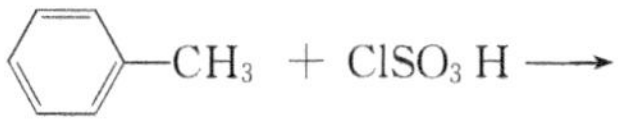 [苯环]—$CH_3 + ClSO_3H \longrightarrow$

(23) 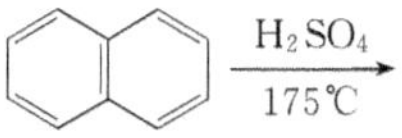 [萘环] $\xrightarrow[\text{175℃}]{\text{H}_2\text{SO}_4}$

(24) 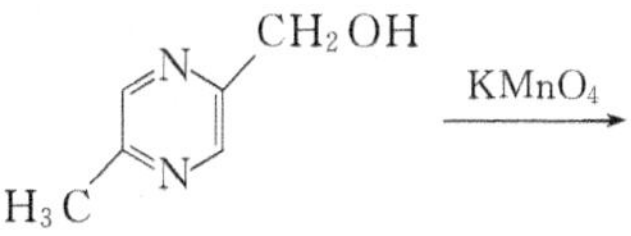 [吡嗪环，CH_2OH，H_3C] $\xrightarrow{\text{KMnO}_4}$

(25) 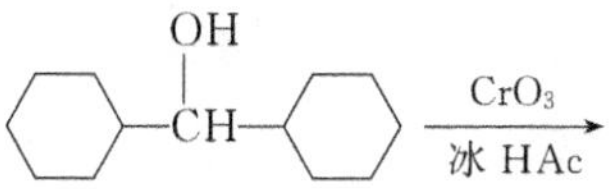 [环己基]CH[环己基]，OH $\xrightarrow[\text{冰 HAc}]{\text{CrO}_3}$

(26) $(CH_3)_2CHCH_2CH_2OH \xrightarrow[\text{H}_2\text{SO}_4]{\text{K}_2\text{Cr}_2\text{O}_7}$

(27)
$$\text{Ph-CH=CHCH}_2\text{NCH(CH}_3)_2 \quad \xrightarrow[\text{C}_2\text{H}_5\text{OH}]{\text{KMnO}_4, \text{MgSO}_4}$$
（苯基，支链含 COCH₃）

(28)
$$\text{Ph-COCH}_2\text{CH}_2\text{COOH} \quad \xrightarrow[\text{HCl}]{\text{Zn-Hg}}$$

(29)
$$\text{Ph-COCH}_2\text{CH}_2\text{COOH} \quad \xrightarrow{\text{NaBH}_4}$$
（苯基含 OH）

(30)
$$\text{Ph-C(Ph)(OH)-CH}_2\text{CH}_2\text{NH}_2 \quad \xrightarrow[\text{HCHO}]{\text{H}_2, \text{Ni}}$$

2. 以指定的有机物为主要原料合成下列目标产物，写出相关反应方程式。

(1) $\text{Br-C}_6\text{H}_4\text{-COCH}_3 \longrightarrow \text{Br-C}_6\text{H}_4\text{-CHCH}_3(\text{Cl})$

(2) $\text{C}_6\text{H}_5\text{-CH}_2\text{Cl} \longrightarrow \text{C}_6\text{H}_5\text{-CH}_2\text{CH}_2\text{COCH}_3$

(3)
$$\text{COOC}_2\text{H}_5, \text{OH}, \text{NO}_2 \text{ 取代苯} \longrightarrow \text{COOH}, \text{OC}_4\text{H}_9, \text{NO}_2 \text{ 取代苯}$$

(4)
$$\text{CH}_2\text{Br}, \text{CH}_3\text{-C(CH}_3)\text{-CH}_2\text{CH}_3 \text{ 取代苯} \longrightarrow \text{CH}_2\text{CHCOOH}(\text{CH}_3), \text{CH}_3\text{-C(CH}_3)\text{-CH}_2\text{CH}_3 \text{ 取代苯}$$

(5)
$$\text{环己基-Cl} \longrightarrow \text{环己基-COOH}$$

(6)
$$\text{对苯二酚（OH, OH）} \longrightarrow \text{OCH}_3, \text{COCH}_2\text{CH}_3, \text{OCH}_3 \text{ 取代苯}$$

(7)
$$\text{NH}_2, \text{OCH}_3 \text{ 取代苯} \longrightarrow \text{NH}_2, \text{NO}_2, \text{OCH}_3 \text{ 取代苯}$$

(8)
$$\text{NH}_2, \text{CH}_3 \text{ 取代苯} \longrightarrow \text{O}_2\text{N}, \text{NH}_2, \text{CH}_3 \text{ 取代苯}$$

(9)
$$\text{苯酚（OH）} \longrightarrow \text{OH, Cl, Cl 取代苯}$$

(10)

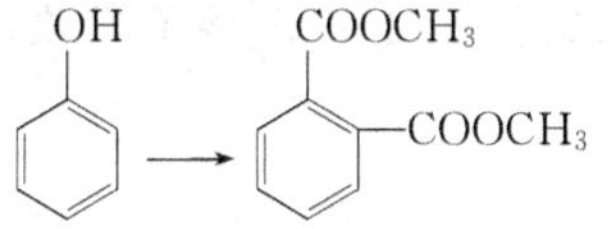

(11)

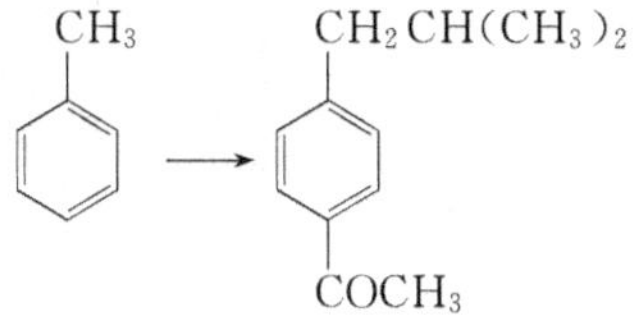

3. 试从工艺条件要求、收率、安全等方面进行分析比较以下邻硝基苯酚合成路线的优缺点。

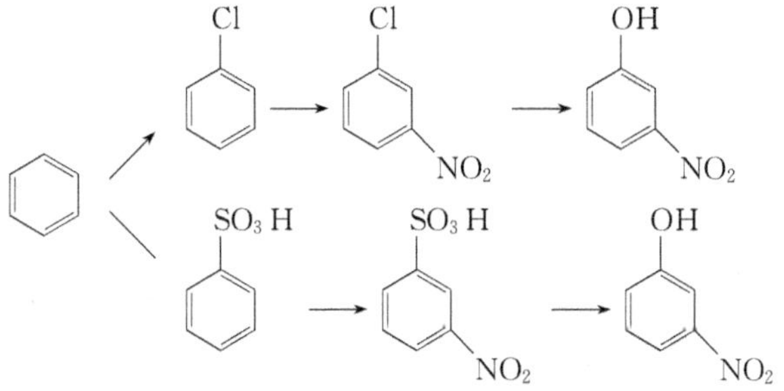

4. 对乙酰氨基苯酚，又称为扑热息痛，是临床使用的解热镇痛药。其合成路线有多条，其中一种实验室合成方法可以硝基苯酚钠为原料制备产品，步骤如下：

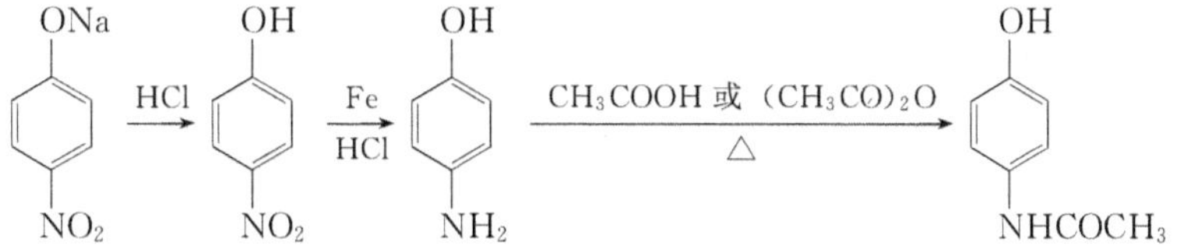

试分析讨论以下问题：

(1) 指出本合成路线的主要化学反应类型。

(2) 第一步反应中，若改用硫酸是否可以，为什么？

(3) 第二步反应中，从安全性、产品质量（纯化、后处理等）方面讨论设计工艺过程。

(4) 第三步反应中会有少量的深褐色或黑色物质产生，试说明原因，如何避免这些物质的产生？

(5) 第三步反应中，选用不同的酰化试剂对反应工艺有何影响？比较不同酰化试剂的优缺点。

(6) 如何促使酰化反应进行完全？

5. 试写出以 N-烷基化法一步合成胃动力药多潘立酮的原料 5-氯-1-[1-[3-(2,3-二氢-2-氧代-1H-苯并咪唑-1-基)丙基]-4-哌啶基]-1,3-二氢-2H-苯并咪唑-2-酮的方法，简要说明工艺条件。

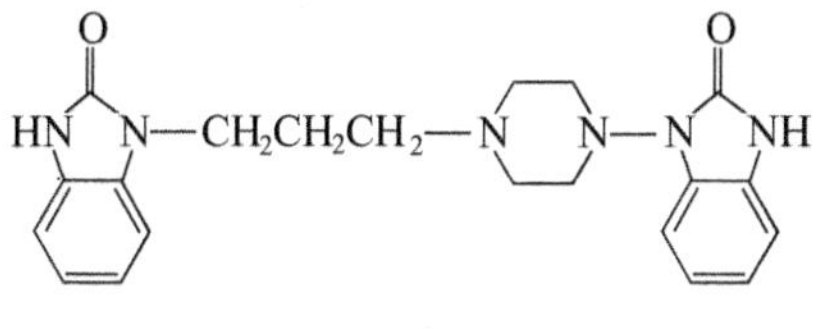

6. 查阅文献，试述以甲苯为原料合成造影剂 3-乙酰氨基-2,4,6-三碘苯甲酸的方法及工艺条件。

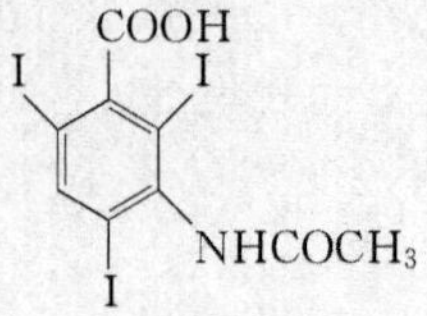

$$\begin{array}{c} \text{COOH} \\ \text{I} \quad \bigcirc \quad \text{I} \\ \text{I} \quad \quad \text{NHCOCH}_3 \end{array}$$

第六章　化学原料药合成技术

化学原料药的开发工作需要通过小试合成来实现，这不仅需要对合成反应有深刻的理解，而且需要掌握一定的实验技术和实验方法。

第一节　原料药合成实验技术概述

一、合成技术

搅拌、加热、冷却、回流和干燥是促进或控制原料药合成的常用技术。

1. 搅拌技术

在原料药合成实验中，使用搅拌可以较好地控制反应温度，同时也能缩短反应时间和提高收率。搅拌方法有三种，即人工搅拌、磁力搅拌和机械搅拌。

（1）人工搅拌　即用手摇动反应烧瓶，用两端烧光滑的玻璃棒沿着反应烧瓶的器壁均匀搅动（注意避免玻璃棒碰撞器壁）。在反应物量少、反应时间短，而且不需要加热或者温度不太高的操作中可采用人工搅拌。

（2）电动搅拌　电动搅拌装置基本由电机、搅拌棒和搅拌头三部分组成，带有电动搅拌的各种回流反应装置见图 4-10。搅拌装置安装好以后，应先用手指搓动搅拌棒试转，确信搅拌棒在转动时不触及烧瓶底和温度计以后，才可启动电源。电动搅拌适用于反应物料较多，或反应液黏度较大，或有大量固体参加或生成的合成实验。

（3）磁力搅拌　磁力搅拌是以电机带动磁场，并以磁场控制磁子旋转。现在的磁力搅拌大多与加热套相结合，具备加热、搅拌、控温等多种功能，使用方便。使用磁力搅拌时应该注意：①加热温度不能超过磁力搅拌器的最高使用温度；②若反应物料过于黏稠，或调速较急，会使磁子跳动而撞破烧瓶；③圆底烧瓶在磁力搅拌器上直接加热时，受热不够均匀，根据不同的温度要求，可以将圆底烧瓶置于水浴或油浴中，也可以用磨口锥形瓶代替圆底烧瓶直接在磁力搅拌器上加热、搅拌。磁力搅拌适用于反应物料较少、反应液是低黏度液体或固体量很少且需要连续搅拌的合成实验。

2. 加热技术

有些原料药合成在室温下难以进行或进行得很慢，为了加快反应速率，要采用加热的方法。另外，许多基本操作如蒸馏、重结晶等也需要加热。加热技术在原料药合成实验中既普遍又重要。

由于玻璃对于剧烈的温度变化和不均匀的加热是不稳定的，而且局部过热还可能导致有机化合物的部分分解，因此在合成实验中应避免直接加热，需根据液体的沸点、化合物的特性和反应的要求选用合适的热浴介质进行间接加热。

常用的传热介质有空气、水、有机液体、熔融的盐和金属等。通过空气浴、水浴、油浴、酸浴、砂浴等形式给反应物均匀、理想的温度。现将常用加热载体及温度范围列于表 6-1 中。

无论选择何种热浴，都需注意容器应浸入热浴中，热浴液面要高于容器内的液面，勿使反应器底触及容器。

表 6-1　实验室常用热浴

热浴类别	热浴媒介	容器	加热温度范围/℃	注意事项
水浴	水	铜锅或其他	约 90	若使用各种无机盐的饱和溶液,则沸点可以提高
水蒸气浴	水		约 95	
空气浴	空气		>80	
油浴	甘油	铜锅或其他	100~150	加热温度过高会炭化,油中切勿溅水
	植物油	铜锅或其他	100~220	常加入 1% 对苯二酚等抗氧化剂,以增加其热稳定性
	石蜡油	铜锅或其他	100~220	易燃烧
	硅油	铜锅或其他	100~250	价格贵
	真空泵油	铜锅或其他	100~250	价格贵
砂浴	砂	铁盘	高温	
酸浴	浓硫酸		250~270	加热至 300℃ 时会分解冒白烟
	浓硫酸:硫酸钾(质量分数 70%)		250~325	
	浓硫酸:硫酸钾(质量分数 60%)		250~365	
盐浴	如硝酸钾与硝酸钠等量混合	铁锅	220~680	浴中切勿溅水,将盐保存在干燥器中
金属浴	各种低熔点金属、合金等	铁锅	70~350	加热至 350℃ 以上时金属逐渐氧化

3. 冷却技术

许多有机反应是放热反应,随着反应的进行,温度将不断上升,使反应难以控制,或引起副反应,需对反应体系进行适当的冷却,使反应温度控制在一定范围内。冷却技术可分为直接冷却和间接冷却两种,大多数情况下使用间接冷却,即通过玻璃器壁,向周围的冷却介质自然散热,以达到降低温度的目的。

常用冷浴的组成及冷却温度范围如表 6-2 所示。

表 6-2　常用冷浴组成及浴温

冷浴组成	浴温/℃	冷浴组成	浴温/℃
水	室温	干冰+氯仿	-61
冰-水	0~5	干冰+乙醇	-72
NaCl+碎冰(1:3)	-20~-5	干冰+丙酮	-78
NH$_4$Cl+碎冰(3:10)	约-15	干冰+乙醚	-100
NaNO$_3$+碎冰(3:5)	-20~-13	液氨+乙醚	-116
CaCl$_2$·6H$_2$O+碎冰(5:4)	-50~-40	液氨+乙酸乙酯	-84
液氨	-33	液氨+甲醇	-98
干冰+乙二醇	-11	液氨+乙醇	-116
干冰+四氯化碳	-23	液氨+戊烷	-131
干冰+3-庚酮	-38	液氨	-196
干冰+乙腈	-41		

使用冷却操作时应注意:不要使用超过所需范围的冷却剂,否则既增加成本,又影响反应速率。当温度低于-38℃时,不能使用水银温度计,因为低于-38.87℃时水银就会凝固,可使用装有有机液体(如甲苯可达-90℃,正戊烷可达-130℃)的低温温度计。不能让液氮和干冰与皮肤接触,以免冻伤皮肤。

4. 回流技术

大多数合成反应需要在反应溶剂或液体反应物的沸点附近进行,反应时间较长,为了尽量减少溶剂及反应原料的蒸发逸散,确保收率并避免易燃、易爆或有毒物料逸漏事故,需在反应瓶口上安装冷凝管,使反应过程中产生的蒸汽通过冷凝管时被冷凝而流回到反应体系中重新受热汽化,这种连续不断地沸腾汽化再冷凝流回的过程称为回流。回流也常用于某些分离纯化实验，如重结晶中使用挥发性溶剂溶解样品、连续萃取、分馏及某些干燥过程等。常用回流装置及装配方法在第四章第二节已作介绍。

5. 干燥技术

干燥是指除去附在固体、或混杂在液体或气体中的少量水分，也包括除去少量溶剂。干燥的类型可分为物理干燥法和化学干燥法两种，分馏、共沸蒸馏、分子筛脱水等属于物理方法。而化学方法则是使用干燥剂，使其与水作用可逆地生成水合物如硫酸钙、硫酸镁、硫酸钠、氯化钙；或与水发生不可逆的化学反应如金属钠、氧化钙、五氧化二磷等，由于它们与水生成了比较稳定的化合物，有时不需过滤可直接蒸馏纯化。实验室中较常用的是化学干燥法。

（1）气体物质的干燥　通常是让气体通过装有各种干燥剂的容器（如干燥管、干燥塔、U形管等），经干燥剂的脱水作用而获得干燥的气体。常用于气体干燥的干燥剂种类及使用范围见表 6-3。

表 6-3　干燥气体的常用干燥剂

干燥剂	可干燥的气体
石灰、碱石灰、固体氧化钠(钾)	NH_3、胺类
无水氯化钙	H_2、HCl、CO_2、CO、SO_2、N_2、O_2、低级烷烃、醚、烯烃、卤代烃
五氧化二磷	H_2、CO_2、CO、SO_2、N_2、O_2、烷烃、乙烯
浓硫酸	H_2、Cl_2、CO_2、CO、N_2、HCl、烷烃
溴化钙、溴化锌	HBr

（2）液态物质的干燥　液态有机物的干燥操作一般在干燥的锥形瓶中进行，按照条件选定适量的干燥剂（一般每毫升液体需 0.5～1g 干燥剂）投入液体中，塞紧（用金属钠干燥时例外，此时塞中应插入一根无水氯化钙管，使氢气放空而水汽不致进入），振荡片刻，静置，使所有的水分全被吸去，然后过滤、精制。

选择干燥剂的基本原则是：不能与被干燥的液体有机物发生化学反应。如醇、胺、醛、酯类化合物干燥不宜用氯化钙，以免反应形成配合物而使物料损失。不能溶于被干燥的液体物质。干燥速率快，价格低廉。表 6-4 列出了各类液体有机物的常用干燥剂。

表 6-4　各类液态有机物的常用干燥剂

液态有机物	适用的干燥剂	液态有机物	适用的干燥剂
醚类、烷烃、芳烃	$CaCl_2$、Na、P_2O_5	酯类	$MgSO_4$、Na_2SO_4
醇类	K_2CO_3、$MgSO_4$、Na_2SO_4、CaO	卤代烃	$MgSO_4$、Na_2SO_4、K_2CO_3
醛类	$MgSO_4$、Na_2SO_4	有机碱类（胺类）	$NaOH$、KOH
酸类	$MgSO_4$、Na_2SO_4、K_2CO_3		

干燥后的液体应该是澄清的，而干燥前的液体多呈浑浊状，由浑浊变为澄清可作为判断干燥是否完成的简单标志。

（3）固体物质的干燥　固体有机物干燥时要根据被干燥固体有机物和被除去的溶剂的性质选择适当的干燥方法。实验室用于干燥固体有机物的方法大致有自然干燥、加热干燥和干燥器干燥三种。其中加热干燥通常使用烘箱或红外灯烘干，应注意加热温度必须低于固体有机物的熔点或分解点，加热时要随时翻动固体，防止有结块或"烤焦"现象。

二、分离纯化技术

合成的目标产物常常是与过剩的原料、溶剂和副产物混杂在一起的。原料药除了对产品有严格的纯度要求外，对杂质的品种和含量《中国药典》中也有严格的规定，因此对原料药合成来说，分离纯化是非常关键的过程。常用的分离纯化方法有：萃取和洗涤、蒸馏、分馏、结晶和升华等。根据待分离体系特点和对产品的不同要求，可选用不同的分离方法。

1. 萃取和洗涤技术

萃取和洗涤在原理上是一样的，都是利用一种物质在两种互不相溶的溶剂中具有不同的溶解度的性质，将该物质从一种溶剂转移到另一种溶剂中，从而达到分离提纯的目的。从混合物中提取所需要的物质的操作称为萃取或提取；从混合物中去除少量杂质的操作称为洗涤。

萃取溶剂的选择根据被萃取物质在此溶剂中的溶解度而定，同时又要易于和被萃取物分离开。萃取剂的选择要满足下列原则：萃取剂与原溶液互不混溶，也不发生反应；被萃取物在萃取剂中的溶解度应比在原溶液中的大；萃取剂与原溶液应有一定的密度差，以利于两相分层；萃取剂的沸点要比较低，容易通过蒸馏的方法与被萃取物分离；毒性小，价格低。

一般情况下，水溶性较小的物质可用石油醚萃取，水溶性较大的物质可用苯或乙醚萃取，水溶性极大的物质可用乙酸乙酯萃取。常用的萃取剂有乙醚、石油醚、苯、乙酸乙酯、氯仿、二氯甲烷等。

为了提高萃取效率，减少溶剂用量和被纯化物的损失，可采用连续萃取。液体的连续萃取要在专门仪器中进行，根据溶液密度的不同，有图 6-1 和图 6-2 两种不同的连续萃取装置。

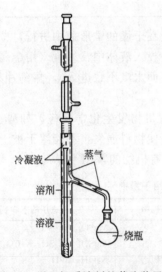

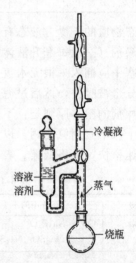

图 6-1　用于轻质溶剂的萃取装置　　　　图 6-2　用于重质溶剂的萃取装置

溶剂在烧瓶中加热至沸，不断地蒸发，在回流冷凝管冷凝后，以小液滴流经提取的溶液（重质提取剂）或由溶液底部逐渐浮升到顶部（轻质提取剂），在此过程中，提取了溶解在溶液中的被提取物。如此不断地进行，提取液的浓度逐渐增大，直至提取完全。

2. 蒸馏技术

蒸馏是利用混合物在同一温度和压力下，各组分具有不同的蒸气压（挥发度）的性质达到分离的目的。根据被分离混合物中各组分的物理化学性质、含量及最终产品的纯度要求不同，蒸馏可以有以下几种方法。

（1）简单蒸馏　是先将液体加热至沸，使液体变为蒸气，然后使蒸气冷却再凝结成液体并收集在另一容器中的操作过程。常用的简单蒸馏装置如图 6-3 所示。在进行简单蒸馏操作时应注意以下问题：蒸馏时必须有良好的搅拌装置或加热液体前加入助沸物（沸石）引入汽化中心，以保证液体在沸腾时能平稳连续地产生蒸气泡。

（2）水蒸气蒸馏　水蒸气蒸馏就是将水与有机化合物一起蒸馏。它有两种操作方法，第一种方法是将装有待蒸馏有机物和水的烧瓶进行加热，就地产生蒸汽，这称为直接法。第二种方法是将蒸汽管道中引出的活蒸汽通入装有待蒸馏的有机化合物的烧瓶内，也称为活蒸汽法。活蒸汽法应用最广，也是最有效的方法，甚至固体物的提纯也可采用。

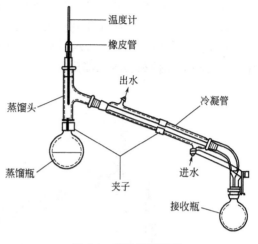

图 6-3　简单蒸馏装置

水蒸气蒸馏主要用于以下几种情况：

① 反应混合物中存在大量焦油状或树脂状杂质，需从中分离出产物时；

② 从反应混合物中除去挥发性的副产物或未反应完的原料；

③ 除去不挥发性的有机杂质；

④ 从较多固体反应混合物中分离被吸附的液体产物；

⑤ 沸点较高，且在接近或达到沸点温度时易分解、变色的挥发性液体或低熔点固体有机化合物的分离提纯。

用水蒸气蒸馏分离的有机化合物有其自身的结构特点。一般需具备下列条件：

① 不溶或难溶于水；

② 与沸水或水蒸气长时间共存下不发生任何化学变化；

③ 在 100℃ 左右具有一定的蒸气压，一般不小于 667Pa（5mmHg）。

常见液体有机物与水形成二元共沸物见附录 2。

常用的水蒸气蒸馏装置如图 6-4 所示。将水蒸气发生器中的水加热至沸腾，待烧瓶中有机物的温度接近 100℃，开始通入水蒸气。为了提高蒸馏效率，需注意调节蒸汽的导入速率，确保水蒸气蒸馏系统的通畅，达到使蒸汽尽快通过冷凝管但又可被不断地冷凝。

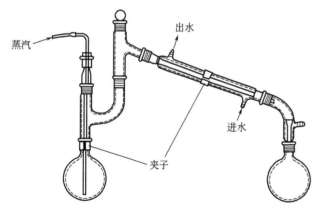

图 6-4　水蒸气蒸馏装置

（3）减压蒸馏　也称为真空蒸馏，是分离、提纯液体（或低熔点固体）的一种重要方法。液体沸腾的温度是随外界压力的降低而降低的，因而如用一泵连接盛有液体的容器，使液体表面的压力降低，即可降低液体的沸点，使化合物在较低的温度下进行蒸馏。这种在较低压力下进行的蒸馏操作称为减压蒸馏（或真空蒸馏）。

减压蒸馏主要应用于以下几种情况：

① 纯化高沸点有机物；

② 分离或纯化在常压沸点温度下易于分解、氧化或发生其他化学变化的液体；

③ 分离在常压下应沸点相近而难于分离，而在减压条件下可有效分离的液体化合物；

④ 分离纯化低熔点固体。例如苯酚的蒸馏,若在常压下进行,则蒸馏温度在 180℃ 以上,而在此温度下,苯酚易发生氧化和树脂化,影响产品的质量和收率。采用减压蒸馏,在真空度为 66.7kPa 时,则在 145℃ 以下即可将苯酚蒸出。

对于具体某个化合物减压到一定程度后其沸点是多少,可以查阅有关资料。

减压蒸馏装置如图 6-5 所示,整个系统可分为蒸馏(包括冷凝、接收部分)、减压以及在它们之间的保护和测压三部分。

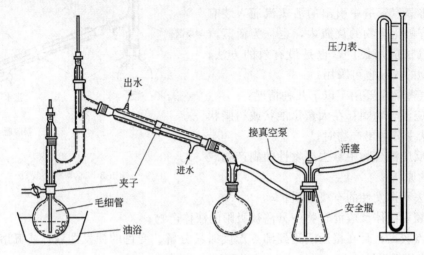

图 6-5　减压蒸馏装置

减压蒸馏技术在蒸馏部分与简单蒸馏相似,在操作过程中需注意以下问题。

① 要防止产生暴沸现象。由于在压力减少的情况下,液体挥发所形成的蒸气体积比常压下大许多倍,容易成为大气泡从液体中冲出而造成猛烈飞溅。沸石对防止暴沸一般是无效的,为了使沸腾均匀和稳定,常用一根细且柔软的毛细管伸到蒸馏烧瓶底部,使极少量的空气进入液体呈微小气泡冒出,作为液体沸腾的汽化中心。防止暴沸的另一方法是在蒸馏烧瓶中放一磁性搅拌子,在磁力搅拌器的带动下,搅拌子在液体中不断地旋转,使蒸馏平稳进行。

② 当需要的真空度较高时,薄薄一圈真空油脂可防漏气,整个减压蒸馏装置中凡有磨口的地方,都应在磨口接头处涂抹真空油脂。

③ 根据蒸出液体的沸点选用合适的热浴和冷凝管。如果蒸馏的液体量不多而且沸点甚高,或是低熔点的固体,也可不用冷凝管而将克氏蒸馏头的支管通过接引管直接与接收瓶相连。蒸馏沸点较高的物质时,最好用石棉绳或石棉布包裹蒸馏烧瓶的颈部,减少散热。

④ 控制热浴温度,使它比液体的沸点高 20~30℃。

3. 分馏技术

两种或两种以上能互溶的液体混合物,如果它们的沸点比较接近,用简单蒸馏难以分离,这时可用分馏柱进行分离,即分馏,也称为精馏。分馏实际上相当于多次简单蒸馏,已广泛地用于混合物的分离和产物的纯化。

分馏就是使沸腾着的混合物蒸气通过分馏柱进行一系列的热交换。由于柱外空气的冷却,蒸气中高沸点的组分被冷却为液体,回流到烧瓶中,故上升的蒸气中含低沸点的组分就相对地增加。当冷凝液回流途中遇到上升的蒸气,两者之间又进行热交换,上升的蒸气中高沸点的组分又被冷凝,低沸点的组分仍继续上升,易挥发的组分又增加了,如此在分馏柱内反复进行着汽化-冷凝-回流等程序，当分馏柱的效率相当高且操作正确时，在分馏柱顶部出来的蒸气就接近于纯低沸点的组分，最终便可将沸点不同的物质分离出来。常用的分馏装置如图 6-6 所示。

分馏操作方法与蒸馏大致相同，在进行分馏操作时应注意以下问题：分馏柱越高，分离效果就越好，但是分馏柱过高会影响馏出速率；分馏柱内的填充物起到增加蒸气与回流液接触的作用，填充物比表面积越大，越有利于提高分离效率；在分馏过程中，需要调节加热温度，使馏出速率适中，以得到较好的分离效果。

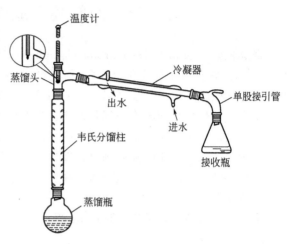

图 6-6　分馏装置

4. 重结晶技术

把固体溶解在热的溶剂中达到饱和，冷却时由于溶解度降低，溶液变成过饱和析出晶体，而杂质全部或大部分留在溶液中（或被过滤除去）的提纯过程称为重结晶。这是固体有机化合物最普遍、最常用的提纯方法。

重结晶的好坏关键在于选择适当的溶剂，它影响被提纯物质的纯度与收率。理想的重结晶溶剂应具备下列几个条件：溶剂不与被提纯物质起化学反应；在较高温度时能溶解多量的被提纯物质，而在室温或更低温度时只能溶解很少量；对杂质的溶解度非常大或非常小（前一种情况是使杂质留在母液中，不随被提纯物质一同析出。后一种情况是使杂质在热过滤时被滤去）；溶剂的沸点适中，易与被提纯物质分离除去。被提纯物质在该溶剂中有较好的结晶状态，能给出较好的晶体；价廉易得，毒性低，回收率高，操作安全。

如果未能找到某一合适的溶剂，则可采用混合溶剂。混合溶剂通常是由两种互溶的溶剂组成，其中一种对被提纯物质的溶解度很大（称为良溶剂），而另一种对被提纯物质的溶解度很小（称不良溶剂）。常用的重结晶混合溶剂如下：甲醇-水、乙醇-水、乙酸-水、丙酮-水、乙醚-甲醇、乙醚-丙酮、乙醚-石油醚（30～60℃）、苯-石油醚（60～90℃）、二氯甲烷-甲醇、二氧六环-水、氯仿-乙醚、苯-无水乙醇。

5. 升华

升华是指固体物质直接气化为蒸气，然后再由蒸气直接冷凝为固体物质的过程。升华法可以除去不挥发杂质或分离不同挥发度的固体物质。该法的优点是产品纯度高，缺点是操作时间长，损失较大。

用升华法来纯化固体需要满足两个条件。

① 被提纯物应具有较高的蒸气压，（高于 2.666kPa，即 20mmHg），在低于熔点时，就可以产生足够的蒸气，使固体不经熔融状态直接变为气体，从而达到分离的目的。

② 杂质的蒸气压与被提纯物的蒸气压有显著的差别，即杂质的蒸气压尽可能低。一般来说，对称性较高的固态物质具有较高的熔点，而且在熔点温度以下具有较高的蒸气压，易于用升华来提纯，例如：樟脑、蒽醌等。

常用的升华方法有常压升华法和减压升华法两种。常压升华是在熔点以下具有较高蒸气压的有机化合物通常采用的提纯方法，如苯甲酸、水杨酸、樟脑、碘仿、六亚甲基四胺等。在常压下具有适宜升华蒸气压的有机物不多，常常需要减压以增加固体的升华速率，即减压升华，这一方法与高沸点液体的减压蒸馏相仿。减压升华是采用减小外界气压的方法提高升华速率，使常压下不宜升华的物质顺利地进行升华。

第二节　原料药合成中的薄层色谱技术

薄层色谱（Thin Layer Chromatography）又称薄层色谱、薄板色谱或薄板色谱，常用TLC表示。它是快速分离和定性分析少量物质的一种重要的实验技术，具有设备简单、速度快、分离效果好、灵敏度高以及能使用腐蚀性显色剂等优点，适用于挥发性较小或在较高温度下容易发生变化而不能用气相色谱分析的化合物。

薄层色谱分离的原理是利用混合物中的各个组分对吸附剂（固定相）的吸附能力不同，当展开剂（流动相）流经吸附剂时，发生无数次吸附和解吸过程，吸附力弱的组分随流动相迅速向前移动，吸附力强的组分滞留在后，由于各组分具有不同的移动速度，最终各组分得以在固定相薄层上分离。

混合物经分离后，常用比移值 R_f 表示各组分在薄层板中的位置。

$$R_f = \frac{a}{L}$$

式中　a——分离后各纯物质的斑点中心到点样原点的距离；

　　　L——溶剂前沿到点样原点的距离。

R_f 值介于 0～1 之间。由于各组分的吸附能力不同，导致移动速度不同，所以 R_f 不同，故 R_f 可作定性分析的依据。在分离物质时各组分的值差别越大，混合物越容易分离。

一、薄层色谱技术的应用

在原料药合成实验中，薄层色谱主要有以下几种用途。

1. 跟踪原料药合成反应进程

通过点板，观察反应混合物样点的相对浓度变化。若只有原料点，说明反应没有进行；若原料点很快变淡，产物点很快变浓，说明反应在迅速进行；若原料点基本消失，产物点变得很浓，则说明反应基本完成。

2. 为柱色谱选择吸附剂和洗脱剂

一般来说，使用某种固定相和流动相可以在色谱柱中分离开的混合物，这种固定相和流动相也可以在薄层板上分离开。因此可利用薄层色谱为柱色谱选择吸附剂和洗脱剂。

3. 检验其他分离纯化效果

将通过蒸馏、重结晶、萃取等分离纯化技术分离出来的组分溶样点板，用两种展开剂展开后如果都只有一个斑点，则说明已经完全分离开或已是纯样品了；若展开后仍有两个或多个斑点，则说明分离纯化尚未达到预期的效果。

4. 大致确定混合物中含有的组分数

一般来说，混合物溶液点样展开后出现几个斑点，则大致可以说明混合物中有几个组分。

5. 判断两个或多个样品是否为同一物质

将各样品点在同一块板上，展开后若各样点爬升的高度相同，则大体上可以认定为同一个物质；若上升高度不同，则肯定不是同一物质。

6. 迅速获得少量高纯度样品

为了尽快从反应混合物中分离出少量高纯度样品作分析测试用，可采用大一点的薄层板，并增加薄层的厚度，将混合物液样点成一条线，一次可分离出数十毫克到 500mg 的测试样品。

7. 判断组分含量

根据薄层板上各组分斑点的相对浓度可粗略判断混合物中各组分的含量的相对高低。

二、薄色谱的制作

1. 薄层板的制作

薄层色谱常用的吸附剂是硅胶和氧化铝，常用的黏合剂是煅石膏、羧甲基纤维素钠（CMC）等。硅胶分两类，分别为硅胶 H（不含黏合剂）、硅胶 G（含 13% 煅石膏做黏合剂）。常用的硅胶 HF-254 吸附剂含荧光物质，可在波长 254nm 紫外线下观察荧光；硅胶 GF-254 既含煅石膏又含荧光物质。硅胶显酸性且极性较小，适用于酸性和中性化合物或极性较大的化合物（羧酸、醇、胺等）的分离与分析。氧化铝的极性大，适用于分离极性较小的化合物（烃、醚、醛、酮、卤代烃等）。

薄层板分为"干法制板"和"湿法制板"两种。干法制板在涂层时不加水，一般在氧化铝作吸附剂时使用。湿法制板是实验室最常用的制板方法，在制板前需将吸附剂制成糊状物。称取 3g 硅胶 G，边搅拌边慢慢加入盛有 6～7mL 0.5%～1% 羧甲基纤维素钠清液的烧杯中，调成糊状（3g 硅胶约可铺 7.5cm×2.5cm 载玻片 5～6 块）。注意硅胶 G 糊易凝结，所以必须现用现配，不宜久放。

湿板的制法有以下几种。

（1）涂布法 将涂布器（见图 6-7）洗净，把干净的载玻片在涂布器中摆好，上、下两边各夹块比载玻片厚 0.25mm 的玻璃板，在涂布器槽中倒入事先调制成的糊状物，将涂布器自左向右推，即可将糊状物均匀地涂在玻璃板上。

（2）浸渍法 把两块干净玻璃片背靠背贴紧，浸入吸附剂与溶剂调制的浆液中，取出后分开，晾干。

（3）平铺法 把吸附剂与溶剂调制的浆液倒在玻璃片上，用食指和拇指拿住载玻片，做前后、左右振摇，使其表面均匀平整。该法简便实用，实验室常用此法制作薄层板。通常是取 5g 硅胶 G 与 13mL 0.5%～1% 的羧甲基纤维素钠水溶液，在研钵中调匀，铺在清洁干燥的玻璃片上，大约可铺 10cm×4cm 玻璃片 8～10 块，薄层的厚度 0.25mm。室温晾干后，次日在 110℃烘箱内活化 30min，取出放冷后即可使用。

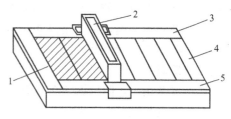

图 6-7 薄层板涂布器
1—吸附剂薄层；2—涂布器；
3，5—玻璃夹板；4—玻璃板

2. 薄层板的活化

薄层板的活性与吸附剂中的含水量有关，含水量越多，吸附能力越弱，活性越小。因此涂好的薄层板需在室温水平放置晾干后，放入烘箱内加热活化，活化条件根据需要而定。硅胶板一般在烘箱中渐渐升温，维持 105～110℃活化 30min。氧化铝板在 150～160℃活化 4h。注意硅胶板活化时温度不能过高，否则硅醇基会相互脱水而失活。活化后的薄层应放在干燥器内保存。

市售薄层板主要有硅胶薄层板、硅胶 GF-254 薄层板、聚酰胺薄板和铝基片薄层板等。市售薄层板在使用前一般应在 110℃活化 30min（聚酰胺薄板不需活化）。

三、薄层色谱法操作步骤

薄层色谱操作一般包括点样、展开、显色、计算比移值（R_f）等步骤。

1. 点样

将样品用低沸点溶剂配成 1%～5% 的溶液，用内径小于 1mm 的毛细管点样。点样前，先用铅笔在薄层板上距一端 1cm 处轻轻划一横线作为起始线，然后用毛细管吸取样品，在起始线上小心点样（见图 6-8）。斑点直径不超过 2mm，如果需要重复点样，则待前一次点样的溶剂挥发后，方可重复再点，以防止样点过大，造成拖尾、扩散等现象，影响分离效果。若在同一板上点两个样，样点间距以 1～1.5cm 为宜。待样点干燥后，方可展开。

图 6-8 点样

2. 展开

（1）展开步骤 薄层展开要在密闭的容器中进行（见图 6-9），广口瓶或带有橡皮塞的锥形瓶都可作为展开器。加入展开剂的高度为 0.5cm，可在展开器中放一张滤纸，以使器皿内的蒸汽很快地达到汽液平衡，待滤纸被展开剂饱和以后，把带有样点的板（样点一端向下）放在展开器内，并与器皿成一定的角度，同时使展开剂的水平线在样点以下，盖上盖子，当展开剂上升到离板的顶端约 1cm 处取出，并立即用铅笔标出展开剂的前沿位置，待展开剂干燥后，观察斑点的位置。若化合物不带色，可用碘熏或喷显色剂后观察，若化合物有荧光，可在紫外灯下观察斑点的位置。

（2）展开剂的选择 化合物在薄板上移动距离的多少取决于所选溶剂的不同。溶剂的极性越大，对化合物的洗脱能力也越大，即 R_f 值也越大。一般来说，若被分离物质的极性较小，可选用极性较小的溶剂作展开剂；若被分离物质的极性较大，可选用极性较大的溶剂作展开剂。一个好的溶剂体系应该使混合物中所有的化合物都离开基线，但并不使所有化合物都到达溶剂前端。最理想的 R_f 值为 0.4～0.5，良好的分离 R_f 值为 0.15～0.75，如果 R_f 值小于 0.15 或大于 0.75 则分离不好，就要调换展开剂重新展开。

选择展开剂时，除依据溶剂极性外，更多地采用试验的方法，在一块薄层板上进行试验：若所选展开剂使混合物中所有的组分点都移到了溶剂前沿，此溶剂的极性过强，应换用极性小一些的展开剂；若所选展开剂几乎不能使混合物中的组分点移动，留在了原点上，此溶剂的极性过弱，应换用极性大一些的展开剂；每次更换溶剂都必须等展开槽中前一次的溶剂挥发干净后再加入新的溶剂。更换溶剂后，必须更换薄层板并重新点样、展开。

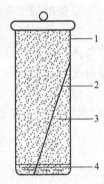

图 6-9 直立式
展开槽示意图
1—展开槽；
2—薄层板；
3—展开剂蒸气；
4—展开剂

当一种溶剂不能很好地展开各组分时，常选择用混合溶剂作为展开剂。先用一种极性较小的溶剂为基础溶剂展开混合物，若展开不好，用极性较大的溶剂与前一溶剂混合，调整极性，再次试验，直到选出合适的展开剂组合。合适的混合展开剂常需多次仔细选择才能确定。

一些常用溶剂和它们的相对极性从大到小的顺序大致为：甲醇＞乙醇＞异丙醇＞乙腈＞乙酸乙酯＞氯仿＞二氯甲烷＞乙醚＞甲苯＞正己烷、石油醚。

3. 显色

薄层色谱展开后，如果样品本身带有颜色，可以直接看到斑点的位置。如果样品是无色的，就存在一个显色的问题。常用的显色方法有：碘蒸气显色法、紫外灯显色法和试剂显色法。

（1）碘蒸气显色法 把几粒碘的结晶放在广口瓶内，放进展开并干燥后的板，盖上瓶盖，直到暗棕色的斑点足够明显时取出，立即用铅笔划出斑点的位置。这种方法是基于大多数有机物（除烷烃或卤代烃）可与碘形成分子配合物而显色的原理。薄层板在空气中放置一段时间，由于碘升华，斑点在短时间内会消失。

（2）紫外灯显色法 如果样品本身是发荧光的物质，可以把板放在紫外灯下，在暗处可以观察到这些荧光物质的亮点。如果样品本身不发荧光，可以在制板时，在吸附剂中加入适量的荧光指示剂，或者在制好的板上喷荧光指示剂。板展开干燥后，把板放在紫外灯下观察，除化合物吸收了紫外灯的地方呈现黑色斑点外，其余地方都是亮的。实验室常用的紫外灯为 ZF-1 型三用紫外线分析仪，其结构如图 6-10 所示。该仪器具有消耗功率小、热量低、随开随关、可以长期使用等优点。

（3）试剂显色法 是将薄层板从展开槽中取出，待展开剂晾干后用喷雾器将显色剂直接喷到薄层板上或将薄层板浸入显色液中，取出后吸取过量的显色剂，再将板放在热板上或用电吹风加热，观察被分离开的点。由于显色剂大多有毒，这类显色法使用较少。

4. 计算 R_f 值

在计算 R_f 值之前，先把每个斑点的轮廓和最高浓度中心的位置画出来，然后用直尺分别量出每个斑点的最高浓度中心到原点之间的距离，以及展开剂前沿到原点的距离，两者的比值即为对应斑点的 R_f 值。如图 6-11 所示，d 为点样点到溶剂前沿的距离，d_1 点样点到斑点 1 的距离，d_2 为点样点到斑点 2 的距离。

图 6-10 ZF-1 型三用紫外线分析仪

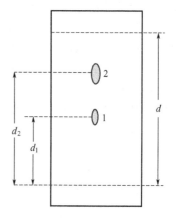

图 6-11 薄层色谱示意

每个有机化合物在相同的实验条件下，其 R_f 值是一个常数，就像熔点或其他物理常数一样。因此，可以通过在完全相同的实验条件下，和标准样品的 R_f 值进行比较来鉴定有机化合物。

第三节 原料药合成中的柱色谱技术

柱色谱也称柱层析，它是分离和提纯有机化合物的一种重要方法。柱色谱常有吸附柱色谱和分配柱色谱两类，前者用得比较多。吸附柱色谱工作原理与薄层色谱类似，根据混合物中各组分被吸附剂（即固定相）吸附的能力以及在洗脱剂（即流动相）中溶解度的不同将各组分离开来。

吸附柱色谱通常在玻璃柱中填入表面积很大的多孔性或粉状固体吸附剂（实验室一般用氧化铝或硅胶），当待分离的混合物溶液流过吸附柱时，各种成分同时被吸附在柱的上端，当洗脱剂流下时，由于吸附剂对各组分的吸附能力不同，各组分会以不同的速率向下移动，在柱中形成带状分布，如图 6-12 所示，实现混合物的分离。再用溶剂继续洗脱，吸附能力最弱的组分首先随溶剂流出，吸附能力强的最后流出，吸附能力强的甚至不随溶剂流出。整个色谱过程进行反复的吸附—解吸附—再吸附—再解吸附，分别收集到各个不同的组分，然后再逐个分离、鉴定。也可将柱子吸干，挤出吸附剂后按色带分割开，再用溶剂将各色带中的溶质萃取出来。一般来说，两种物质在同一种溶液中的 R_f 值相差 0.2 以上时，利用柱色谱即能得到较好的分离效果，但是 R_f 差值也不能太大，否则会使分离时间过长。

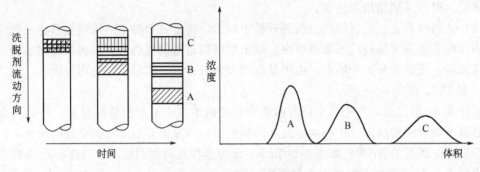

图 6-12　柱色谱分离示意图

一、吸附剂的选择

实验室常用氧化铝、硅胶作吸附剂。吸附剂的选择一般要根据待分离化合物的类型而定，例如硅胶的性能比较温和，属无定形多孔物质，略具酸性，适合于极性较大的化合物如羧酸、醇、酯、酮、胺等的分离；氧化铝极性较强，对于弱极性物质具有较强的吸附作用，适合于分离极性较弱的化合物。市售柱色谱使用的氧化铝有酸性、碱性和中性三种。酸性氧化铝适合于分离羧酸、氨基酸等酸性化合物；碱性氧化铝适合于分离烃类、胺类、生物碱以及其他有机碱性化合物；中性氧化铝则可用于分离醛、酮、醌、酯等中性化合物以及对酸、碱敏感的其他类型化合物。

由于吸附剂强烈吸水，且水分易被其他化合物置换而使吸附剂的活性降低，因此吸附剂使用前一般要经过活性处理，即"活化"。其"活化"方法是将吸附剂装在瓷盘里放进烘箱中恒温加热。"活化"温度和时间应根据分离需要而定，硅胶在 105～110℃恒温活化 0.5～1 h，氧化铝一般在 200℃恒温活化 4h。"活化"完毕，切断电源，待温度降至接近室温时，从烘箱中取出，放进干燥箱备用。

吸附剂颗粒大小的选择应根据实际分离需要而定。粒度愈小表面积愈大，吸附能力就愈高。但颗粒愈小时，溶剂的流速就太慢，易产生分离带的重叠，分离效果适得其反，此时可采用加压的方法加大流速达到分离的目的。柱色谱中所用氧化铝的粒度一般为 100～200 目。

化合物的吸附性与它们的极性成正比，化合物分子中含有极性较大的基团时，其吸附性较强。如被分离物质极性很小，则需要选用吸附性较强的吸附剂，如被分离物质极性较大，则需要选择吸附性能较弱的吸附剂。各种化合物对氧化铝的吸附性按以下次序递减：酸和碱＞醇、胺、硫醇＞酯、醛、酮＞芳香族化合物＞卤代物、醚＞烯＞饱和烃。

二、洗脱剂的选择

柱色谱分离中，洗脱剂的选择是一个重要的环节，通常根据被分离物中各组分的极性、溶解度和吸附剂的活性等来考虑。当被分离物质为弱极性组分，一般选用弱极性溶剂为洗脱剂；当被分离物质为强极性组分，则需选用极性溶剂为洗脱剂。但是必须注意，选择的洗脱剂极性不能大于被分离体系中各组分的极性，否则样品组分在色谱柱中移动过快，不能建立吸附-洗脱平衡，影响分离效果。一般溶剂的极性与溶剂的介电常数（ε）联系在一起，介电常数大于 15 的溶剂称为极性溶剂，介电常数小于 15 的溶剂称为非极性或无极性溶剂。介电常数越大，溶剂的极性越强，洗脱能力就越大。一些常用有机溶剂的介电常数见附表 3。

在实际操作时，一般采用薄层色谱反复对比来选择柱色谱的洗脱剂。能在薄层色谱上将样品中各组分完全分开的展开剂，即可作柱色谱洗脱剂。

有时，仅使用一种适当极性的单纯溶剂就能使混合物中各组分按先弱后强的极性顺序形成分离带流出色谱柱，达到分离的目的。当使用一种溶剂不能实现很好的分离时，常使用极性逐渐增大的溶剂"梯度洗脱"，使吸附在色谱柱上的各个组分逐个被洗脱，以达到各组分的分离。例如，先采用一种非极性溶剂将待分离体系中的非极性组分从柱中洗脱出来，然后再选用极性溶剂洗脱具有极性的组分。也可采用混合溶剂作为洗脱剂，利用强极性和弱极性溶剂复配而成，如常常以环己烷-乙酸乙酯、二氯甲烷-乙醚组合，配成一定比例使用。需要注意的是，若待分离组分为极性较大的胺，可加入少量（一般<5%）的 NH_4OH 或 Et_3N 到二元混合洗脱剂体系（如二氯甲烷-甲醇）中，以减少胺在柱中的拖尾现象。同样，加入少量乙酸到二元混合洗脱剂体系中，可以减少酸在柱中的拖尾现象。

硅胶和氧化铝作吸附剂的柱色谱，常用洗脱剂的洗脱能力按以下次序递增：正己烷、石油醚<环己烷<四氯化碳<三氯乙烯<二硫化碳<甲苯<苯<二氯甲烷<氯仿<环己烷-乙酸乙酯（80：20）<二氯甲烷-乙醚（80：20）<二氯甲烷-乙醚（60：40）<环己烷-乙酸乙酯（20：80）<乙醚<乙醚-甲醇（99：1）<乙酸乙酯<丙酮<正丙醇<乙醇<甲醇<水<吡啶<乙酸。

三、柱色谱的操作步骤

常用的柱色谱装置包括色谱柱、滴液漏斗和接收瓶，如图 6-13 所示。其操作包括装柱、装样、洗脱、收集等。

1. 装柱

实验时选一合适色谱柱〔长径比应不小于（7～8）：1，吸附剂填充量约柱容量的 3/4，预留 1/4 空间装溶剂〕，洗净干燥后垂直固定在铁架台上，柱子下端放置一锥形瓶。如果色谱柱下端没有砂芯横隔，就应取一小团脱脂棉或玻璃棉，用玻璃棒将其推至柱底，然后再铺上一层约 0.5cm 厚的砂，采用湿法或干法装柱。装柱要求吸附剂填充均匀，无断层、无缝隙、无气泡，否则会影响洗脱和分离效果。

（1）湿法装柱 将一定量的吸附剂（吸附剂用量应是被分离混合物量的 30～40 倍）用溶剂（最好选用 90～120℃石油醚）调成糊状，向柱内倒入溶剂至柱高的 3/4 处。再将调好的糊状吸附剂从色谱柱上端倒入，同时打开色谱柱下端的活塞，使溶剂慢慢流入锥形瓶。在添加吸附剂的过程中，可用木质试管夹或套有橡皮管的玻璃棒绕柱四周轻轻敲打，促使吸附剂均匀沉降并排出气泡。敲打色谱柱时需注意，不能只敲打某一部位，否则被敲打一侧吸附剂沉降更紧实，致使洗脱时色谱带跑偏，甚至交错而导致分离失败。另外还需要掌握敲打时间，敲打不充分，吸附剂沉降不紧实，各组分洗脱太快，分离效果不好；敲打过度，吸附剂沉降过于紧实，洗脱速率太慢而浪费实验时间，一般以洗脱剂流出速率为每分钟 5～10 滴为

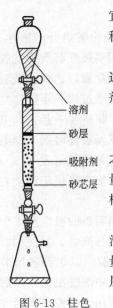

图 6-13 柱色
谱装置

溶剂
砂层
吸附剂
砂芯层

宜。吸附剂添加完毕，在吸附剂上面覆盖约 1cm 厚的砂层。整个添加过程中，应保持溶剂液面始终高出吸附剂层面。

（2）干法装柱　将一定量的吸附剂用漏斗慢慢加入干燥的色谱柱中，边加入边敲击柱身，吸附剂必须装填均匀，不留空隙。加完后，在吸附剂上覆盖少许石英砂，然后加洗脱剂洗柱赶走小气泡。

2. 装样

将待分离的固体样品称重后，溶解于极性尽可能小的少量溶剂中使之成为浓溶液。若有的样品在极性小的溶剂中溶解度很小，则可加入少量极性较大的溶剂，使溶液体积不致太大。如果样品是液体，可直接加样，不用溶解于溶剂中。

用滴管小心将待分离样品沿色谱柱壁轻轻滴加到柱内砂层上，打开活塞，使溶剂慢慢流出，直到样品与砂层齐平，关闭活塞，用滴管取少量溶剂洗涤色谱柱内壁上沾有的样品溶液，打开活塞，将溶剂放至与砂层齐平，关闭活塞。

3. 洗脱

将配好的洗脱剂沿色谱柱内壁缓慢加入柱内（切记勿冲起柱面上的石英砂层），打开活塞，让洗脱剂慢慢流经柱体，开始洗脱。整个洗脱过程中，都应使洗脱剂始终覆盖吸附剂，千万不能使吸附剂表面的溶剂流干，因为一旦流干，再添加溶剂，易使柱内产生气泡和裂缝，影响分离效果。

洗脱剂的流速对柱色谱分离效果具有显著影响。在洗脱过程中，样品在柱内的下移速率不能太快，如果溶剂流速较慢，则样品在柱中的保留时间长，各组分在固定相和流动相之间能得到充分的吸附或分配作用，从而使混合物，尤其是结构、性质相似的组分得以分离；但样品在柱内的下移速率也不能太慢，因为吸附剂表面活性较大，时间太长有时可能造成某些成分被破坏，使色谱带扩散，影响分离效果。因此，洗脱速率要适中。大柱一般调节在每小时流出的体积（以 mL 计）等于柱内吸附剂质量（以 g 计），中、小柱一般以 1～5 滴/s 的速率为宜。

压力可以增加洗脱剂的流动速率，减少产品收集的时间。实验室常使用加压柱以缩短过柱时间。加压柱与常压柱类似，只不过外加压力使洗脱剂走得更快一些，也可以使用更细（目数更大的吸附剂）的吸附剂，使分离效果更好。加压方法很多，可以用压缩空气、双连球或者小气泵（如给鱼缸供气用的）提供一定的压力。这种加压快速柱色谱分离方法特别适用于容易分解的样品的分离提纯，但压力不可过大，否则溶剂走得太快，会降低分离效果。

4. 分离组分的收集

接收洗脱液时，如果被分离组分有颜色，可以根据色谱柱中出现的色层收集洗脱液，但色层之间两组分会有重叠，如果各组分无颜色，一般采用分等份连续收集（该操作可由自动收集器完成），即在色谱柱下端用试管等份收集洗脱液，每份流出液的体积视具体情况而定，若洗脱剂的极性较强，或各组分的结构很相似，则每份收集的量就要少一些。收集完毕，采用薄层色谱法检验各段洗脱液，将相同组分的收集液合并在一起。最后用旋转蒸发仪蒸除溶剂以浓缩各段洗脱液，即得到各组分的较纯样品。

课后总结与思考

1. 简述原料药合成实验常用的合成技术有哪些？

2. 若蒸馏出的物质易受潮分解、易挥发、易燃或有毒，应该采取什么办法？

3. 沸石在蒸馏中的作用是什么？如果蒸馏前忘加沸石，能否立即将沸石加至将近沸腾的液体中？用过的沸石能否继续使用？

4. 影响分馏效率的因素有哪些？

5. 适宜用水蒸气蒸馏分离提纯的有机化合物需具备哪些基本条件？

6. 减压蒸馏在装置和操作中应注意哪些问题？

7. 如何选择重结晶溶剂？什么情况下使用混合溶剂？

8. 简述干燥液体有机物的一般过程。

9. 什么样的物质可以用升华方法进行提纯？

10. 用薄层色谱分析混合物时，如何确定各组分在薄板上的位置？如果斑点出现拖尾现象，可能是什么原因引起的？如何克服？

11. 采用柱色谱法分离提纯，若装柱不均匀或者有气泡、裂缝，对分离效果有何影响？如何避免？

第七章 项目实例

化学合成原料药开发课程以原料药的开发策略设计学习情境，具体为："仿制开发"、"工艺改进开发"和"创新开发"三个学习情境。学习情境以项目为支撑，由于药品生产的特殊性，教学过程不能等同于真实的药品开发，本教材将 4 个真实的化学原料药或中间体进行提炼，作为项目进行教学设计，模拟 3 个学习情境的开发方法和工作过程。按照学生的认知规律，将项目设计为三个层次：入门项目、主导项目和自主项目。从简单到复杂。学习情境一设置了 1 个入门项目，学习情境二设置了 1 个主导项目，学习情境三设置了 1 个主导项目，学习情境四设置 1 个自主项目，以供参考。

【学习情境一】 化学合成原料药仿制开发

【入门项目】 抗胆碱药溴化丁基东莨菪碱原料正溴丁烷的制备

项目任务概述："普济药业有限公司"拟开发抗胆碱药丁溴化丁基东莨菪碱，现据市场供应情况，生产溴化丁基东莨菪碱的一基本原料正溴丁烷需要本公司自行提供，本项目的目标是确定经济、环保的正溴丁烷小试方案，获得纯度达 90% 以上的小试产品 1kg。

任务一 撰写调研报告

【教学策略】 以撰写调研报告为主线，学习《药品注册管理办法》、《中华人民共和国药品管理法》等法规文件，认识药品的特殊性及化学原料药生产的相关法规要求，熟悉溴化丁基东莨菪碱的化药注册分类情况及知识产权保护情况，明确正溴丁烷在制备溴化丁基东莨菪碱中的作用。

【建议课时】 2 学时
【教学过程】

步骤 1：产品开发室主任布置任务

产品开发室主任向产品研发部的化学合成试验员下达小试开发任务。公司目前根据市场情况，决定生产抗胆碱药溴化丁基东莨菪碱的原料正溴丁烷，需要产品研发部做前期小试工作。

步骤 2：试验员细读任务书内容，明确要求

试验员分析目标化合物的结构，细读任务书内容，开发室主任引领：提出药品与普通商品的不同；化学原料药开发的特殊要求；化学原料药开发的一般程序；起始工作应做什么。

任务驱动下的理论知识：

1. 什么是药品？

2. 药品作为特殊的商品，其特殊性体现在哪些方面？

3. 针对药品的特殊性，化学原料药的小试开发首先应做什么工作？其一般程序如何？

步骤3：展示调研报告格式，明确内容

开发室主任展示调研报告的格式，说明调研报告的内容组成。

步骤4：试验员查阅资料，检索溴化丁基东莨菪碱的基本情况

根据《中国药典》，完成调研报告的前两项内容。介绍《中国药典》的权威性。

资料查阅参考：

《中国药典》（2010年版）

步骤5：试验员调研药品市场供求状况

资料查阅参考：

网络 http：//www. chemblink. com

步骤6：试验员查阅正溴丁烷的作用

开发室主任提供相关资料，试验员查阅正溴丁烷在抗胆碱药溴化丁基东莨菪碱制备过程中的作用。

资料查阅参考：

1. 朱宝泉等主编. 新编药物合成手册（上、下卷）. 北京：化学工业出版社，2003.

2. 刘军，张文雯等主编，有机化学，北京：化学工业出版社，2005。

步骤7：试验员检索溴化丁基东莨菪碱知识产权所属状态

开发室主任提供溴化丁基东莨菪碱知识产权保护情况检索途径，试验员实施检索，并整理获取的信息。

资料查阅参考：

网络：http：//www. sipo. gov. cn/sipo2008/zljs/hyjs-jieguo. jsp

步骤8：试验员研读相关法规，确定药品类别

开发室主任提供化学原料药研制相关的法规，试验员研读与化学原料药小试开发相关的法规细则，确定溴化丁基东莨菪碱在化药注册分类中属于第几类。

资料查阅参考：

1. 药品注册管理办法；

2. 药品生产管理规范；

3. 化药注册分类及临床试验的病例数要求；

步骤9：点评调研报告

开发室主任针对试验员撰写调研报告时出现的问题，提出点评，作相应更正。

步骤10：完善调研报告

试验员以小组汇报的形式得出目标化合物及其原料药知识产权保护情况的结论。

任务二 选择仿制路线

【教学策略】 通过查阅资料，寻找合成路线——选择合成路线——确定合成路线，学习仿制开发合成路线的确定过程，熟悉合成路线选择的基本原则，学习卤代烃的制备方法、醇羟基的取代方法。

【建议课时】 4学时

【教学过程】

步骤1：查阅正溴丁烷合成路线

开发室主任提供合成路线的选择途径，引领试验员分别运用互联网和图书资料查阅信息，并进行分析整理。

资料查阅参考：

1. 王国强，张淑芬，张纪荣等. 合成1-溴代烷的新方法. 海湖盐与化工，1999，29（1）：34-36.

2. 赵增迎，张秀丽，赵琳. 溴乙烷合成方法的改进与讨论. 浙江化工，2005，36（5）：15-16，19.

3. 丁敬敏. 化学实验技术（Ⅰ）. 第2版. 北京：化学工业出版社，2007.

4. 高占先主编. 有机化学实验. 北京：高等教育出版社，2005.

5. 刘湘，刘士荣编. 有机化学实验. 北京：化学工业出版社，2007.

6. 李吉海主编. 基础化学实验（Ⅱ）——有机化学实验. 北京：化学工业出版社，2004.

7. www. sipo. gov. cn/sipo2008/zljs.

步骤2：各工作组选择正溴丁烷仿制路线

各工作组整理汇总资料，讨论选择正溴丁烷的仿制路线。

步骤3：各工作组汇报正溴丁烷的仿制路线

各工作组选派代表，根据选择好的合成路线，运用投影仪汇报各自所选定的合成路线，并简述原理。每组5min。

步骤4：各工作组讨论互评仿制路线

开发室主任以表格形式给出评价因素，引领各工作组互评、讨论合成路线。

步骤5：选择仿制路线

开发室主任从反应原理、难易、反应条件、副反应、催化剂、反应仪器及设备、原料价格、报道收率、安全性、环保、可行性等方面引领试验员逐一分析各工作组的合成路线，并用"优质、高产、低耗、环保"的要求评价合成路线。

任务驱动下的理论知识：

1. 醇羟基卤代的基本原理是什么？

2. 醇羟基卤代反应制卤代烃的活性及反应条件如何？

3. 醇羟基卤代反应制卤代烃的环保及安全性如何？

4. 醇羟基还可发生哪些取代反应？根据醇羟基的活性差别，还有哪些应用？

5. 不饱和烃加成制卤代烃的基本原理是什么？

6. 自由基反应的基本条件及过程是什么？

7. 烷烃卤代制卤代烃的反应有何特征？

8. 醚的裂解，羧酸盐与卤素的作用等其他制备卤代烷烃的方法有何特征？

步骤6：确定合成正溴丁烷的仿制路线

经分析评价，确定合成正溴丁烷的路线：醇羟基的氢溴酸取代。

反应式：

$$NaBr + H_2SO_4 \longrightarrow HBr + NaHSO_4$$

$$CH_3CH_2CH_2CH_2OH + HBr \Longleftrightarrow CH_3CH_2CH_2CH_2Br + H_2O$$

醇和氢溴酸作用可生成溴代烷，而氢溴酸通过溴化钠与硫酸反应制取。

步骤7：总结选择合成路线的原则

试验员根据对正溴丁烷合成路线的选择过程，总结合成路线的选择原则——"优质、高产、低耗、环保"。

任务三　确定小试方案

【教学策略】　根据已选定的仿制合成路线，熟悉实验室合成有机物的一些常规工艺条件的确定方法，学习卤化反应的原理及影响因素。

【建议课时】　4 学时

【教学过程】

步骤 1：拟定小试方案

开发室主任引导试验员就合成反应式及卤化反应基本原理入手，思考小试方案的内容，分析工艺指标对合成的作用，各工作组根据已确定的合成路线讨论拟定小试方案。

小试方案内容：各原料辅料的名称用量、反应仪器名称规格、反应装置、工艺指标、小试步骤。

合成过程中应考虑的工艺指标主要有：原料比、溶剂、反应仪器及装置、反应时间、反应温度。

步骤 2：各工作组汇报正溴丁烷的小试方案

各工作组选派代表，运用投影仪汇报各自所拟定的小试方案，并简述理由。每组 5min。

步骤 3：确定原料配比

试验员写出制备正溴丁烷的主、副反应。开发室主任引导试验员思考从哪几方面可以确定反应条件。确定原料配比时需过量的原料，过量原料的选择依据。

相关信息：

可逆反应，增加反应物的量或减少生成物的量均可使平衡向正反应方向移动。

正丁醇为主要试剂，设用量为 0.2mol，应量取 18.5mL。

氢溴酸是一种挥发性物质，并可能由于副反应有所损失，应比理论量多。

浓硫酸在反应中与溴化钠作用生成氢溴酸，还是催化剂，若硫酸用量和浓度过小，不利于主反应的发生。但硫酸用量和浓度过大，会加大副反应。

步骤 4：确定反应体系的溶剂

开发室主任结合试验员的方案，引导试验员思考所用原料是均相还是非均相，如何选用溶剂，并确定本实验中以水为溶剂。

相关信息：

加水还可抑制溴化氢气体挥发，并防止反应进行时产生大量泡沫，减少副产物乙醚的生成。但系统为可逆反应，体系生成水，加入的水不宜多。

步骤 5：选择实验仪器及反应装置

开发室主任引导试验员结合原料用量及反应特点，选择实验仪器及应采用的反应装置。反应器规格：反应液占反应器的 1/2～2/3。

相关信息：

溴化氢易挥发且毒性较大，采用带尾气吸收的回流冷凝装置。

步骤 6：控制副反应

分析副反应发生的原因，考虑应采取的抑制措施。

相关信息：

Br^- 有还原性，浓硫酸有氧化性，发生氧化还原反应，使 Br^- 成为单质，影响主产物的生成。

$$2HBr + H_2SO_4 \longrightarrow Br_2 + SO_2 + 2H_2O$$

但亚硫酸氢钠可将单质溴还原为 Br^-。

$$Br_2 + 3NaHSO_3 \longrightarrow 2NaBr + NaHSO_4 + 2SO_2 + H_2O$$

醇在浓硫酸催化下，高温可发生分子间脱水，生成醚。

$$2CH_3CH_2CH_2CH_2OH \xrightarrow[\text{高温}]{H_2SO_4} CH_3CH_2CH_2CH_2OCH_2CH_2CH_2CH_3 + H_2O$$

步骤 7：控制反应时间

分析反应时间对反应的影响，确定本实验的反应时间。

相关信息：

在反应过程中，反应时间过短，产品收率低；时间太长，将水过多蒸出造成硫酸钠凝固在烧瓶中。

步骤 8：确定反应混合物的分离方法及步骤

确定液体混合物中具体的化合物，分析各物质的物理性质、化学性质，运用目标化合物与其他物质间的物理性质差别选择合适的方法进行分离，并明确每种方法的适用范围、仪器种类和操作要点。

任务驱动下的理论知识：

1. 粗产品中有什么？

2. 液体混合物在组成上有什么特点？可采取什么措施分离？

3. 第一步分离蒸馏出的粗产品中含有哪些杂质？实验中是如何除去的？

4. 上述分液漏斗所得粗产品可否直接采取蒸馏的方法进行提纯？为什么？若不行，应采取什么措施进一步分离粗产品？

步骤 9：确定目标化合物的小试方案

经分析讨论，各工作组修改原有方案内容，给出完善的正溴丁烷小试方案。

任务四　明确合成路线

【教学策略】　依据已确定的制备方案，控制正溴丁烷的合成反应，完成合成过程；学习液体混合物的分离方法。熟悉有机物的物理、化学性质在合成及分离上的应用。

【建议课时】　4 学时

【教学过程】

步骤 1：提出操作难点

试验员根据小试方案，提出在实施过程中可能出现的难点问题。

步骤 2：操作难点演示

开发室主任针对试验员提出的问题及在实验过程中的重点、难点进行演示。

主要操作难点：回流操作、常压蒸馏操作。

步骤 3：操作注意事项

开发室主任提示试验员在仪器安装时注意反应器、冷凝管的区别与使用；注意加料顺序。实验过程中需对每步现象作详细的记录，保持实验室的安静、整洁。药品取用后随时归还原处。

步骤 4：合成反应

根据实验方案，试验员搭建回流装置，加料，加沸石，安装气体吸收装置，加热，控制回流温度，防止气体扩散。

任务驱动下的操作知识：

在实验加料时，能否先加溴化钠和浓硫酸，然后再加正丁醇和水，为什么？

步骤5：粗产品提纯

根据实验方案，试验员逐一进行蒸馏、分层、酸洗、碱洗、水洗、干燥、蒸馏等操作。

任务驱动下的操作知识及理论知识：

1. 用分液漏斗洗涤粗产品时，每次洗涤产品在哪一层？如何判断？如果不能确切判断产品在哪一层，将如何操作？

2. 若粗产品水洗后呈红色，可能是什么原因？该如何处理？

步骤6：称量产品，计算产率

试验员将各自所得产品于锥形瓶中称量，计算产品的产率。

步骤7：正溴丁烷的定性鉴定

运用卤代烃与硝酸银反应产生特征现象，对正溴丁烷进行定性鉴定：于试管中放入3mL 5％硝酸银-乙醇溶液，滴加6滴小试产品，振荡后加热，观察是否出现沉淀。

任务驱动下的理论知识：

如何鉴定卤代烃？

步骤8：测定正溴丁烷的折射率

用阿贝折光仪测定小试产品的折射率。

任务驱动下的理论知识：

阿贝折光仪的使用。

步骤9：正溴丁烷的纯度分析

将所得产品的折射率与正溴丁烷-水双组分溶液的标准折射率曲线对照，分析小试产品的大致纯度。

任务驱动下的理论知识：

有机化合物的折射率与纯度有何关系？

任务五　优化小试方案

【教学策略】　根据小试结果，评价正溴丁烷的合成实验；对已确定的合成方案，从合成方法或合成条件上进行优化，明确不足之处及优化原因。

【建议课时】　1学时

【教学过程】

步骤1：分析实验情况，拟定优化方案

各工作组利用课余时间，根据实验小组的实验情况、分析数据，讨论实验得失，提出改进之处。各工作组项目负责人汇总讨论结果，选派代表于课堂进行汇报。

步骤2：汇报优化方案

各工作组代表汇报各组的优化方案，陈述理由及参考资料。

步骤3：讨论优化方案

开发室主任引导试验员首先从产品产率、纯度、实验中不正常现象等方面分析实验中的个性情况；再分析实验中的共性问题；进而寻求实验优化方案的出发点和可行性。

表 7-1　化学原料药小试开发实验情况评价表（开发室主任用）

项目 ＼ 组别	第一组	第二组	第三组	第四组	第五组
产率/%					
产品质量分数/%					
反应时间/min					
反应液颜色					
有无溴化氢逸出					
实验意外差错					

小试过程中可能存在的问题：

1. 合成过程中溴化氢气体逸出；

2. 反应速率慢；

3. 产品收率低；

4. 产品纯度不高。

参考资料：

1. 虞春妹等. 正溴丁烷合成的优化. 苏州科技学院学报（自然科学版），2005，22 （3）：46-49.

2. 张田林等. 固体酸催化合成溴乙烷新工艺. 化学世界，2003，22 （1）：24-26.

3. 王国强等. 合成1-溴代烷的新方法. 海湖盐与化工，1999，29 （1）：34-36.

4. 赵增迎等. 溴乙烷合成方法的改进与讨论. 浙江化工，2005，36 （5）：15-16.

任务驱动下的理论知识：

1. 正溴丁烷的合成过程中，存在哪些共性问题？该如何解决？

2. 试分析反应混合物中是否会有2-溴丁烷，说明原因。

3. 能否用异丁醇为原料，采用与本实验类似的步骤合成异丁基溴，为什么？

4. 固体酸催化剂主要有什么类型？主要应用领域有哪些？

步骤4：确定优化方案

根据讨论结论，确定合成正溴丁烷的优化方案。

工作组确定的小试优化方案有以下内容：

1. 催化剂用硫酸与磷酸的混合物，滴加入反应器。

2. 反应一段时间后追加浓硫酸，以维持硫酸浓度。

3. 以磁力搅拌代替手工摇动。

任务六　确定最终工艺

【教学策略】　通过优化方案的实施及小试情况的分析，确定正溴丁烷的最终工艺。熟悉小试开发中工艺确定的过程，熟悉卤化反应的原理及影响因素。

【建议课时】　1学时

【教学过程】

步骤1：合成反应

以溴化钠、正丁醇为反应物，水为溶剂，在催化剂存在下于150mL圆底烧瓶中回流反应。

工作组可能选择的酯化反应工艺。

第一种：原工艺。

第二种：在 150mL 圆底烧瓶中，放入 60mL 水，在恒压漏斗中加入 29mL 混酸（85％的磷酸和含 10％磷酸的硫酸混合液），先慢慢加入 5mL 混合酸，磁力搅拌混匀并冷至室温，然后在搅拌下加入 25g 研细的溴化钠，再加入 18.5mL 正丁醇，安装带气体吸收的回流装置，磁力搅拌混合均匀后，加入 1～2 粒沸石，滴加混酸，回流反应。用 250mL 烧杯盛放 100mL5％氢氧化钠溶液作吸收液。加热过程中始终保持反应液呈微沸，缓缓回流约 1h。反应结束，溴化钠固体消失，溶液出现分层。

步骤 2：分离纯化

原工艺。

步骤 3：称量产品，计算产率

试验员将各自所得产品于锥形瓶中称量，计算产品的产率。

步骤 4：测定正溴丁烷的折射率

用阿贝折光仪测定小试产品的折射率。

步骤 5：正溴丁烷的纯度分析

将所得产品的折射率与正溴丁烷-水双组分溶液的标准折射率曲线对照，确定小试产品的大致纯度。

步骤 6：确定最终工艺

各工作组根据小试情况确定最终工艺。

【学习情境二】 化学合成原料药仿制开发

【主导项目】 抗菌药左旋氧氟沙星原料(S)-(＋)-2-氨基丙醇的制备

项目任务概述："普济药业有限公司"拟开发抗菌药左旋氧氟沙星，现据市场供应情况，原料(S)-(＋)-2-氨基丙醇由本公司自行提供，本项目的目标是获得经济、环保的(S)-(＋)-2-氨基丙醇小试工艺，得到纯度 98％以上的小试产品 1kg。

任务一　撰写调研报告

【教学策略】　通过完成氧氟沙星的调研报告，使学生熟悉化学原料药仿制开发的前期工作，以及调研报告的内容、要求、完成策略。

【建议课时】　1 学时

【教学过程】

步骤 1：试验员查阅资料，初步撰写调研报告，准备汇报（课外完成）。

开发室主任布置任务，试验员接受任务后，开始第一项工作，以工作组为单位，运用互联网和图书资料查阅信息，并进行分析整理，组内讨论，初步撰写调研报告，作好汇报准备。

步骤 2：工作组提交调研报告

各工作组派代表汇报调研报告的内容。用 A4 纸，运用投影仪展示，每组 4min。

步骤 3：讨论调研报告

试验员对所呈现的上市化学原料药仿制开发调研报告，按照药品名、药品标准、国内外专利权属状态、化药所属类型、国内外市场供求情况、制备方法等方面进行讨论，确定调研报告的各项内容。

相关资料：

药品名：氧氟沙星

英文名：Ofloxacin

化学名：（—）9-氟-2,3-二氢-3-甲基-10-(4-甲基-1-哌嗪基)-7-氧代-7*H*-吡啶并［1,2,3-*de*］-1,4-苯并噁嗪-6-羧酸。

结构式：

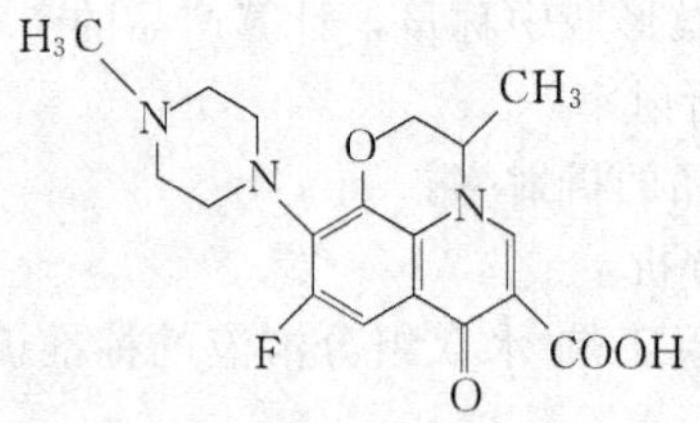

分子式 $C_{18}H_{20}FN_3O_4$；分子量 361.38；CAS 登录号 82419-36-1。

左旋氧氟沙星的来历及市场状况。

资料查阅参考：

1.《中国药典》（2010 年版）

2. 朱宝泉等主编. 新编药物合成手册（上、下卷）. 北京：化学工业出版社，2003.

3. www.sipo.gov.cn/sipo2008/zljs

4. www.chinapharm.com.cn

步骤 4：总结完善调研报告

开发室主任结合调研报告的汇报情况，总结好的方面及存在的不足，试验员完善调研报告。

任务二　选择合成路线

【教学策略】　围绕选择确定 (S)-(＋)-2-氨基丙醇的合成路线，熟悉多步合成反应的工艺路线确定方法；学习手性化合物的制备方法；醛、酮、羧酸、酯还原反应理论知识；醛、酮与格氏试剂加成反应理论知识；以及还原胺化的理论知识。

【建议课时】　3 学时

【教学过程】

步骤 1：认识原料 (S)-(＋)-2-氨基丙醇

认识 (S)-(＋)-2-氨基丙醇的名称含义、结构，进而进一步熟悉手性化合物的概念、立体异构体的分类、手性化合物的性质及对映异构体的表示方法及命名。

任务驱动下的理论知识：

1. (S)-(＋)-2-氨基丙醇是什么物质？

2. 什么是手性化合物？手性化合物具有什么性质？

步骤 2：汇报 (S)-(＋)-2-氨基丙醇的合成路线

各工作组选派代表，根据选择好的合成路线，运用投影仪汇报各自所选定的合成路线，并简述原理。每组 5min。

任务驱动下的理论知识：

1. 醇的制备通常有哪些方法？

2. 胺的制备通常有哪些方法？

步骤 3：评价各工作组的合成路线

开发室主任提出"手性药物的制法"，并做简要说明。

试验员从原料利用率、原料供给、原料价格、合成路线长短、反应总收率、反应仪器及设备、中间体的分离与稳定、反应条件、安全性、环保、可行性等方面逐一评价羟基丙酮还原胺化、酯还原法、羧酸还原法三条合成路线。

资料查阅参考：

1. 蒋锦，王玉成，郭慧源.（R,S）-2-氨基丙醇的制备.中国医药工业杂志，2006，37（1）：8.

2. 陆宏国，朱宏林，周春红等.（S）-（＋）-2-氨基丙醇合成工艺研究，中国新药杂志，2000，9（1）：33.

3. 陈升，肖国民，陈绘如.L-2-氨基丙醇的新合成方法研究.化工时刊，2006，20（8）：22-23.

4. 苗华，孙兰英，郭惠元.（S）-（＋）-2-氨基丙醇的制备.中国医药工业杂志，1998，29（10）：470.

5. 刘军，张文雯，申玉双主编.有机化学.第 2 版.北京：化学工业出版社，2010。

任务驱动下的理论知识：

1.（S）-（＋）-2-氨基丙醇属手性化合物，其制备采用手性合成法还是手性拆分法？

2. 还原胺化的基本原理是什么？此合成路线是否可用于小试合成（S）-（＋）-2-氨基丙醇？

3. 醛、酮分子中羰基 π 键易断裂，发生还原反应，因此，醛、酮除发生还原胺化外，还有哪些其他还原反应？

4. 酯还原制（S）-（＋）-2-氨基丙醇合成路线的优缺点是什么？

5. 羧酸还原制（S）-（＋）-2-氨基丙醇合成路线的优缺点是什么？

步骤 4：确定合成路线

综合对三种合成路线的评价情况，按照"优质、高产、低耗、环保"的原则，选用羧酸酯化，再还原制备（S）-（＋）-2-氨基丙酸。需考虑酯化过程中使用 $SOCl_2$，产生 SO_2 有害气体，如何进行尾气吸收或减少尾气生成，KBH_4 还原成本较低，已实现工业化，工艺成熟，宜选择。

步骤 5：总结制醇的常用方法

醇可由多种含氧化合物如醛、酮、羧酸及其衍生物还原制得，还原的方法主要有：催化氢化和化学还原法。随着新的还原剂的不断推出，化学还原法越来越具有条件温和、选择性好的特点。

另外，醛、酮与格氏试剂反应也是制备醇较常用的方法，虽然不能用于制备（S）-（＋）-2-氨基丙醇。

任务三　确定小试方案

【教学策略】　围绕确定酯还原法制备（S）-（＋）-2-氨基丙醇两步法的小试方案，熟悉多步合成反应的小试方案确定方法，学习 O-酰化反应、还原反应的特征，以及反应中催化剂、还原剂对反应的影响。

【建议课时】 2 学时

【教学过程】

步骤 1：汇报小试方案

各工作组派代表汇报各自初步拟定的小试方案，阐述思路及理由。运用投影仪，每组 6min。

步骤 2：确定酯化反应工艺条件

$$CH_3-\overset{NH_2}{\underset{H}{C}}-COOH \xrightarrow[EtOH]{SOCl_2} CH_3-\overset{NH_2\cdot HCl}{\underset{H}{C}}-COOC_2H_5 \xrightarrow[H_2O]{KBH_4} CH_3-\overset{NH_2}{\underset{H}{C}}-CH_2OH$$

对各组汇报的小试方案，从原料配比、催化剂及控制副反应三个方面确定具体的酯化条件。

任务驱动下的理论知识：

1. (S)-(＋)-2-氨基丙酸与乙醇的反应是什么反应？如何使反应进行更完全？

2. 以二氯亚砜作催化剂对反应有何要求？

3. 酯化反应过程中可能会有哪些副反应？如何控制？

步骤 3：确定酯化反应后处理方法

中间体为一盐酸盐，固体。可直接从反应液中抽滤得到。但该盐的吸湿性强，很难得干燥品，故用无水乙醇溶解，作下步反应。

步骤 4：确定还原反应的工艺条件

还原反应中以硼氢化钾作还原剂。该还原剂选择性好，常温下对水、醇较稳定，可用水作溶剂，且还原反应温度不宜高。

步骤 5：确定还原反应后处理方法

反应液中除产品外，还有未反应的硼氢化钾、水、乙醇。运用硼氢化钾遇无机酸分解放出氢气的性质，加入稀盐酸，并使剩余的硼氢化钾转化为硼酸。多余的酸用氢氧化钠或乙醇钠中和（注意：不用碳酸钠或碳酸氢钠，因反应会放出大量二氧化碳气体，控制不好会导致冲料）。(S)-(＋)-2-氨基丙醇在水中溶解性较大，其沸点为 160℃，可由减压蒸馏得产品。

步骤 6：确定小试方案

结合上述讨论，各工作组修改完善各自小试方案，写出具体小试步骤。

任务四　明确合成路线

【教学策略】 围绕确定酯还原法制备 (S)-(＋)-2-氨基丙醇两步法的小试方案，熟悉多步合成反应的小试方案确定方法，学习 O-酰化反应、还原反应的特征，以及催化剂、还原剂对反应的影响。

【建议课时】 2 学时

【教学过程】

步骤 1：提出操作难点

试验员提出方案实施时可能出现的难点及拟解决方案，供讨论及讲解。

步骤 2：操作注意事项

开发室主任提出操作注意事项：减压蒸馏的操作要点。

步骤 3：酯化反应

(S)-(＋)-2-氨基丙酸与乙醇在二氯亚砜催化下回流酯化，得 (S)-(＋)-2-氨基丙酸乙酯盐酸盐，并保存在乙醇中备用。

步骤 4：还原反应

(S)-(＋)-2-氨基丙酸乙酯盐酸盐经硼氢化钾化学还原得粗产品，经减压蒸馏得 (S)-(＋)-2-氨基丙醇。

步骤 5：计算产率

产品称重，计算产率。

步骤 6：测定旋光度，计算纯度

由旋光仪测定产品旋光度，并据相关公式计算产品的大致纯度。

任务五　优化小试方案

【教学策略】　围绕确定酯还原法制备 (S)-(＋)-2-氨基丙醇两步法的小试方案，熟悉多步合成反应的小试方案确定方法，进一步学习 O-酰化反应、还原反应的特征，以及反应中催化剂、还原剂对各自反应的影响。

【建议课时】　1学时

【教学过程】

步骤 1：分析实验情况，拟定优化方案，准备课堂汇报（课外完成）。

各工作组组长组织本组成员根据实验小组的实验情况，分析数据，讨论实验得失，提出本实验的关键及改进之处。

步骤 2：汇报优化方案。

各工作组提交优化方案，运用课堂投影仪汇报，陈述理由及参考资料。

步骤 3：讨论优化方案

根据各组的汇报情况，确定在两步反应制备 (S)-(＋)-2-氨基丙醇的过程中，酯化反应及还原反应的关键之处，直接酯化合成 (S)-(＋)-2-氨基丙酸乙酯盐酸盐反应中催化剂的选择及各种催化剂的特点。化学还原法合成 (S)-(＋)-2-氨基丙醇中还原剂的选择及各自特点。

资料查阅参考：

1. 陈天豪，胡延维．(S)-(＋)-2-氨基丙醇合成工艺改进．中国医药工业杂志，2001，32 (7)：322.

2. 苏芬．(S)-(＋)-2-氨基丙醇合成工艺改进．广东药学，2002，12 (6)：29-30.

3. 杨运旭，敬永生．(S)-(＋)-2-氨基丙醇的 KBH_4 还原合成法．中国医药工业杂志，2003，34 (2)：65.

4. 孙兰英，李卓荣，郭惠元．(S)-(＋)-2-氨基丙醇的硼氢化钠法制备．中国医药工业杂志，2000，31 (11)：512-513.

5. 陈坤，龚平．(S)-(＋)-2-氨基丙醇合成工艺改进．精细化工，2004，21 (3)：188-190.

任务驱动下的理论知识：

1. 两步合成法制备 (S)-(＋)-2-氨基丙醇的过程中，每步反应的关键是什么？

2. 该直接酯化法可选择哪些催化剂？有何利弊？

3. 直接酯化法中催化剂的发展趋势是什么？

4. 该还原反应中可选择哪些还原剂？有何利弊？

步骤 4：确定优化方案

工作组对小试方案可能的优化内容：

1. 酯化反应中选用二氯亚砜产生腐蚀性气体二氧化硫和氯化氢。直接改用盐酸作为催化剂，酯化反应中加入苯为带水剂，形成苯-乙醇-水三元共沸物。

2. 将 L-丙氨酸乙酯盐酸盐的乙醇溶液冷至 65℃，加入无水碳酸钠中和酸，可减少硼氢化钾的用量。

3. 用硼氢化钠作还原剂。

4. 用硼氢化钾作还原剂。

任务六　确定最终工艺

【教学策略】　通过优化方案的实施及小试情况的分析，进一步熟悉装有水分离器的回流反应操作；熟悉由实验过程及结果优化合成工艺的方法；熟悉多步合成反应的工艺确定方法。

【建议课时】　7 学时

【教学过程】

步骤 1：酯化反应

(S)-(＋)-2-氨基丙酸与乙醇在催化剂催化下回流酯化，得 (S)-(＋)-2-氨基丙酸乙酯盐酸盐，并保存在乙醇中备用。

工作组可能选择的酯化反应工艺。

第一种：原工艺。

第二种：8.9g (S)-(＋)-2-氨基丙酸溶于盐酸（30％，65g，于 70℃减压蒸除水至料液表面起泡），加乙醇 100mL 溶解。加至装有分水装置的酯化反应器中，同时加入苯-乙醇（55：45）混合液（105mL）。升温回流酯化，并不断分出水分。反应完全后，常压收集内温 90℃以前的馏分，剩余即得中间体的乙醇液，冷却待用。

步骤 2：还原反应

中间体经化学还原得粗产品，进一步分离纯化得 (S)-(＋)-2-氨基丙醇。

工作组可能选择的还原反应工艺。

第一种：原工艺。

第二种：乙醇溶液中的中间体，在搅拌下，滴加约 0.3mol 用水溶解了的 $NaBH_4$，约 1h 滴完，室温下继续搅拌反应 3h，过滤除去不溶物，滤液减压浓缩至原体积的 1/4，用乙酸乙酯连续提取，常压蒸出部分溶剂，再减压蒸馏，收集 72～75℃，1.47kPa 馏分，得产物。

第三种：反应瓶中加入乙二醇二甲醚（200mL）、无水氯化锌（27g，0.2mol）和硼氢化钾（13.6g，0.26mol），室温搅拌 1h 后，室温下滴加 (S)-(＋)-2-氨基丙酸乙酯盐酸盐的乙醇溶液，滴毕，回流反应 5h。冷至室温，将反应液倾入工业液碱（70mL，质量分数为 40％）中，反应 1h 后。冷至室温，分出有机层，水层以乙酸乙酯（80mL×3）萃取。合并有机层，先减蒸出大部分溶剂，再收集 72～75℃，1.47kPa 馏分，得黏稠状无色液体。

步骤 3：称量，计算产率

产品称重，计算产率。

步骤4：测定旋光度，计算纯度

由旋光仪测定产品旋光度，并据相关公式计算产品的大致纯度。

步骤5：确定最终工艺

各工作组根据小试情况确定最终工艺。

【学习情境三】 化学合成原料药工艺改进开发

【主导项目】 解热镇痛类药阿司匹林的合成工艺改进

项目任务概述：××制药有限公司由于原有的阿司匹林生产工艺落后，导致阿司匹林生产成本较高。现与普济药业有限公司合作，并要求普济药业有限公司产品研发部在1个月内开发出具有市场竞争力的新合成工艺，并获得纯度达99.5%的小试样品。

任务一 撰写立项书

【教学策略】 通过分析任务书，明确项目要求和研究方向，有重点地查阅文献资料，调研目标化合物，完成项目立项书，学习立项书的撰写方法及一般要求。

【建议课时】 2学时

【教学过程】

步骤1：下达项目任务书

产品开发室主任下达"阿司匹林合成工艺改进"任务书给各组产品试验员。

步骤2：研读任务书内容，明确项目要求

试验员研读、讨论任务书中客户对该项目提出的要求，明确客户对改进后的阿司匹林合成新工艺的具体要求。

步骤3：解读立项书内容及撰写要求

开发室主任展示立项书的格式，解读立项书的内容，撰写要求，并介绍资料来源。

资料查阅参考：

1.《中国药典》（2005年版）

2. http：//epub. cnki. net。

3. www. sipo. gov. cn/sipo2008/zljs

4. www. chinapharm. com. cn

5. 孙铁民主编. 药物化学实验. 北京：中国医药科技出版社，2008。

6. 惠春主编. 药物化学实验. 北京：中国医药科技出版社，2006。

任务驱动下的理论知识：

1. 立项书主要包括哪些内容？

2. 目标化合物调研包括几个部分？每部分内容有什么要求？

3. 可行性论证包括哪些内容？市场竞争力预测可从几方面进行阐述？

4. 项目实施计划包括哪些内容？

步骤4：撰写立项书（课外）

试验员以小组为单位，前往图书馆或相关企业调研，各自完成立项书。

步骤 5：汇报立项书

各工作组派代表，以 PPT 形式汇报各自初步撰写的立项书内容，介绍调研情况，每组 6min。

步骤 6：评价立项书

开发室主任以试验员所展示的立项书为例，点评撰写情况，并总结亮点与不足。

步骤 7：完善并修改立项书（课外）

各试验员根据开发室主任的评讲，修改立项书，打印成册，上交开发室主任。

任务二　确定旧工艺的改进方案

【教学策略】　通过分析旧工艺，确定工艺改进方法——设计工艺改进方案——确定合成新工艺，学习化学合成原料药工艺改进开发的过程，熟悉合成工艺改进的一般方法；了解合成阿司匹林催化剂的发展；学习水解反应的理论知识。

【建议课时】　2 学时

【教学过程】

步骤 1：分析旧工艺，寻找工艺改进方向

各工作组根据立项书中所涉及的阿司匹林合成工艺，依据"优质、高产、低耗、环保"的要求分析旧工艺反应相关工艺参数、催化剂和后处理方法，指出旧工艺在工艺条件参数和后处理方法上需改进之处。

步骤 2：确定旧工艺的具体改进处

试验员以组为单位根据所查文献资料，了解阿司匹林合成催化剂，比较各催化剂的优缺点，确定阿司匹林合成反应催化剂（各组所选催化剂可以不同）。

资料查阅参考：

1. 孙铁民主编. 药物化学实验. 北京：中国医药科技出版社，2008。

2. 惠春主编. 药物化学实验. 北京：中国医药科技出版社，2006。

任务驱动下的理论知识：

1. 合成工艺改进的一般方法有哪些？

2. 合成阿司匹林的催化剂有哪些？各有何优缺点？

步骤 3：设计阿司匹林合成工艺改进方案

各工作组讨论，确定工艺条件。

阿司匹林合成的较佳原料配比为水杨酸：酸酐。

所选催化剂的具体用量、投料方式，并根据催化体系确定相应的反应温度和反应时间。

后处理中冷却水的加入量。

混合重结晶溶剂水和乙醇的配比及具体用量确定方法。

工作组根据讨论结果设计并上交阿司匹林合成工艺改进方案。

任务驱动下的理论知识：

1. 什么是酯化反应？

2. 什么是水解反应？

3. 使用浓硫酸催化有何缺点？

步骤 4：确定阿司匹林合成新工艺

开发室主任汇总各组递交的改进方案，点评各组改进方案的科学性、合理性和可行性，工作组根据点评，修改、确定阿司匹林合成新工艺。

任务三 拟定小试优化方案

【教学策略】 通过选择正交优化方法，分析确定工艺优化考察因素及考察级数，选择正交表，设计正交试验表，拟定小试方案，熟悉合成工艺优化方法，掌握酯化反应影响因素，学习正交表的选择方法及正交试验的设计方法。

【建议课时】 2学时

【教学过程】

步骤1：选择合成新工艺优化方法

开发室主任介绍合成工艺优化的一般方法。工作组选择、确定合成新工艺的小试优化方法。

资料查阅参考：

马虹主编．化学实验技术（Ⅱ）．北京：化学工业出版社，2002．

任务驱动下的理论知识：

合成工艺优化一般有哪些常用方法？

步骤2：选择新工艺优化的考察因素

工作组从酯化反应影响因素入手，分析反应温度、反应时间、物料配比、催化剂用量等对阿司匹林合成反应的影响，选择对该合成反应影响较大的反应温度、物料配比、催化剂用量作为正交优化的考察对象。开发室主任点评、完善。

任务驱动下的理论知识：

酯化反应的影响因素有哪些？对酯化反应的具体影响是什么？

步骤3：确定各因素的考察级数

工作组分析待考察的各影响因素，结合文献数据，确定反应温度、物料配比和催化剂用量三因素的具体考察级数（采用等级考察，一般为2～3级）。开发室主任点评、完善。

任务驱动下的理论知识：

如何确定正交试验考察位级？

步骤4：选择正交试验表

工作组根据各组考察因素及考察级数，初选正交试验表，汇报选择结果（部分工作组所选正交表的级数和考察因素不符合要求）。开发室主任点评各组所选正交试验表的可行性、科学性，介绍正交试验表的具体选择方法。工作组根据点评，重新选择合适的正交试验表。

任务驱动下的理论知识：

正交试验表如何选择？

步骤5：设计正交试验表

工作组结合阿司匹林合成新工艺，初步设计所选正交试验表。开发室主任点评各工作组设计的正交试验表，解决各组设计中存在的问题。

任务驱动下的理论知识：

如何设计正交试验表？

步骤6：拟定新工艺具体优化方案

工作组对照正交试验表，按照试验序号，拟定新工艺具体小试优化方案，上交给开发室主任。

任务四　摸索小试优化条件

【教学策略】　依据已确定的小试优化方案，控制阿司匹林合成反应，完成阿司匹林优化试验，对试验数据分析处理，确定小试最优方案；学习正交优化试验数据的处理方法。

【建议课时】　12学时

【教学过程】

步骤1：讨论小试优化试验操作难点

工作组根据小试优化方案，提出在实施过程中可能出现的难点问题。开发室主任解决试验员提出的问题，介绍实验过程中的注意事项。

任务驱动下的理论知识：

阿司匹林操作需注意哪些问题？

步骤2：列出小试优化试验计划

工作组制定小试优化试验计划（如果正交优化试验组数较多，小组内部可分工合作，在规定的试验时间内需完成小试优化试验），递交给开发室主任。

步骤3：实施小试优化试验

工作组按照既定的试验计划，在实验室中实施优化试验，详细记录试验现象和试验结果。开发室主任巡查，解决各组在试验中难以解决的问题。

步骤4：处理数据

工作组查阅专业书籍，在了解数据处理方法后预处理本组试验数据。开发室主任点评、纠正数据处理中存在的问题，根据数据处理结果，得出反应温度、反应时间、催化剂用量等各考察因素的最佳反应条件，完成并递交正交试验表的数据分析报告。

资料查阅参考：

马虹主编．化学实验技术（Ⅱ）．北京：化学工业出版社，2002．

数据处理中易出现的问题：

1. 部分组只是直接观察，比较正交试验数据，得出了最优方案；

2. 部分组运用简单的数学运算对试验结果进行分析，分析方法正确，但是计算结果有错误；

3. 部分组未考虑通过处理试验数据，分析影响因素，确定关键因素、一般因素和次要因素

任务驱动下的理论知识：

正交试验数据如何处理？

步骤5：确定小试最优方案

工作组根据正交试验数据分析得到最佳反应条件，设计并递交阿司匹林新工艺的最优小试方案。

任务五　实施小试最优方案

【教学策略】　依据已确定的最优小试方案，控制阿司匹林的合成反应，完成合成过程，

分析检测产品；了解阿司匹林分析检测方法，学习紫外-可见分光光度法测定阿司匹林纯度。

【建议课时】　4 学时

【教学过程】

步骤 1：实施最优条件小试方案

工作组实施最优小试方案，重结晶、干燥得阿司匹林精品，计算产品收率。开发室主任巡查，解决试验中出现的问题。

步骤 2：选择产品分析检测方法

工作组查阅阿司匹林分析检测方法，分组讨论，根据实验室现有检测条件，选择熔点测定定性分析小试产品，选择紫外分光光度法检测产品纯度。

任务引领下的理论知识：

阿司匹林的分析检测有哪些方法？

步骤 3：设计产品检测方案

工作组查阅专业书籍，初步设计产品阿司匹林熔点测试方案和紫外-可见分光光度法纯度检测方案。开发室主任点评各组检测方案，介绍紫外-可见分光光度法检测阿司匹林纯度具体操作方法和数据处理方法。工作组根据点评，修改确定产品检测方案。

任务驱动下的理论知识：

紫外-可见分光光度计如何操作？

步骤 4：实施产品检测方案

工作组在实验室进行产品熔点测试，得阿司匹林产品的熔点数据。开发室主任巡查，指导各组在熔点测试操作中出现的问题。

工作组在实验室利用紫外-可见分光光度法检测产品纯度，记录检测数据。开发室主任巡查，指导各组在紫外-可见分光光度操作中出现的问题。

步骤 5：数据分析

各工作组根据实验数据，得阿司匹林的产品纯度。

工作组将各正交试验数据与最优试验收率数据作比较，选择收率最高的试验作为阿司匹林改进优化的新工艺（一般最优试验收率最高，但部分试验组也会出现最优试验收率数据低于正交优化试验数据的情况，主要是提纯时操作不当引起的）。

任务六　评价优化新工艺

【教学策略】　评价阿司匹林合成的改进优化工艺；对已确定的改进优化方案，从合成方法或合成条件上进行进一步优化，明确不足之处及优化原因。

【建议课时】　1 学时

【教学过程】

步骤 1：评价改进优化后的新工艺

工作组从产品纯度、产品收率、生产成本等方面讨论新工艺是否符合客户要求。

步骤 2：改进、完善新工艺

工作组根据各组正交试验数据建立反应温度、反应时间、物料配比等考察因素的二维坐标图（考察级数只有大于 3 级才可以作二维坐标图），从因素坐标图中确定各因素的最佳反应点，与最优试验方案各反应点比较，修改正交试验最优条件。

步骤 3：总结

开发室主任总结该项目的完成情况。工作组完成该项目小结，整理项目有关资料，装订成册，上交。

任务驱动下的理论知识：

如何评价合成工艺？

【学习情境四】 化学合成原料药创新开发

【自主项目】 局部麻醉药原料苯佐卡因的制备

一、模拟的职业领域描述

在这个学习单元，你将处理一个作为化学合成原料药小试开发试验员经常碰到的问题。因此，这里把职业情景以教学问题设置的方式提出来。

你在普济药业有限公司工作了近半年，该公司主要从事化学原料药的生产，你是开发室的一名试验员，你的上司是开发室主任。在一个星期一的早晨，开发室主任召集开发室第一工作组成员开会，会议正在进行：

"为了适应市场经济的发展及积极应对金融危机的冲击，本公司经研究决定开发一种局部麻醉药——苯佐卡因。各位同仁要承担的任务就是完成苯佐卡因的小试合成，并出具由分析检测部门提供的分析检测报告。此次任务编号为：200901X06，由本开发室张工程师直接负责，期间有任何问题均可以询问，他会一一解答，给予你们帮助。"

在任务布置后，开发室主任留下了任务的详细信息和要求，最后布置了完成此项工作的期限：

"因为时间紧迫，请大家在 1 个月内交出 100g 样品及检测报告，并把最终的合成工艺通过电邮发给我，合成工艺须满足优质、高产、低耗、环保的原则。"

二、苯佐卡因的技术信息

根据《中国药典》（2005 版），苯佐卡因基本信息如下。

化学名：氨基苯甲酸乙酯。

本品为白色结晶性粉末；无臭，味微苦，随后有麻痹感；遇光色渐变黄。在乙醇、氯仿或乙醚中易溶，在脂肪油中略溶，在水中极微溶解；在稀酸中溶解。

本品按干燥品计算，含 $C_9H_{11}NO_2$ 不得少于 99.0%。本品的熔点为 88～91℃。

以对硝基甲苯为原料制备 100g 局部麻醉药苯佐卡因，要求收率大于 60%。

三、任务设置

作为普济药业有限公司产品开发室试验员，你有以下几个任务要完成：

1. 苯佐卡因可行性研究报告（附上资料来源，比如网站等）

通过调研，分析苯佐卡因的市场情况、工艺技术水平、完成项目的现有条件等因素，并整理撰写可行性研究报告。

2. 苯佐卡因合成路线

根据合成路线的选择原则，确定或拟定合成路线。

3. 苯佐卡因各中间体小试方案

通过目标化合物制备工艺的设计和研究方法，拟定各中间体小试方案。

4. 苯佐卡因小试合成实验报告

依据小试方案完成苯佐卡因的合成，并规范实验记录过程，完成实验报告。

5. 苯佐卡因分析检测报告

提纯产品，当薄层色谱显示只有一个点时，充分干燥 1g 终产品，送检，完成核磁共振、质谱、高效液相色谱等检测，获得检测报告。

6. 产品工艺优化方案

根据所积累的工艺数据及产品检测结果，针对合成过程中出现的问题，分析原因，找到解决的办法，在此基础之上完成优化方案。

7. 苯佐卡因优化实验报告（含检测报告）。

根据优化方案重新合成苯佐卡因，记录实验过程，完成实验报告。并将产品送检。

8. 研发组工作计划方案

由工作组组长对组内各研发人员进行合理的任务分配，拟定工作计划方案，以电邮的方式交产品开发室主任及主管工程师。

四、工作建议

1. 充分运用互联网及图文信息资源获取所需信息，必要时外出进行市场调研。

2. 合成路线的绘制建议使用专业绘制化学方程式的软件，如 chemwin，可以到其官方网站上免费下载使用。

3. 小试进行过程中请注意做好详细的实验记录，并通过薄层色谱跟踪产品质量，以便及时调整工艺。

4. 根据优化方案重新合成苯佐卡因的实验报告中，应该突出优化前后的对比。

五、工作中的帮助

在项目整个的工作时间，都可以通过互联网与同事、工程师交流，从他们那里获得帮助。为此，在网络支持中心 CZIEINFO 设立一个交流平台。在登陆后，就可以获得进入远程教育学院的网页。

平台〈药物研发-ZZ〉。

如果在工作中碰到问题的话，可以首先把问题放到平台上。或许，你的同事就有一个答案或者通过团队工作找到答案。学习单元的管理员将在平台上跟踪这些过程并且在需要时提供帮助。

需时常地登陆 CZIEINFO 去了解信息。

六、组织说明

在这个以小组为单位共同完成的工作中，每个人任务是由组长事先分配好的，应该到什么时候完成哪些工作，也由组长在工作方案当中做了具体说明，并且他会根据你完成的情况做出评价，也会在你进行工作之前和你交接，你务必在规定时间内提交相应材料，否则会直接影响到你的年终考核。如果你对组长分配的任务有异议，可以和开发室主任协商。

附　　录

附录 1　常用正交表

（1）L_4（2^3）

列号 试验号	1	2	3
1	1	1	1
2	1	2	2
3	2	1	2
4	2	2	1

（2）L_8（2^7）

列号 试验号	1	2	3	4	5	6	7
1	1	1	1	1	1	1	1
2	1	1	1	2	2	2	2
3	1	2	2	1	1	2	2
4	1	2	2	2	2	1	1
5	2	1	2	1	2	1	2
6	2	1	2	2	1	2	1
7	2	2	1	1	2	2	1
8	2	2	1	2	1	1	2

（3）L_{12}（2^{11}）

列号 试验号	1	2	3	4	5	6	7	8	9	10	11
1	1	1	1	1	1	1	1	1	1	1	1
2	1	1	1	1	1	2	2	2	2	2	2
3	1	1	2	2	2	1	1	1	2	2	2
4	1	2	1	2	2	1	2	2	1	1	2
5	1	2	2	1	2	2	1	2	1	2	1
6	1	2	2	2	1	2	2	1	2	1	1
7	2	1	2	2	1	1	2	2	1	2	1
8	2	1	2	1	2	2	2	1	1	1	2
9	2	1	1	2	2	2	1	2	2	1	1
10	2	2	2	1	1	1	1	2	2	1	2
11	2	2	1	2	1	2	1	1	1	2	2
12	2	2	1	1	2	1	2	1	2	2	1

（4）L_9（3^4）

列号 试验号	1	2	3	4
1	1	1	1	1
2	1	2	2	2
3	1	3	3	3
4	2	1	2	3

续表

列号 试验号	1	2	3	4
5	2	2	3	1
6	2	3	1	2
7	3	1	3	2
8	3	2	1	3
9	3	3	2	1

（5）L_{16}（4^5）

列号 试验号	1	2	3	4	5
1	1	1	1	1	1
2	1	2	2	2	2
3	1	3	3	3	3
4	1	4	4	4	4
5	2	1	2	3	4
6	2	2	1	4	3
7	2	3	4	1	2
8	2	4	3	2	1
9	3	1	3	4	2
10	3	2	4	3	1
11	3	3	1	2	4
12	3	4	2	1	3
13	4	1	4	2	3
14	4	2	3	1	4
15	4	3	2	4	1
16	4	4	1	3	2

（6）L_{25}（5^6）

列号 试验号	1	2	3	4	5	6
1	1	1	1	1	1	1
2	1	2	2	2	2	2
3	1	3	3	3	3	3
4	1	4	4	4	4	4
5	1	5	5	5	5	5
6	2	1	2	3	4	5
7	2	2	3	4	5	1
8	2	3	4	5	1	2
9	2	4	5	1	2	3
10	2	5	1	2	3	4
11	3	1	3	5	2	4
12	3	2	4	1	3	5
13	3	3	5	2	4	1
14	3	4	1	3	5	2
15	3	5	2	4	1	3
16	4	1	4	2	5	3
17	4	2	5	3	1	4
18	4	3	1	4	2	5
19	4	4	2	5	3	1
20	4	5	3	1	4	2
21	5	1	5	4	3	2
22	5	2	1	5	4	3
23	5	3	2	1	5	4
24	5	4	3	2	1	5
25	5	5	4	3	2	1

（7）L_8（4×2^4）

试验号 \ 列号	1	2	3	4	5
1	1	1	1	1	1
2	1	2	2	2	2
3	2	1	1	2	2
4	2	2	2	1	1
5	3	1	2	1	2
6	3	2	1	2	1
7	4	1	2	2	1
8	4	2	1	1	2

（8）L_12（3×2^4）

试验号 \ 列号	1	2	3	4	5
1	1	1	1	1	1
2	1	1	1	2	2
3	1	2	2	1	2
4	1	2	2	2	1
5	2	1	2	1	1
6	2	1	2	2	2
7	2	2	1	2	2
8	2	2	1	2	2
9	3	1	2	1	2
10	3	1	1	2	1
11	3	2	1	1	2
12	3	2	2	2	1

（9）L_16（$4^4\times 2^3$）

试验号 \ 列号	1	2	3	4	5	6	7
1	1	1	1	1	1	1	1
2	1	2	2	2	1	2	2
3	1	3	3	3	2	1	2
4	1	4	4	4	2	2	1
5	2	1	2	3	2	2	1
6	2	2	1	4	2	1	2
7	2	3	4	1	1	2	2
8	2	4	3	2	1	1	1
9	3	1	3	4	1	2	2
10	3	2	4	3	1	1	1
11	3	3	1	2	2	2	1
12	3	4	2	1	2	1	2
13	4	1	4	2	2	1	2
14	4	2	3	1	2	2	1
15	4	3	2	4	1	1	1
16	4	4	1	3	1	2	2

附录 2　常见液体有机物与水形成的二元共沸体系

溶剂	沸点/℃	共沸点/℃	含水量/%	溶剂	沸点/℃	共沸点/℃	含水量/%
氯仿	61.2	56.1	2.5	甲苯	110.5	85.0	20
四氯化碳	77.0	66.0	4.0	正丙醇	97.2	87.7	28.8
苯	80.4	69.2	8.8	异丁醇	108.4	89.9	88.2
丙烯腈	78.0	70.0	13.0	二甲苯	137	92.0	37.5
二氯乙烷	83.7	72.0	19.5	正丁醇	117.7	92.2	37.5
乙腈	82.0	76.0	16.0	吡啶	115.5	94.0	42
乙醇	78.3	78.1	4.4	异戊醇	131.0	95.1	49.6
乙酸乙酯	77.1	70.4	8.0	正戊醇	138.3	95.4	44.7
异丙醇	82.4	80.4	12.1	氯乙醇	129.0	97.8	59.0
乙醚	35	34	1.0	二硫化碳	46	44	2.0
甲酸	101	107	26				

附录 3　常用有机溶剂的介电常数及物理性质

溶剂名称	介电常数（温度/℃）	密度/(g/cm³)	溶 解 性	一 般 性 质
四氯化碳	2.24(20)	1.595	微溶于水,与乙醇、乙醚可以任何比混合	无色液体,有愉快的气味,有毒!
甲苯	2.24(20)	0.866	不溶于水,溶于乙醇、乙醚和丙酮	无色易挥发的液体,有芳香气味
邻二甲苯	2.27(20)	0.897	不溶于水,溶于乙醇和乙醚,能与丙酮、苯、石油醚和四氯化碳混溶	无色透明液体,有芳香气味,有毒!
对二甲苯	2.27(20)	0.861	不溶于水,溶于乙醇和乙醚	无色透明液体,有芳香气味,有毒!
苯	2.28(20)	0.879	不溶于水,溶于乙醇、乙醚等许多有机溶剂	无色易挥发和易燃液体,有芳香气味,有毒!
间二甲苯	2.37(20)	相对密度 0.867(17℃/4℃)	不溶于水,溶于乙醇和乙醚	无色透明液体,有芳香气味,有毒!
二硫化碳	2.64(20)	相对密度 1.260(22℃/20℃)	能溶解碘、溴、硫、脂肪、蜡、树脂、橡胶、樟脑、黄磷,能与无水乙醇、醚、苯、氯仿、四氯化碳、油脂以任何比例混合。溶于苛性碱和硫化碱,几乎不溶于水	纯品是无色,易燃液体,工业品因含有杂质,一般有黄色和恶臭。有毒!
苯酚	2.94(20)	1.071	溶于乙醇、乙醚、氯仿、甘油、二硫化碳等	无色或白色晶体,有特殊气味
三氯乙烯	3.41(20)	1.465	不溶于水,溶于乙醇、乙醚等有机溶剂	有像氯仿气味的无色有毒液体!
乙醚	4.19(26.9)	0.713	难溶于水,易溶于乙醇和氯仿。能溶解脂肪、脂肪酸、蜡和大多数树脂	有特殊气味的易流动无色透明液体
氯仿	4.90(20)	1.492	微溶于水,溶于乙醇、乙醚、苯、石油醚等	无色透明易挥发液体,稍有甜味
乙酸丁酯	5.01(19)	0.867(20℃)	难溶于水,能与乙醇、乙醚混溶	无色透明液体
N,N-二甲基苯胺	5.10(20)	0.9563;0.956(20℃)	不溶于水,溶于乙醇、乙醚、氯仿、苯和酸性溶液	淡黄色油状液体,有特殊气味

溶剂名称	介电常数（温度/℃)	密度/(g/cm³)	溶 解 性	一 般 性 质
二甲胺	5.26(2.5)	相对密度 0.680(0℃)	易溶于水,溶于乙醇和乙醚	有类似于氨气味的气体
乙二醇二甲醚	5.50(25)	0.866	溶于水,氯仿、乙醇和乙醚	略有乙醚气味的无色液体
氯苯	5.65(20)	1.106	不溶于水,溶于乙醇、乙醚、氯仿、苯等	无色透明液体,有像苯的气味
乙酸乙酯	6.02(20)	0.901	微溶于水,溶于乙醇、氯仿、乙醚和苯等	有果子香气的无色可燃性液体
乙酸	6.15(20)	1.049	溶于水、乙醇、乙醚等	无色澄清液体,有刺激气味
吗啉	7.42(25)	1.001	与水混溶,溶于乙醇和乙醚等	无色有吸湿性的液体,有胺气味
1,1,1-三氯乙烷	7.53(20)	1.339	难溶于水	无色透明液体
四氢呋喃	7.58(25)	0.889	溶于水和多数有机溶剂	无色透明液体,有乙醚气味
三氯乙酸	8.55(20)	1.62(25℃); 1.630(61℃)	极易溶于水、乙醇和乙醚	有刺激性气味的无色晶体
喹啉	8.70(25)	1.093	微溶于水,溶于乙醇、乙醚和氯仿	无色油状液体,遇光或在空气中变黄色,有特殊气味
二氯甲烷	9.10(20)	1.335	微溶于水,溶于乙醇、乙醚等	无色透明,有刺激芳香味、易挥发的液体。吸入有毒!
对甲酚	9.91(58)	1.034	稍溶于水,溶于乙醇、乙醚和碱液	无色晶体,有苯酚气味
1,2-二氯乙烷	10.45(20)	1.257	难溶于水,溶于乙醇和乙醚等许多有机溶剂,能溶解油和脂肪	无色或浅黄色的透明中性液体,易挥发,有氯仿的气味,有剧毒!
甲胺	11.41(−10)	相对密度 0.699(−11℃)	易溶于水,溶于乙醇、乙醚	无色气体,有氨的气味
邻甲酚	11.50(25)	1.047	溶于水、乙醇、乙醚和碱性溶液	无色晶体,有强烈的苯酚气味
间甲酚	11.80(25)	1.034	稍溶于水,溶于乙醇、乙醚和苛性碱溶液	无色或淡黄色液体,有苯酚气味
吡啶	12.30(25)	0.978	溶于水、乙醇、乙醚、苯、石油醚、动植物油	无色或微黄色液体,有特殊的气味
乙二胺	12.90(20)	0.899	溶于水和乙醇,不溶于乙醚和苯	有氨气味的无色透明黏稠液体
苄醇	13.10/20	1.045	稍溶于水,能与乙醇、乙醚、苯等混溶	无色液体,稍有芳香气味
4-甲基-2-戊酮	13.11(20)	0.801	溶于乙醇、苯、乙醚等	无色液体,有愉快气味
环己醇	15.00(25)	0.962	稍溶于水,溶于乙醇、乙醚、苯、二硫化碳和松节油	无色晶体或液体,有樟脑和杂醇油的气味
正丁醇	17.10(25)	0.8098	溶于水,能与乙醇、乙醚混溶	有酒气味的无色液体
二氧化硫(l)	17.40(−19)	液体的相对密度1.434(0℃)	溶于水而部分变成亚硫酸,溶于乙醇和乙醚	无色有刺激性气味气体
环己酮	18.30(20)	0.948	微溶于水,较易溶于乙醇和乙醚	有丙酮气味的无色油状液体
异丙醇	18.30(25)	0.785	溶于水、乙醇和乙醚	有像乙醇气味的无色透明液体

续表

溶剂名称	介电常数 (温度/℃)	密度 /(g/cm³)	溶 解 性	一 般 性 质
丁酮	18.51(20)	0.806	溶于水、乙醇和乙醚,可与油类混溶	无色易燃液体,有丙酮气味
乙酸酐	20.70(19)	1.082	溶于乙醇,并在溶液中分解成乙酸乙酯。溶于乙醚、苯、氯仿	有刺激性气味和催泪作用的无色液体
丙酮	20.70(25)	0.790	能与水、甲醇、乙醇、乙醚、氯仿、吡啶等混溶。能溶解油脂肪、树脂和橡胶	无色易挥发和易燃液体,有微香气味
液氨	22(−34)	0.771	溶于水、乙醇、乙醚	无色气体。有强烈的刺激气味
乙醇	23.80(25)	0.789	溶于水、甲醇、乙醚和氯仿	有酒的气味和刺激的辛辣滋味,无色透明易挥发和易燃液体
硝基乙烷	28.06(30)	1.0448(25℃)	稍溶于水,能与乙醇和乙醚混溶	无色液体
二甘醇	31.69(20)	相对密度 1.118(20℃/20℃)	与酸酐作用时生成酯,与烷基硫酸酯或卤代烃作用生成醚。主要用作气体脱水剂和萃取剂。也用作纺织品的润滑剂、软化剂和整理剂,以及硝酸纤维素、树脂和油脂等的溶剂等	无色无臭黏稠液体,有吸湿性,无腐蚀性
1,2-丙二醇	32.00(20)	d_l 体 1.036 (25℃;d 体 1.040)	能溶解于水、乙酸、乙醚、氯仿、丙酮等多种有机溶剂。对烃类、氯代烃、油脂的溶解度虽小,但比乙二醇的溶解能力强	无色黏稠液体,有吸湿性,微有辣味。是油脂、石蜡、树脂、染料和香料等的溶剂,也用作抗冻剂、润滑剂、脱水剂等
甲醇	33.10(25)	0.792	能与水和多数有机溶剂混溶	无色易挥发或易燃的液体
硝基苯	34.82(25)	1.204(20℃)	几乎不溶于水,与乙醇、乙醚或苯混溶	无色至淡黄色油状液体。有像杏仁油的特殊气味
硝基甲烷	35.87(30)	1.137	溶于乙醇、水和碱溶液	用作火箭燃料和硝酸纤维素、乙酸纤维素等的溶剂、炸药及火箭燃料的成分,染料、农药合成原料,还用作锕系元素提取溶剂,缓血酸胺的医药中间体
N,N-二甲基甲酰胺	36.71(25)	0.949	能与水和大多数有机溶剂,以及许多无机液体混溶	无色液体,有氨的气味
乙腈	37.5(20)	0.783	溶于水、乙醇、甲醇、乙醚、丙酮、苯、乙酸甲酯、乙酸乙酯、氯仿、氯乙烯、四氯化碳	有芳香气味的无色液体
N,N-二甲基乙酰胺	37.78(25)	0.943	能与水和一般有机溶剂混溶	高极性的无色或几乎无色液体
糠醛	38.00(25)	1.160	溶于水、与乙醇和乙醚混溶	纯品是无色液体,有特殊香味
乙二醇	38.66(20)	1.113	能与水、乙醇、丙酮混溶。微溶于乙醚	有甜味的无色黏稠液体。无气味
甘油	42.50(25)	1.261	可与水以任意比混溶,能降低水的冰点,有极大的吸湿性。稍溶于乙醇和乙醚,不溶于氯仿	无色无臭而有甜味的黏稠性液体
环丁砜	43.30(30)	1.261	与水、丙酮、甲苯混溶	无色液体

溶剂名称	介电常数 (温度/℃)	密度 /(g/cm³)	溶 解 性	一 般 性 质
二甲亚砜	48.90(20)	1.100	溶于水、乙醇、丙酮、乙醚、苯和三氯甲烷，是一种既溶于水又溶于有机溶剂的极为重要的非质子极性溶剂。对皮肤有极强的渗透性，有助于药物向人体渗透	强吸湿性液体，无色，无臭
丁二腈	56.6(57.4)	相对密度 1.022(25℃/4℃)	溶于水，更易溶于乙醇和乙醚，微溶于二硫化碳和正己烷	无色、蜡状固体
乙酰胺	59.00(83)	1.159	溶于水（1g/0.5mL）、乙醇（1g/2mL）、吡啶（1g/6mL）。几乎不溶于乙醚	无臭、无味、无色晶体
水	80.10(20)	相对密度 1.000(0℃)	是一种最重要的溶剂，用途广泛	无臭无味液体，浅层时几乎无色，深层时呈蓝色
乙二醇碳酸酯	89.60(40)	1.322(39℃)	能与乙醇、乙酸乙酯、苯、氯仿和热水（40℃）混溶。也溶于乙醚、丁醇和四氯化碳	无色无臭固体
甲酰胺	111.00(20)	1.133	溶于水、甲醇、乙醇和二元醇，不溶于烃类和乙醚	无色油状液体

参 考 文 献

[1] 陈易彬 . 新药开发概论 . 北京：高等教育出版社，2006.

[2] 闻韧 . 药物合成反应 . 第 2 版 . 北京：化学工业出版社，2002.

[3] 孙昌俊，曹晓冉，王秀菊 . 药物合成反应——理论与实践 . 北京：化学工业出版社，2007.

[4] 李丽娟 . 药物合成技术 . 北京：化学工业出版社，2010.

[5] 钱清华，张萍 . 药物合成技术 . 北京：化学工业出版社，2008.

[6] 陆敏 . 化学制药工艺与反应器 . 北京：化学工业出版社，2005.

[7] 中华人民共和国药品管理法 . 北京：法律出版社，2001.

[8] 《已有国家标准化学药品研究技术指导原则》课题研究组 . 已有国家标准化学药品研究技术指导原则 . 2006.

[9] 《已上市化学药品变更研究的技术指导原则》课题研究组 . 已上市化学药品变更研究的技术指导原则（一）. 2008.

[10] 《化学药物残留溶剂研究的技术指导原则》课题研究组 . 化学药物残留溶剂研究的技术指导原则 . 2005.

[11] 《化学药物原料药制备和结构确证研究的技术指导原则》课题研究组 . 化学药物原料药制备和结构确证研究的技术指导原则 . 2005.

[12] 马虹 . 化学实验技术Ⅱ . 北京：化学工业出版社，2002.

[13] 刘振学 . 实验设计与数据处理 . 北京：化学工业出版社，2005.

[14] 王尚弟、孙俊全 . 催化剂工程导论 . 北京：化学工业出版社，2001.

[15] 陈启杰 . 市场调查 . 北京：高等教育出版社，2001.

[16] 北京师范大学化学学院组 . 化学文献检索与应用导引 . 北京：化学工业出版社，2007.

[17] 余向春 . 化学化工信息检索与利用 . 第 3 版 . 大连：大连理工大学出版社，2008.

[18] 王建新 . 精细有机合成 . 北京：中国轻工业出版社，2000.

[19] 姜淑敏 . 化学实验基本操作技术 . 北京：化学工业出版社，2008.

[20] 徐伟，许军，邱如意等 . 正交试验优选对氯苯氧异丁酸的合成条件 . 制剂技术，2008，17（13）：40-41.